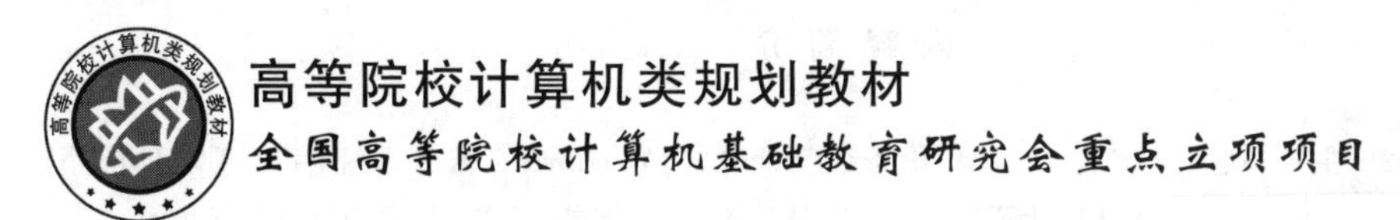

高等院校计算机类规划教材
全国高等院校计算机基础教育研究会重点立项项目

计算机应用基础

刘　音　王志海　主　编

北京邮电大学出版社
www.buptpress.com

内容简介

本书共分11章，主要内容包括信息与计算、电子数字计算机、Windows 7操作系统、字处理软件应用、电子表格软件应用、演示文稿软件应用、计算机网络、数据管理、人工智能、物联网、虚拟现实等。

本书从前沿科技和现代化办公应用的角度出发，按照“扎实理论基础、突出实践特色、拓宽科学视野”的宗旨，以典型实例为载体，整合相应的知识和技能，设计出符合当代大学生需求的课程内容。

本书适合作为普通高等院校各专业计算机公共基础课程的教材，更适合对计算机未来发展感兴趣的学生使用，也可作为初学者的自学用书。

图书在版编目(CIP)数据

计算机应用基础 / 刘音，王志海主编．-- 北京 ：北京邮电大学出版社，2020.6（2022.8重印）
ISBN 978-7-5635-6070-7

Ⅰ．①计… Ⅱ．①刘… ②王… Ⅲ．①电子计算机—教材 Ⅳ．①TP3

中国版本图书馆CIP数据核字（2020）第088061号

策划编辑：刘纳新　姚　顺　　**责任编辑**：王晓丹　左佳灵　　**封面设计**：七星博纳

出版发行：北京邮电大学出版社
社　　址：北京市海淀区西土城路10号
邮政编码：100876
发 行 部：电话：010-62282185　传真：010-62283578
E-mail：publish@bupt.edu.cn
经　　销：各地新华书店
印　　刷：唐山玺诚印务有限公司
开　　本：787 mm×1 092 mm　1/16
印　　张：14.75
字　　数：366千字
版　　次：2020年6月第1版
印　　次：2022年8月第3次印刷

ISBN 978-7-5635-6070-7　　定价：37.00元

前　言

进入 21 世纪以来，科学技术突飞猛进，以电子计算机、网络通信等为核心的信息技术彻底改变了人们的工作、学习和生活方式。随着 5G 技术的到来，人与人的连接拓展到物与物的连接，甚至是智能与智能的连接，开启了万物互联和万事互联的新阶段。掌握现代信息技术的基本知识，是当代大学生必备的基本素养。了解计算机相关前沿技术，可以拓宽大学生的视野并提高他们解决问题的能力。

“计算机应用基础”为本科教育的一门公共基础课，其主要目标是介绍计算机的相关基础知识、Office 办公软件的应用和前沿技术，培养在应用计算机过程中自然形成的包括计算思维意识在内的科学思维意识，以满足社会的就业需要、专业需要与人才培养需要。

本教材共分为 11 章，分别为信息与计算、电子数字计算机、Windows 7 操作系统、字处理软件应用、电子表格软件应用、演示文稿软件应用、计算机网络、数据管理、人工智能、物联网、虚拟现实。本书旨在以信息与数据的基本知识为导入，培养学生的数据思维意识；通过对计算机运行原理的介绍，使学生了解计算机处理数据的方式及特点；通过介绍 Windows 7 操作系统及 Office 应用软件来提高学生的动手能力；以计算机前沿技术应用及程序基本原理为基础，结合学生所学专业的特点，培养学生求解问题的能力，进而促进学生的计算思维。

本教材由“计算机应用基础”课程的一线授课教师编写，结合了各位编者多年的教学经验。本教材由刘音、王志海担任主编。其中，第 1 章、第 2 章、第 4 章、第 5 章的内容由刘音编写；第 6 章的内容由李伟静编写；第 7 章、第 8 章的内容由高娟编写；第 9 章、第 10 章的内容由施力文编写；第 3 章、第 11 章的内容由张慧娟编写。本教材由王志海进行统稿。

由于编者水平有限，书中难免存在不妥之处，敬请阅读本书的各位读者指正。

目　录

第1章　信息与计算

21世纪的今天，信息技术的应用使人们的生产方式、生活方式乃至思想观念发生了巨大的改变，推动了人类社会的发展和文明的进步。信息已经成为社会发展的重要战略资源和决策资源，信息化水平已经成为衡量一个国家现代化程度和综合国力的重要标志。计算技术是信息技术发展的主要动力，计算机及相关技术加快了信息化社会的进程。

本章将介绍信息和数据的基本概念，包括信息的特征、信息处理、进制、信息编码、信息技术、信息化社会的法律意识和道德规范。

1.1　信息概述

人类通过信息认识各种事物，借助信息进行人与人之间的沟通和互相协作。生物和机器之间为了能够相互协作也需要信息通信。

1.1.1　什么是信息？

“信息”一词来源于拉丁文“information”，并且在英文、法文、德文、西班牙文中同词，在俄语、南斯拉夫语中同音，这表明了它在世界范围内的广泛性。信息，指利用文字、符号、声音、图形、图像等形式作为载体，通过各种渠道传播的信号、消息、情报或报道等内容。1948年，美国数学家克劳德·香农(Claude Elwood)在题为“通信的数学理论”的论文中指出：“信息是用来消除随机不定性的东西”。随着科学与社会的飞速发展，信息所包括的范围越来越广，几乎覆盖了现代社会的所有领域，信息无处不在。信息具有普遍性、传递性、共享性、依附性和时效性等特征。

(1) 普遍性

在自然界和人类社会中，事物都是在不断发展和变化的，事物所表达出来的信息也是无时无刻无所不在的，因此，信息是普遍存在的。

(2) 传递性

通过传输媒体，可以实现信息在空间上的传递。例如，我国载人航天飞船“神舟九号”与“天宫一号”空间交会对接的现场直播，向全国及世界各地的人们介绍了我国航天事业的发展进程，缩短了对接现场和电视观众之间的距离，实现了信息在空间上的传递。

信息保存在存储媒体上，可以实现信息在时间上的传递。例如，没能看到“神舟九号”与“天宫一号”空间交会对接现场直播的人，可以采用回放或重播的方式来收看。这就是利用信息存储媒体的牢固性，实现信息在时间上的传递。

(3) 共享性

在信息传递的过程中，信息自身的信息量并不减少，同一信息可供给多个接收者。这也是信息区别于其他物质的另一个重要特征，即信息的可共享性。例如，教师授课、专家报告、新闻广播、电视和网站等都是典型的信息共享实例。

(4) 依附性

信息不是具体的事物，也不是某种物质，而是客观事物的一种属性。信息必须依附于某个客观事物(媒体)而存在。同一个信息可以借助不同的信息媒体表现出来，如文字、图形、图像、声音、影视和动画等。

(5) 时效性

随着事物的发展与变化，信息可被利用的价值也会相应地发生变化。信息随着时间的推移，可能会失去其使用价值，变成无效的信息。例如，中了500万元的彩票，逾期没领，这500万元就不是你的了。

1.1.2 信息技术

在浩如烟海的信息世界里，我们要有目的地搜集和获取信息，并对信息进行必要的加工，从而得到有用的信息。信息技术(information technology，IT)是对信息进行加工的主要手段。一般来说，信息技术是指获取信息、处理信息、存储信息和传输信息等所用到的技术，主要有传感技术、通信技术、计算机技术以及微电子技术。

长期以来，人类主要用大脑、手工进行信息处理，计算机诞生以后才实现了信息处理的自动化，才使数据处理的速度更快、效率更高。没有计算机，就不会有现代信息处理技术的形成和发展，计算机技术已成为信息技术的核心技术。信息技术在全球的广泛使用，不仅深刻地影响着经济结构与经济效率，而且作为先进生产力的代表，它对社会文化和精神文明也产生着深远的影响。

信息技术已引起传统教育方式的深刻变化。计算机仿真技术、多媒体技术、虚拟现实技术和远程教育技术以及信息载体的多样性，使学习者可以克服时空障碍，更加主动地安排自己的学习时间和学习进度。特别是借助于互联网的远程教育，开辟出通达全球的知识传播通道，实现不同地区的学习者、传授者之间的互相交流，不仅实现了教育资源的共享，还给学习者提供了一个轻松的学习环境。远程教育引发了一场教育模式的革命，并促进了人类知识水平的普遍提高。

信息技术的发展对传统产业结构产生了重大的影响，孕育了一个有着无限发展前景的信息产业。信息产业是以信息产生、加工和应用为核心的产业，它既给传统农业、工业和服务业注入了新的活力，同时加快了农业现代化、工业自动化和服务高效化，还改变了整个社会的产业结构，引发了第4次产业革命。

信息技术的发展，改变了人们的生活方式和工作方式。信息已成为继物质和能源之后的第三大资源。当前世界各国发展的过程就是一个信息化的过程，一个信息化的时代已经来临。

1.1.3 信息处理

著名的统计学家和作家奈特·西尔弗(Nate Silver)曾说:“每天，人们在一秒内产生的信息量相当于国会图书馆所有纸质藏书信息量的3倍。其中大部分是无关的噪音，因此，除非你有强大的技术来过滤和处理这些信息，否则你就会被它们淹没。”。正如奈特·西尔弗所说的，要获取有用信息，就需要对信息进行处理。信息处理就是对信息进行获取、存储、转化、传送和发布等。

(1) 信息获取

信息获取指围绕一定目标，在一定范围内，通过一定的技术手段和方式方法获得原始信息的活动和过程。信息获取是整个信息周转过程的一个基本环节，获取信息的流程包括定位信息需求、选择信息来源、确定信息获取方法。

定位信息需求就是明确目标，即要搜集什么样的信息，用来做什么。

选择信息来源就是确定获取信息的方向，即从什么地方才能获得这些信息。获取信息的来源很多，如文献型信息源、口头型信息源、电子型信息源和现场信息源等。

由于信息来源不同，信息获取的方法也多种多样。常用的方法有观察法、问卷调查法、访谈法和检索法等。目前，获取信息最方便的方法是计算机检索。

(2) 信息存储

信息存储是将获得的或加工后的信息按照一定的格式和顺序存储在存储介质中的一种活动。其目的是为了便于信息管理者和信息使用者快速、准确地识别、定位和检索信息。存储介质分为纸质存储和电子存储，不同的信息可以存储在相同的介质上，相同的信息也可以同时存储在多种介质上。比如，对于人事方面的档案材料、设备或材料的库存账目，纸质及电子存储均适用。几种信息存储介质的优缺点如表 1-1 所示。

表 1-1 几种信息存储介质的优缺点

存储介质	优点	缺点
纸张	存量大，体积小，价格低，永久保存性好，并有不易涂改性，存数字、文字和图像一样容易	传送信息速度慢，检索起来不方便
胶卷	存储密度大，查询容易	阅读时必须通过接口设备，不够方便，价格昂贵
计算机	存取速度极快，存储的数据量大	依赖于计算机设备、电源等因素

(3) 信息转化

信息转化就是把信息根据人们的特定需要进行分类、计算、分析、检索、管理等处理。在信息转化过程中，信息编码(information coding)有着重要的作用。信息编码是为了便于存储、检索和使用信息，在进行信息处理时赋予信息元素以代码的过程，即用不同的代码与各种信息中的基本单位建立一一对应的关系。日常生活中遇到信息编码的例子有很多，例如，古代战场上通过击打锣鼓来指挥大军，“击鼓进军，鸣金收兵”；交通路口的信号灯，红灯表示禁止通行，绿灯表示可以通行。

(4) 信息传送

信息传送是指信息跨越空间和时间后到达接收目标的过程。此过程需要载体来发布信息，例如，空气是声音传播的载体。时间上的传输也可以理解为信息的存储，比如，孔子的思想通过书籍流传到了现在，它突破了时间的限制，从古代传送到现代。空间上的传输，即通常所说的信息传输，比如，人们用语言面对面交流、用电话或社交工具聊天、发送电子邮件等，它突破了空间的限制，从一个终端传送到另一个终端。

(5) 信息发布

信息发布就是把信息通过各种表示形式展示出来。在因特网上发布信息或发送电子邮件是目前最快捷、最便宜的信息发布方法。在因特网上寄信，即使收信者远在地球另一端，信件也能在最短的时间内到达，还能随信发送声音和图像。通过即时通信软件或者社交软件，人们可以很快地将自己的信息经由因特网发布。

1.2 数　　据

信息主要采用数据形式来表示，数据是信息的载体，是反映客观事物存在形式和运动状态的记录。

1.2.1　数据分类

在计算机科学中，数据是指所有能输入计算机并被计算机程序处理的符号介质的总称，是具有一定意义的数字、字母、符号和模拟量等的通称。一般将数据分为模拟数据和数字数据两大类。

模拟数据(analog data)也称为模拟量，其取值范围是连续的变量或者数值，如温度、压力、声音等。

数字数据(digital data)则是模拟数据经量化后得到的离散的值，例如，在计算机中用二进制代码表示的字符、图形、音频与视频数据。在数据通信中，数字数据又称为数字量，也称数值，其取值范围是离散的变量或者数值。

模拟数据是连续的，而数字数据是离散的。模拟信号一般通过脉冲编码调制(pulse code modulation，PCM)量化为数字信号，即让模拟信号的不同幅度分别对应不同的二进制值。例如，采用8位编码可将模拟信号量化为 $2^8=256$ 个量级，实际中常采用24位或30位编码。数字数据一般通过对载波进行移相的方法转换为模拟数据。

1.2.2　数据与信息的关系

单纯的数据不能确定信息的内容，需要通过具体应用环境才能够表示准确的含义。例如，数字“60”，在成绩单上是课程成绩，在体检表上可能就是体重了。再如，“骑白马的不一定是王子，还有可能是唐僧”。可见，数据需要通过具体应用环境才可反映信息的内容。信息与数据既有联系，又有区别。

(1) 数据是信息的表现形式和载体，可以是符号、文字、数字、语音、图像、视频等。而信息是数据的内涵，信息加载于数据之上，对数据作具体的解释。

(2) 数据是符号，是物理性的，信息是对数据进行加工处理之后所得到的对决策产生影响的数据，是逻辑性和观念性的。

(3) 数据本身没有意义，数据只有对实体产生影响时才成为信息。

(4) 数据包含原始事实，信息是数据处理的结果，是使数据处理成有意义且有用的形式。

1.2.3　进制

在大多情况下，计算机处理的数据是数字数据（即数值），故我们有必要了解数值的表示方式。数值是采用一种固定的符号和统一的规则来表示的，称为计数制，简称进制。

日常生活中最常用的数制是十进制。除了十进制计数以外，还有许多非十进制计数，例如，图 1-1 中，计时采用六十进制，即 60 秒为 1 分钟，60 分钟为 1 小时；1 星期有 7 天，是七进制；1 年有 12 个月，是十二进制。

2017年10月

日	一	二	三	四	五	六
24	25	26	27	28	29	30
1	2	3	4	5	6	7
8	9	10	11	12	13	14
15	16	17	18	19	20	21
22	23	24	25	26	27	28
29	30	31	1	2	3	4

图 1-1　生活中的进制

基数是指进制中所采用的数码（即数制中用来表示“量”的符号）的个数。例如，十进制通过 0、1、2、3、4、5、6、7、8、9 这 10 个不同的符号来表示数值，即十进制数制中字符的个数是 10，基数为 10。

位权是指进位制中每一固定位置对应的单位值。例如，十进制第 2 位的位权为 10，第 3 位的位权为 100，而二进制第 2 位的位权为 2，第 3 位的位权为 4。对于 N 进制数，整数部分第 i 位的位权为 N^{i-1}，而小数部分第 j 位的位权为 N^{-j}。

十进制用 0～9 共 10 个阿拉伯数字表示，运算规则是“逢十进一”或“借一当十”。任一个十进制数都可以表示为一个按位权展开的多项式之和，如十进制数 5 432.1 可表示为 $5\,432.1=5\times10^3+4\times10^2+3\times10^1+2\times10^0+1\times10^{-1}$，其中 10^3、10^2、10^1、10^0、10^{-1}分别是千位、百位、十位、个位和十分位的位权。

二进制仅采用“0”和“1”两个符号来表示，相邻两位之间为“逢二进一”或“借一当二”的关系。它的“位权”可表示成“2^{i-1}”，任何一个二进制数都可以表示为按位权展开的多项式之和，如数 1100.1 可表示为 $1100.1=1\times2^3+1\times2^2+0\times2^1+0\times2^0+1\times2^{-1}$。

八进制的数码共有 8 个，即 0～7，基数是 8，它的“位权”可表示成“8^{i-1}”。任何一个八进制数都可以表示为按位权展开的多项式之和，如八进制数 1234.5 可表示为 $1234.5=1\times8^3+2\times8^2+3\times8^1+4\times8^0+5\times8^{-1}$。

十六进制的数码共有 16 个，除了 0～9 这 10 个阿拉伯数字外又增加了 6 个字母符号 A、B、C、D、E、F（a、b、c、d、e、f），基数是 16，它的“位权”可表示成“16^{i-1}”。任何一个十六进制数都可以表示为按位权展开的多项式之和，如数 3AC7.D 可表示为 $3AC7.D=3\times16^3+10\times16^2+12\times16^1+7\times16^0+13\times16^{-1}$。

对不同进制的具体数值进行描述时，可以通过添加字母后缀或者下角标注的方式来区分，如表 1-2 所示。

表 1-2　常用进位计数值的表示方法

数制	计算规则	基数	数字符号	权值	表示形式
二进制	逢二进一	2	0、1	2^{i-1}	110B,$(110)_2$
十进制	逢十进一	10	0～9	10^{i-1}	190D,$(190)_{10}$
八进制	逢八进一	8	0～7	8^{i-1}	170O,$(170)_8$
十六进制	逢十六进一	16	0～9、A、B、C、D、E、F	16^{i-1}	12AH,$(12A)_{16}$

1.2.4　数据单位

在计算机中,常用的数据单位有位、字节和字。

位(bit,缩写为 b)是指二进制数的一位“0”或“1”,也称为比特。它是计算机存储数据的最小单位,一般用逻辑器件的一种状态来表示,如“断开”或“闭合”。

字节(byte,缩写为 B)是计算机数据处理的基本单位,通常情况下 8 位为一字节。字节的单位有千字节(KB)、兆字节(MB)、吉字节(GB)、太字节(TB)、拍字节(PB)等,它们之间的换算关系为:1 B=8 bit、1 KB=1 024 B、1 MB=1 024 KB、1 GB=1 024 MB、1 TB=1 024 GB、1 PB=1 024 TB。

在计算机中,一串数码是作为一个整体来处理或运算的,称为一个计算机字,简称字(word)。一个字通常由一个或多个字节构成,一般 16 位是一个字,32 位是一个双字,64 位则是两个双字。每个字所包含的位数称为字长,字长越长,计算机的处理能力越强,运算精度越高。

1.3　进制转换

计算机是由电子器件组成的,电子器件有两种工作状态,即电信号高电频和电信号低电频,高电频用“1”表示、低电频用“0”表示,因此,计算机可以识别二进制。但人们使用计算机时,输入的数据并不是二进制,需要把非二进制转换为二进制,才能进行计算。

将数从一种进制转换为另一种进制的过程称为进制转换。在计算机中引入八进制和十六进制的目的是为了书写和表示上的方便,计算机内部信息的存储和处理仍然使用二进制数。十进制数与其他进制数之间的对应关系如表 1-3 所示。

表 1-3　十进制数与其他进制数之间的对应关系

十进制	二进制	八进制	十六进制	十进制	二进制	八进制	十六进制
1	1	1	1	9	1001	11	9
2	10	2	2	10	1010	12	A
3	11	3	3	11	1011	13	B
4	100	4	4	12	1100	14	C
5	101	5	5	13	1101	15	D
6	110	6	6	14	1110	16	E
7	111	7	7	15	1111	17	F
8	1000	10	8	16	10000	20	10

1.3.1　十进制数转换为非十进制数

将十进制数转换为二进制、八进制或十六进制等非十进制数的方法是类似的，其步骤是将十进制数分为整数和小数两部分，对这两部分分别进行转换。

1. 十进制整数转换为非十进制整数

十进制整数转换为非十进制整数采用“除基数取余数法”，即将十进制整数逐次除以非十进制的基数，取余数，直到商为 0 为止，然后将所得到的余数自下而上排列即可。简言之，十进制整数转换为非十进制整数的规则为：除基取余，先余为低(位)，后余为高(位)。

【例 1】 将十进制整数 39 转换为二进制整数。

解：

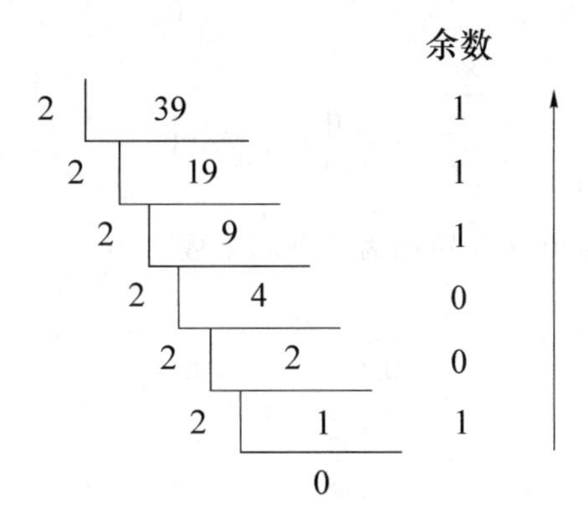

得：$(39)_{10}=(100111)_2$

【例 2】 将十进制整数 39 转换为八进制整数。

解：

余数

8 | 39　　7

8 | 4　　4

0

得：$(39)_{10}=(47)_8$

【例 3】 将十进制整数 39 转换为十六进制整数。

解：

余数

16 | 39　　7

16 | 2　　2

0

得：$(39)_{10}=(27)_{16}$

2. 十进制小数转换为非十进制小数

十进制小数转换为非十进制小数采用“乘基数取整数法”，即将十进制小数逐次乘以非十进制的基数,每次乘法运算后,取整数部分,直到小数部分为 0 为止(或精确到有效位数),然后将所得到的整数自上而下排列。简言之,该规则为:乘基取整,先整为高(位),后整为低(位)。

【例 4】 将十进制小数 0.625 转换为二进制小数。

解:

计算	整数
0.625 × 2 = 1.25	1
0.25 × 2 = 0.5	0
0.5 × 2 = 1.0	1

得:$(0.625)_{10}=(0.101)_2$

【例 5】 将十进制小数 0.725 转换为二进制小数。

解:

计算	整数
0.725 × 2 = 1.45	1
0.45 × 2 = 0.9	0
0.9 × 2 = 1.8	1
0.8 × 2 = 1.6	1
⋮	

得:$(0.725)_{10}=(0.1011\cdots)_2$

由上例可见,十进制小数并不是都能够用有限位的其他进制数来精确地表示的。这时应根据精度要求转换到一定的位数为止,然后将得到的整数自上而下排列作为该十进制小数的其他进制近似值。

如果一个十进制数既有整数部分,又有小数部分,则应将整数部分和小数部分分别进行转换,然后把两者相加,便可得到最终的转换结果。

【例 6】 将十进制数 75.25 转换为二进制数。

解:$(75)_{10}=(1001011)_2$　　$(0.25)_{10}=(0.1)_2$

所以有$(75.25)_{10}=(1001011.01)_2$

1.3.2 非十进制数转换为十进制数

非十进制数转换为十进制数采用“位权法”，即把各个非十进制数按位权展开，然后求和，便可得到转换结果。

【例 7】 将二进制数 11011 转换为十进制数。

解：$(11011)_2=1\times2^4+1\times2^3+0\times2^2+1\times2^1+1\times2^0=16+8+0+2+1=(27)_{10}$

【例 8】 将二进制数 10110.001 转换为十进制数。

解：$(10110.001)_2=1\times2^4+0\times2^3+1\times2^2+1\times2^1+0\times2^0+0\times2^{-1}+0\times2^{-2}+1\times2^{-3}$

$=16+0+4+2+0+0+0+0.125=(22.125)_{10}$

【例 9】 将八进制数 104 转换为十进制数。

解：$(104)_8=1\times8^2+0\times8^1+4\times8^0=64+0+4=(68)_{10}$

【例 10】 将十六进制数 12D.4 转换为十进制数。

解：$(12D.4)_{16}=1\times16^2+2\times16^1+13\times16^0+4\times16^{-1}=256+32+13+0.25=(301.25)_{10}$

1.3.3 二进制与其他进制之间的转换

由于 3 位二进制数恰好表示 1 位八进制数，所以若把二进制数转换为八进制数，只要以小数点为界，将整数部分自右向左 3 位一组，小数部分自左向右 3 位一组(不足 3 位用 0 补足)，然后将各个 3 位二进制数转换为对应的 1 位八进制数，即得到转换结果。反之，若将八进制数转换为二进制数，只要把每 1 位八进制数转换为对应的 3 位二进制数即可。

【例 11】 将二进制数 11011010111001.1011101 转换为八进制数。

解：$(11011010111001.1011101)_2=(\underline{011}\ \ \underline{011}\ \ \underline{010}\ \ \underline{111}\ \ \underline{001}.\underline{101}\ \ \underline{110}\ \ \underline{100})_2$

$=(33271.564)_8$

【例 12】 将八进制数 127.245 转换为二进制整数。

解：$(127.245)_8=(\underline{001}\ \ \underline{010}\ \ \underline{111}.\underline{010}\ \ \underline{100}\ \ \underline{101})_2$

$=(1010111.010100101)_2$

类似的，由于 4 位二进制数恰好表示 1 位十六进制数，所以若把二进制数转换为十六进制数，只要以小数点为界，将整数部分自右向左 4 位一组，小数部分自左向右 4 位一组(不足 4 位用 0 补足)，然后将各个 4 位二进制数转换为对应的 1 位十六进制数，即得到转换结果。反之，若将十六进制数转换为二进制数，只要把每 1 位十六进制数转换为对应的 4 位二进制数即可。

【例 13】 将二进制数 11011010111001.1011101 转换为十六进制数。

解：$(11011010111001.1011101)_2=(\underline{0011}\ \ \underline{0110}\ \ \underline{1011}\ \ \underline{1001}.\underline{1011}\ \ \underline{1010})_2$

$=(36B9.BA)_{16}$

【例 14】 将十六进制数 4FBA.9C 转换为二进制数。

解：$(4FBA.9C)_{16}=(\underline{0100}\ \ \underline{1111}\ \ \underline{1011}\ \ \underline{1010}.\underline{1001}\ \ \underline{1100})_2$

$=(010111110111010.100111)_2$

1.3.4 机器数

在计算机中所能表示的数或其他信息都是数码化的，正、负号分别用一位数码“0”和“1”

来表示。把连同符号一起数码化的数，称为机器数。在计算机中根据实际需要，机器数的表示方法往往会不同，通常有原码、反码和补码 3 种表示法。

1. 原码

原码表示法是一种比较直观的机器数表示法。数 X 的原码标记为$[X]_{原}$，正数的符号位用“0”表示，负数的符号位用“1”表示，数值部分用二进制形式表示。

例如，使用 8 位二进制数描述为$[+66]_{原}=01000110$，$[-66]_{原}=11000110$。

2. 反码

数 X 的反码标记为$[X]_{反}$，对于正数来说，反码与原码相同。对于负数来说，符号位与原码相同，只是将原码的数值位“按位变反”。

例如，使用 8 位二进制数描述为$[+66]_{反}=01000110$，$[-66]_{反}=10111001$。

3. 补码

由于补码在做二进制加、减运算时比较方便，所以在计算机中广泛采用补码来表示二进制数，数 X 的补码标记为$[X]_{补}$。正数的补码与原码相同，负数的补码由该数的原码除符号位外其余位“按位取反”，然后再最后一位加 1 而得到。

例如，使用 8 位二进制数描述为$[+66]_{补}=01000110$，$[-66]_{补}=10111010$。

1.3.5 定点数与浮点数

计算机处理的数据多带有小数点，小数点在计算机中可以有两种方法表示：一种小数点固定在某一位置，称为定点表示法，简称为定点数；另一种小数点可以任意浮动，称为浮点表示法，简称为浮点数。

1. 定点数

所谓定点数，就是约定计算机中数据的小数点的位置固定不变，如图 1-2 所示。定点数分为定点小数（纯小数，小数点在符号位之后）和定点整数（纯整数，小数点在数的最右方）。

定点数的小数点在机器中是不表示出来的，一旦确定了小数点的位置，就不再改变。定点小数是把小数点固定在数值部分最高位的左边，每个数都是绝对值小于 1 的纯小数。定点整数是把小数点固定在数值部分最低位的右边，每个数都是绝对值在一定范围内的整数。

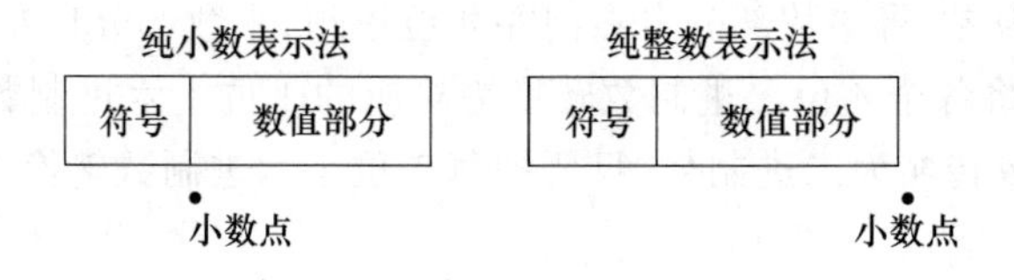

图 1-2 定点数

2. 浮点数

定点数的缺点在于其形式过于僵硬，小数点的位置决定了数据的表示范围，计算过程容易产生溢出（计算结果超过表示范围）。与科学计数法相似，任意一个 J 进制数 N，总可以写成：$N=J^E\times M$。其中 M 为数 N 的尾数（纯小数），E 为数 N 的阶码（整数），J 为数 N 的基数。这种表示方法中，小数点的位置随着 E 的改变而在一定范围内浮动，所以称为浮点表示法。

在计算机中表示浮点数时，基数取 2 并且不会出现，只需给出尾数和阶码两部分。尾数部分给出有效数字的位数，一般是纯小数。阶码用于表示小数点在该数中的位置，总是一个整数，图 1-3 描述的是浮点数在计算机内部常用的表示格式，阶符、数符分别是阶码和尾数的符号(正或负)。

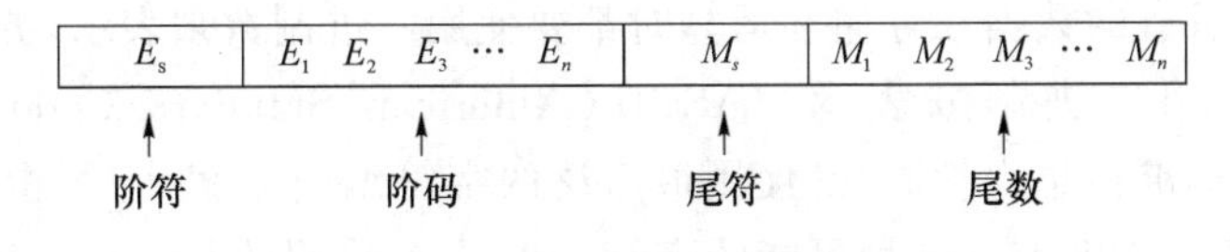

图 1-3 浮点数表示格式

【例 15】 某机用 16 位表示一个数，阶码部分占 8 位(含 1 位符号位)，尾数部分占 8 位(含 1 位符号位)。设 $X_1 = -256$，试写出 X_1 的浮点数表示格式。

解： $X_1 = -256 = -(100000000)_2 = -2^9 \times 0.1$，在计算机内部，所有的数都采用补码的形式存储，阶码的补码为 $[+9]_补 = 00001001$，尾数的补码为 $[-0.1]_补 = 1.1000000$。

X_1 的浮点数表示的格式为 00001001，1.1000000。

1.4 信息编码

数据是信息的载体，计算机所处理的数据除了数学中的数值外，还包括字符、声音、图形、图像等。由于计算机只能识别二进制，所以计算机处理信息时，先要对信息进行二进制编码。常用的编码方式有 BCD 编码、ASCII 编码、GB2312 编码(简体中文)等。

1.4.1 BCD 码

当十进制小数转换为二进制数时会产生误差，为了精确地存储和运算十进制数，可用若干位二进制数码来表示一位十进制数，称为二进制编码的十进制数，简称二十进制编码(binary code decimal，BCD 码)。它用 4 位二进制数来表示 1 位十进制数中 0～9 这 10 个数码。BCD 码可分为 8421 码(从高位到低位的权值分别为 8、4、2、1)、2421 码(从高位到低位的权值分别为 2、4、2、1)、5421 码(从高位到低位的权值分别为 5、4、2、1)等。8421 码是最基本的、最常用的 BCD 码，常用 BCD 码与十进制数的对应关系如表 1-4 所示。

表 1-4 常用 BCD 码与十进制数对应表

十进制数	8421 码	5421 码	2421 码	十进制数	8421 码	5421 码	2421 码
0	0000	0000	0000	5	0101	1000	1011
1	0001	0001	0001	6	0110	1001	1100
2	0010	0010	0010	7	0111	1010	1101
3	0011	0011	0011	8	1000	1011	1110
4	0100	0100	0100	9	1001	1100	1111

5421 码和 2421 码的编码方案都不是唯一的，表 1-4 只列出了一种编码方案。例如，5421 码中的数码 5，既可以用 1000 表示，也可以用 0101 表示；2421 码中的数码 6，既可以用 1100 表示，也可以用 0110 表示。

【例 16】 求十进制数 541 的 8421 码。

解：$(541)_{10}=(0101\quad 0100\quad 0001)_{BCD}=(010101000001)_{BCD}$

1.4.2　ASCII 码

在计算机中，所有的数据在存储和运算时都要使用二进制数来表示，英文字母和一些常用的符号也要使用二进制来表示。ASCII（American Standard Code for Information Interchange，美国标准信息交换码）是使用最广泛的字符编码方案，它用指定的 7 位或 8 位二进制数组合来表示 128 或 256 种可能的字符。附录 A 采用的是 7 位二进制编码，最高位为 0，低 7 位用 0 或 1 的组合来表示不同的字符或控制码。例如，字符 A 的 ASCII 码为 01000001，字符 a 的 ASCII 码为 01100001。

初期，ASCII 码主要用于远距离的有线或无线电通信，为了及时发现在传输过程中因电磁干扰引起的代码出错，设计了各种校验方法，其中奇偶校验是采用得最多的一种方法，即在 7 位 ASCII 码之前再增加一位用作校验位，形成 8 位编码。若采用偶校验，即校验位要使包括校验位在内的所有为“1”的位数之和为偶数。例如，大写字母“C”的 7 位编码是 1000011，共有 3 个“1”，则使校验位置“1”，即得到字母“C”的带校验位的 8 位编码 11000011；若原 7 位编码中已有偶数位“1”，则校验位置“0”。数据接收端对接收到的每一个 8 位编码进行奇偶性检验，若不符合偶数个（或奇数个）“1”的约定就认为是一个错码，并通知对方重复发送一次。

1.4.3　汉字编码

汉字是世界上使用最多的文字，是联合国的工作语言之一，汉字处理的研究对计算机在我国的推广应用和国际交流的加强都是十分重要的。但汉字属于图形符号，结构复杂，多音字和多义字比例较大，数量太多（据统计字形各异的汉字有 50 000 个左右，常用的也在7 000个左右）。依据汉字处理过程，汉字编码可分为输入码、字形码、处理码和国标码（交换码），如图 1-4 所示。

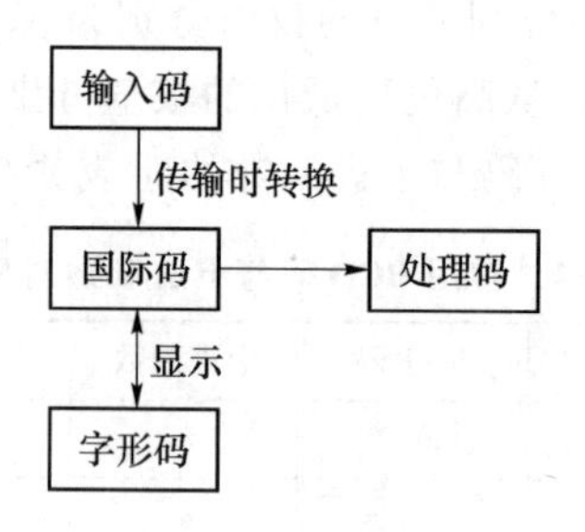

图 1-4　汉字编码过程

输入码也叫外码，是用来将汉字输入到计算机中的一组键盘符号。目前常用的输入码有拼音码（全拼）、五笔字型码、音形码等。一种好的编码应有编码规则简单、易学好记、操作方便、重码率低、输入速度快等优点。

我国国家标准总局 1981 年制定了中华人民共和国国家标准 GB2312（全称《信息交换用汉字编码字符集·基本集》），即国标码，共对 6 763 个汉字和 682 个图形字符进行了编码，其编码原则为：汉字用两字节表示，每字节用 7 位码（高位为 0）。

把国标码每字节最高位的 0 改成 1，或者把每字节都再加上 128，就可得到“机内码”，也就是“处理码”。

字形码是汉字的输出码，输出汉字时都采用图形方式，无论汉字的笔画多少，每个汉字都可以写在同样大小的方块中，按图形符号设计成点阵图，就得到了相应的点阵代码（字形码）。显示一个汉字一般采用 16×16 点阵、24×24 点阵或 48×48 点阵。

例如，用 16×16 点阵表示一个汉字，该点阵共 16 行，每行 16 个点，1 个点用 1 位二进制表示，16 个点（即每行）需用 2 字节（1 B=8 bit），所以一个汉字需要 16 行×2 字节/行=32 字节，即 16×16 点阵表示一个汉字，字形码需用 32 字节。例如，汉字“你”用 16×16 点阵表示，如图 1-5 所示。

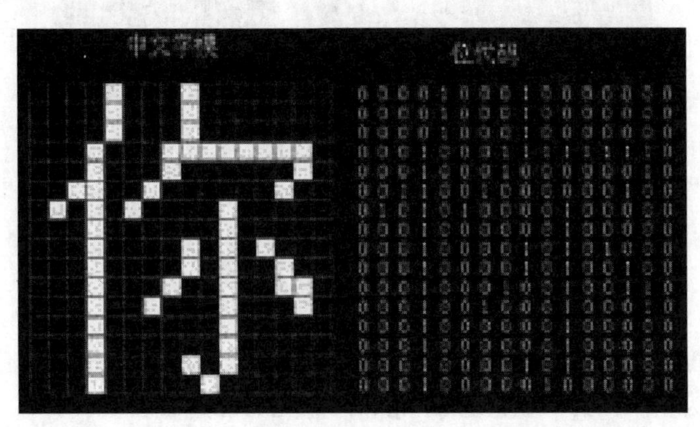

图 1-5　“你”的字形码

1.4.4　多媒体信息编码

在计算机中，各种多媒体信息也是基于二进制来表示的，只是形式更复杂。

声音是由物体振动产生的声波，是通过介质（空气或固体、液体）传播并能被人或动物的听觉器官所感知的波动现象。声音是一种模拟信号，可以通过采样和量化，将其转换为数字信号，然后再对数字信号进行二进制编码，如图 1-6 所示。

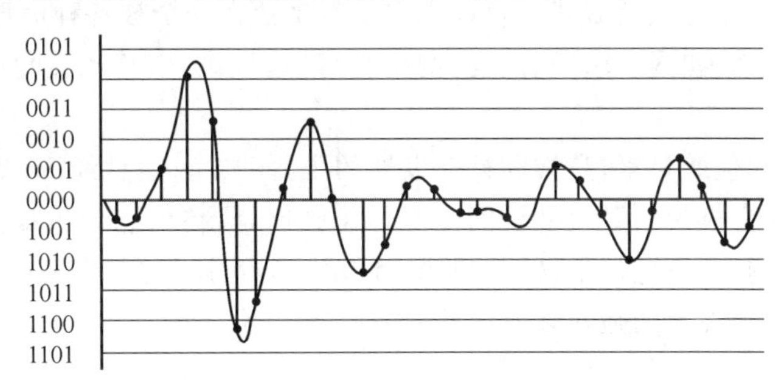

图 1-6　声音采样和量化

图像编码，是将图像分解为许多的点，每个点称为“像素”，再将像素对应的信号转换成二进制编码信息，如图 1-7 所示。图像信号也是经过采样、量化、编码过程转换成数字信号的。

图 1-7　位图示例

1.5　信息化社会

信息化社会也称信息社会，是以电子信息技术为基础，以信息资源为基本发展资源，以信息服务性产业为基本社会产业，以数字化和网络化为基本社会交往方式的新型社会。信息社会是在计算机技术、数字化技术和生物工程技术等先进技术基础上产生的，改变了人们的生活方式、行为方式和价值观念等。

信息化促进产业结构的调整、出现了一批新兴产业，如软件行业、通信业、电子信息产品制造业等。传统产业在国民经济中的比重日渐下降，信息产业在国民经济中的主导地位越来越突出，被称为“第四产业”。

信息化成为推动经济增长的重要手段。利用科技使各种资源的配置达到最优状态，降低了生产成本，提高了劳动生产率，从而推动了经济的增长。

信息化改变了人类的生活方式。目前人类已经生活在一个被各种信息终端所包围的社会中，有很多新兴事物，如网上求职、网购、网络教育、远程医疗、移动支付等，这些逐渐改变了人类的生活方式。

信息成为重要的生产要素，是推动社会发展的主要动力。信息经济、知识经济成为信息社会的主导经济，并且成为信息化社会的主要标志。但是，在信息化迅猛发展的同时，也给人类带来了负面影响，如信息污染、信息犯罪、计算机病毒等。这就需要制定相关的法律、法规来加强管理，同时也必须加强网络道德建设。

本章小结

1. 信息指利用文字、符号、声音、图形、图像等形式作为载体，通过各种渠道传播的信号、消息、情报或报道等。其特征有普遍性、传递性、共享性、依附性和时效性。

2. 信息技术指获取信息、处理信息、存储信息和传输信息等所用到的技术，是对信息进行加工的主要手段。

3. 信息处理就是对信息进行获取、存储、转化、传送和发布等。信息获取指围绕一定目标,在一定范围内,通过一定的技术手段和方式方法获得原始信息的活动和过程。信息存储是将获得的或加工后的信息按照一定的格式和顺序,存储在存储介质中的一种信息活动。信息转化就是把信息根据人们的特定需要进行分类、计算、分析、检索、管理和综合等处理。信息传送是指信息跨越空间和时间后到达接收目标的传播过程。信息发布就是把信息通过各种表示形式展示出来。

4. 一般将数据分为模拟数据和数字数据两大类。模拟数据是连续的,数字数据是离散的。数据是信息的表现形式和载体,信息是对数据进行加工处理以后得到的并对决策产生影响的数据。

5. 1 B=8 bit、1 KB=1 024 B、1 MB=1 024 KB、1 GB=1 024 MB、1 TB=1 024 GB、1 PB=1 024 TB。一串数码是作为一个整体来处理或运算的,称为一个计算机字,简称字。每个字所包含的位数称为字长,字长越长,计算机的处理能力越强、运算精度越高。

6. 十进制整数转换为非十进制整数的规则为:除基取余,先余为低(位),后余为高(位)。十进制小数转换为非十进制小数的规则为:乘基取整,先整为高(位),后整为低(位)。

7. 非十进制数转换为十进制数采用“位权法”,即把各个非十进制数按位权展开,求和。

8. 二进制转换为八进制,整数部分从右往左每 3 位为一位,不足 3 位高位补零;小数部分从左往右每 3 位为一位,不足 3 位低位补零。二进制转换为十六进制同理,每 4 位为一位。

9. 连同符号一起数码化的数,称为机器数,通常有原码、反码和补码 3 种表示法。

10. 小数点固定在某一位置的表示方法,称为定点表示法,简称为定点数;小数点可以任意浮动的表示方法,称为浮点表示法,简称为浮点数。

11. 常用的编码方式有 BCD 编码、ASCII 编码和 GB2312 编码(简体中文)等。

思考题与练习题

1. 简答题

(1) 什么是信息? 信息的主要特征是什么?

(2) 信息与数据的区别是什么?

(3) 日常生活中所接触到的信息有哪些? 它们如何通过数据来表示?

(4) 信息处理具体包括哪些内容?

(5) 什么是信息技术? 信息技术对我们的生活有什么影响?

2. 计算题

(1) 将下列十进制数分别转换为二进制数、八进制数和十六进制数:7,15,510,1 024,0.25,5.625。

(2) 将下列数用位权法展开:123.567D,1001.001B,351.01O,78AF.1H。

(3) 将下列二进制数转换为十进制数:1111,100111,11110111,11.001,1001.1001。

(4) 将下列八进制或十六进制数转换为二进制数:45372.321O,87F2C.B9H。

(5) 将下列二进制数转换为八进制数和十六进制数：100101110101110，101111010.101000101。

(6) 写出下列各数的原码、反码和补码：135D,35FH。

3. 探索题

(1) 在访问Web站点期间，该站点一般要收集个人信息。这个信息通常会保存在本地电脑中，当再次访问该站点时，这些信息被再一次读取和使用。你认为什么类型的信息会被收集？为什么推断站点会收集信息？站点是否有道德上的义务在访问者使用他们的计算机资源前通知访问者？这一活动是否侵犯了访问者的隐私？为什么？

(2) 我们可以通过计算机快速高效地完成许多事情，可以方便地与全世界的人们联系和通信，但是，所有的变化都是积极的吗？计算机和计算机网络的普及会产生负面影响吗？讨论这些问题和其他你能想到的问题。

第2章 电子数字计算机

在许多科幻电影中，会出现很多特效场面，这些都是利用计算机制作出来的。计算机已经成为必不可少的工具，它影响并改变着人们生活的方方面面。本章介绍电子数字计算机的发展历史，重点介绍计算机的硬件、软件等基础知识。

2.1 计算机概述

20世纪40年代，正值第二次世界大战，赢得战争的关键是拥有精确的大炮。随着大炮的发展，弹道计算日益复杂，原有的一些计算器已不能满足使用需求，人们迫切需要一种新的能快速运算的计算工具。于是，科学家和工程师通过努力，在当时的电子技术已具有记数、计算、传输、存储控制等功能的基础上，制作了电子计算机。

2.1.1 计算机的发展

计算机(computer)，是一种用于高速计算的电子计算机器，它既可以进行数值计算，又可以进行逻辑计算，还具有存储记忆功能。每当电子技术有突破性的进展时，计算机就会发生重大变革。每次更新换代都使计算机的体积和耗电量大大减小，功能大大增强，应用领域进一步拓宽，所配置的软件也发生变化。

1. 第一代计算机(大约1945年—1956年)

第一代计算机的主要元器件是用电子管制成的，所以称为电子管计算机。输入、输出设备主要是用穿孔卡，使用汞延迟线(mercury delay line)作为存储设备，后来逐渐过渡到磁芯存储器，没有操作系统，编程语言采用机器指令或汇编语言。

世界上第一台电子管计算机ENIAC(The Electronic Numberical Intergrator and Computer，埃尼阿克)是1946年由美国宾夕法尼亚大学艾克特等人成功研制的。它由18 000多个电子管、1 500多个继电器组成，占地167平方米，如图2-1所示。ENIAC的运算速度达到每秒钟5 000次，这是划时代的“高速度”。ENIAC的诞生，开创了第一代电子计算机的新纪元。

1951年第一台商用计算机UNIVACI诞生，用于美国的人口普查，它标志着计算机进入了商业应用时代。这个时期的计算机应用领域，由军用扩展至民用，由实验室开发转入工业化生产，由科学计算扩展到数据和事务处理。

2. 第二代计算机(大约1956年—1964年)

1948年，晶体管的出现促进了计算机的发展，晶体管代替了体积庞大的电子管，使得计算机的体积不断缩小。1956年，晶体管和磁芯存储器催生了第二代计算机。第二代计算机体积小、速度快(一般为每秒10万次，可高达300万次)、功耗低、性能更稳定，用高级语言

(COBOL 和 FORTRAN 等)代替了二进制机器码。它的应用领域以科学计算和事务处理为主,并开始进入工业控制领域。

图 2-1 ENIAC

1954 年,美国 IBM 公司制造了第一台晶体管计算机 TRADIC,如图 2-2 所示,增加了浮点运算,提高了计算能力。1958 年,美国的 IBM 公司制成了第一台全部使用晶体管的计算机 RCA501 型,它采用快速磁芯存储器,计算速度达到每秒几十万次。1964 年,中国制成了第一台全晶体管电子计算机 441-B 型,由此开启了中国的信息时代。

3. 第三代计算机(1965 年—1971 年)

20 世纪 60 年代中期,随着半导体工艺的发展,人们成功制造出了集成电路(integrated circuit,IC)。所谓集成电路是将大量的晶体管和电子线路组合在一块半导体芯片上,故又称其为芯片。小规模集成电路每个芯片上的元件数不到 100 个,中规模集成电路每个芯片上则可以集成 100～1 000 个元件。

第三代计算机的逻辑元件由中小规模集成电路组成,主存储器仍采用磁芯,出现了分时操作系统,有了标准化的程序设计语言 Basic,应用领域开始进入文字处理和图形图像处理领域。第三代计算机体积更小,功耗更低,速度更快(一般为每秒数百万次到数千万次)。

1970 年,美国 IBM 公司研制的 IBM S/370,采用了小规模集成电路作为逻辑元件,使用虚拟存储技术,如图 2-3 所示。1973 年,北京大学与北京有线电厂等单位合作研制了运算速度达每秒 100 万次的大型通用计算机。1974 年,清华大学等单位联合设计研制了 DJS-130 小型计算机,之后又推出了 DJS-140 小型机,形成了 100 系列产品。

4. 第四代计算机(大约 1972 年—2014 年)

大规模集成电路(large scale integration,LSI)每个芯片上的元件数为 1 000～10 000 个;而超大规模集成电路(very large scale integration,VLSI)的每个芯片上则可以集成 10 000 个以上的元件。第四代计算机的逻辑元件采用大规模集成电路和超大规模集成电路,将大容量的半导体存储器作为内存储器,软件方面则出现了数据库管理系统、网络管理系统和面向对象语言等。

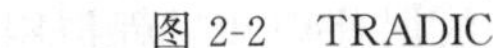

图 2-2 TRADIC　　图 2-3 IBM S/370 135 型

集成技术的发展使半导体芯片的集成度变得更高，每块芯片可容纳数万乃至数百万个晶体管，并且可以把运算器和控制器都集中在一个芯片上，从而出现了微处理器。1971 年世界上第一台微处理器在美国硅谷诞生，开创了微型计算机的新时代。应用领域从科学计算、事务管理、过程控制逐步走向家庭。第一台微型计算机是爱德华·罗伯茨(PC 之父)于 1974 年推出的个人电脑 Altair 8800，如图 2-4 所示。

图 2-4 Altair 8800

5. 第五代计算机(大约 2014 年至今)

第五代计算机指具有人工智能的新一代计算机，它具有推理、联想、判断、决策、学习等功能。它是为适应未来社会信息化的要求而提出的，与前四代计算机有着本质的区别，它的诞生是计算机发展史上的一次重要变革。

2.1.2 计算机的分类

计算的分类方法较多，可按其结构原理、用途和综合性能 3 种分类方式进行分类。

按照结构原理(处理的对象及其数据的表示形式)可将计算机分为模拟计算机(analog computer)、数字计算机(digital computer)和混合式计算机(hybrid computer)。

(1) 模拟计算机是用电流、电压等连续变化的物理量直接进行运算的计算机。模拟计算机问世较早，处理问题的精度差，所有的处理过程均需模拟电路来实现，并且电路结构复杂，抗外界干扰能力极差，使用模拟计算机的主要目的是提供一个进行实验研究的电子模型。

(2) 数字计算机输入、处理、输出和存储的数据都是数字量，这些数据在时间上是离散的。非数字量的数据(如字符、声音、图像等)只要经过编码后也可以处理。数字计算机是当今世界电子计算机行业中的主流，它的组成结构和性能都优于模拟式电子计算机。

(3) 混合式计算机通过数模转换器和模数转换器将数字计算机与模拟计算机连接在一起，构成完整的混合式计算机系统。其中模拟计算机部分承担快速计算的工作，而数字计算机部分则承担高精度运算和数据处理。混合式计算机主要应用于航空航天、导弹系统等实时性的复杂大系统中。

按照用途可将计算机分为通用计算机(general purpose computer)和专用计算机(special purpose computer)。

(1) 通用计算机具有广泛的用途，可以应用于科学计算、数据处理和过程控制等。

(2) 专用计算机，是为解决某一特定问题而设计制作的计算机。它适用某一特殊的应用领域，如智能仪表、生产过程控制等。

按照计算机的运算速度、字长、存储容量等综合性能指标，可将计算机分为巨型机、大型机、中型机、小型机、微型机等。

(1) 巨型计算机(也称为超级计算机)通常是指由数百或数千甚至更多的处理器组成的、运算速度每秒超过1亿次的超大型计算机，该类计算机主要用于复杂的科学计算及军事等专门的领域。

我国研制的“神威·太湖之光”成为世界上首台运算速度超过十亿亿次的超级计算机。“神威·太湖之光”安装了40 960个中国自主研发的众核处理器，峰值性能为每秒12.5亿亿次，持续性能为每秒9.3亿亿次。太湖之光由40个计算机柜和8个网络机柜组成，占地面积605平方米，如图2-5所示。

图2-5　神威·太湖之光

(2) 大/中型计算机具有较高的运算速度，每秒钟可以执行几千万条指令，并具有较大的存储容量以及较好的通用性，但价格较贵，通常被用来作为银行、铁路等大型应用系统中计算机网络的主机。

(3) 小型机的运算速度和存储容量略低于大/中型计算机，但与终端和各种外部设备连接比较容易，适合作为联机系统的主机，或者用于工业生产过程的自动控制。

(4) 微型计算机由大规模集成电路芯片制作的微处理器、存储器、接口和软件组成的。中央处理器是微型计算机的核心部件，是微型计算机的心脏。目前微型计算机已广泛应用于办公、学习、娱乐等方方面面，是发展最快、应用最为普及的计算机。我们日常使用的台式计算机、笔记本电脑等都属于微型计算机。

2.1.3　计算机的特点

计算机问世之初，主要用于数值计算，"计算机"也因此得名。随着计算机技术的发展，它已经应用在各个领域，可以用于处理数字、文字、图形、图像、声音及视频等各种各样的信息。与其他计算工具相比，计算机具有速度快、精确度高、存储容量大、自动化程度高和能够进行逻辑判断五大特点。

1. 速度快

计算机的运算速度是其他工具无法比拟的，目前巨型机运算速度已经达到每秒钟几百亿次运算，微型计算机的运算速度可达每秒百万次，甚至到每秒几千万次。

2. 精度高

计算机内部采用浮点表示方法，而且计算机的字长从 8 bit、16 bit 增加到 32 bit、64 bit，因此处理的结果具有很高的精确度。

3. 存储容量大

计算机的存储器类似于人的大脑，可以存储大量的数据和计算机程序。内存储器用来存储正在运行中的程序和有关数据，外存储器用来存储需要长期保存的数据。目前微型计算机的内存容量一般达到 8 G 且可以进一步扩展，硬盘容量可以达到 1 T。

4. 自动化程度高

计算机的各种运算是根据预先编制的程序自动控制执行的。计算机具备预先存储程序并按存储的程序自动执行而不需要人工干预的能力，因此自动化程度高。

5. 逻辑判断

计算机不仅能够进行算数运算，还能够进行逻辑运算，例如，判断一个数是正还是负。有了逻辑判断能力，计算机运行时可以根据上一步运算结果进行判断并自动选择下一步算法方法。这使计算机能进行诸如资料分类、情报检索等具有逻辑加工性质的工作。

2.1.4　新型计算机

计算机的不断升级换代，主要体现在 CPU 芯片的集成程度越来越高这一点上，但总有一天会达到其物理极限，因此，我们必须寻找突破口，新型计算机应运而生。

1. 量子计算机

著名量子信息学家郭灿森曾指出：理论上拥有 300 个量子比特的量子计算机就能支持比宇宙中原子数量更多的并行计算；量子计算机能够将某些经典计算机需要数万年来处理的复杂问题的运行时间缩短至几秒钟。量子计算机是一类遵循量子力学规律并进行高速运算、存储及处理量子信息的物理装置。当某个装置处理和计算的信息是量子信息，运行的算法是量子算法时，它就是量子计算机。

2017 年 5 月 3 日，中国科学界放出一个重磅消息：中国科研团队宣布成功构建光量子计算机(原型机)。其计算速度是国际同行的 24 000 倍，经典算法也比世界第一台电子管计算机快10～100倍。

2018年1月8日，英特尔在国际消费类电子产品展览会（international consumer electronics show，CES）上宣布其成功研制了49量子位测试芯片“Tangle Lake”，如图2-6所示。

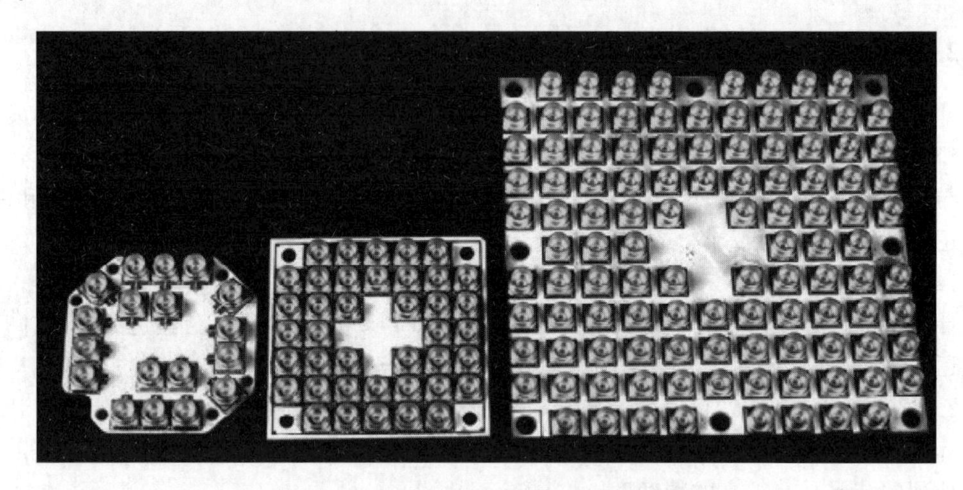

图2-6 英特尔的超导量子计算测试芯片

量子计算本身是一种极具超前性的技术，各国都仍处于尝试与创新的阶段，比拼各自的研发、创新及技术转化能力。它需要依托超导物质、超导环境来实现并运作，但目前各国严重缺乏可实用的超导材料。现在公布的量子计算机只是个理论验证模型，不是通用机。想让它成为一个真正可用的工程计算机，可能需要20年左右。

2. 光子计算机

与传统硅芯片计算机不同，光子计算机是一种由光信号进行计算、存储和处理的新型计算机。在光子计算机中，不同波长的光代表不同的数据，通过大量的透镜、棱镜和反射镜将数据从一个芯片传送到另一个芯片。

光子计算机是由光控制器、光存储器和光运算器组合而成的，相互之间和各自内部以光互连的方式来通信。对光学相关理论的不断研究和光子元器件制造等重点技术的不断改进，一定会使光子计算机走向世界的舞台，就像美国著名的科学家比尔·沃尔什（Walsh Bill）所说：“光子计算机必将逐步替代电子计算机”。

3. 分子计算机

分子计算机就是尝试利用分子计算的能力来进行信息的处理。分子计算机的运行靠的是分子晶体可以吸收以电荷形式存在的信息，并以更有效的方式对信息进行组织排列。分子计算机的运算过程就是蛋白质分子与周围物理化学介质相互作用的过程。美国惠普公司和加州大学于1999年7月16日宣布，已成功地研制出分子计算机中的逻辑门电路，其线宽只是几个原子直径之和。

4. 生物计算机

生物计算机是指以生物电子元件构建的计算机，它利用蛋白质的开关特性，将蛋白质分子作为元件制成生物芯片，其性能是由元件与元件之间电流启闭的速度决定的。用蛋白质制成的计算机芯片，它的一个存储点只有一个分子大小，所以它的存储容量可以达到普通计算机存储容量的十亿倍。由蛋白质构成的集成电路，其大小只相当于硅片集成电路的十万分之一，而且运行速度更快，大大超过人脑的思维速度。目前，科学家已经研制出生物芯片。

5. DNA 计算机

DNA 计算机是一种生物形式的计算机。它以编码的 DNA 序列为运算对象，通过分子生物学的运算操作来解决复杂的数学难题。DNA 计算的研究者们认为可以把要运算的对象编码成 DNA 分子链，并且在生物酶的作用下让它们完成计算，借助大量 DNA 分子的并行运算获得超常的性能。

6. 纳米计算机

纳米属于计量单位，1 纳米大概是氢原子直径的 10 倍。现在纳米技术的应用领域还局限于微电子机械系统，没有真正应用于计算机领域。在微电子机械系统中应用纳米技术，通常是在一个芯片上同时放传感器和各种处理器，这样所占的空间较小。纳米技术如果能应用到计算机上，必会大大节省资源，提高计算机的性能。

2.2 计算机工作原理

计算机原理由冯·诺依曼(John von Neumann)与莫尔小组于 1943 年—1946 年提出，冯·诺依曼被后人称为“计算机之父”。

2.2.1 基本工作原理

1945 年，冯·诺依曼首先提出了“存储程序”的概念和二进制原理。后来人们把利用这种概念和原理设计而成的电子计算机称为冯·诺依曼结构计算机。经过几十年的发展，计算机的工作方式、应用领域、体积和价格等方面都与最初的计算机有了很大的区别，但不管如何发展，存储程序和二进制系统至今仍是计算机的基本工作原理。

将程序和数据事先存放在存储器中，使计算机在工作时能够自动、高效地从存储器中取出指令并加以执行，这就是存储程序的工作方式。存储程序的工作方式使得计算机变成了一种自动执行的机器，一旦将程序存入计算机并启动，计算机就可以自动工作，一条一条地执行指令。

计算机使用二进制的原因有以下两个：首先，二进制只有 0 和 1 两种状态，可以表示 0 和 1 两种状态的电子器件很多，如开关的接通和断开，晶体管的导通和截止，磁元件的正极和负极，电位电平的低与高等，因此使用二进制对电子器件来说具有实现的可行性，假如采用十进制，要制造具有 10 种稳定状态的物理电路，则是非常困难的；其次，二进制数的运算规则简单，使得计算机运算器的硬件结构大大简化，简单易行，同时也便于逻辑判断。

2.2.2 冯·诺依曼体系结构

冯·诺依曼计算机由运算器、控制器、存储器、输入设备和输出设备 5 部分组成，如图 2-7 所示。

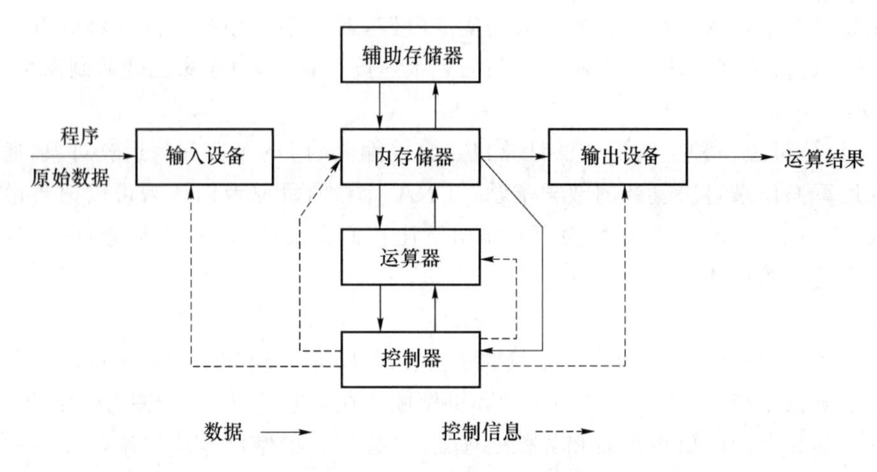

图 2-7 冯·诺依曼体系结构

1. 运算器

运算器是对二进制数进行运算的部件。运算器在控制器的控制下执行程序中的指令，完成算术运算、逻辑运算、比较运算、位移运算以及字符运算等。其中算术运算包括加、减、乘、除等操作，逻辑运算包括与、或、非等操作。

运算器由算术逻辑单元(arithmetic logic unit，ALU)、寄存器等组成。ALU 负责完成算术运算、逻辑运算等操作；寄存器用来暂时存储参与运算的操作数或中间结果，常用的寄存器有累加寄存器、暂存寄存器、标志寄存器和通用寄存器等。运算器的主要技术指标是运算速度，其单位是 MIPS(百万指令每秒)。

2. 控制器

控制器是整个计算机系统的控制中心，保证计算机能按照预先规定的目标和步骤进行操作和处理。它的主要功能就是依次从内存中取出指令，并对指令进行分析，然后根据指令的功能向有关部件发出控制命令，指挥计算机各部件协同工作，完成指令所规定的功能。

控制器和运算器合在一起被称为中央处理器(central processing unit，CPU)。CPU 是指令的解释和执行部件，计算机发出的所有动作都是由 CPU 控制的。

3. 存储器

存储器分为辅助存储器(外存储器)和主存储器(内存储器)两种，是用来存储数据和程序的部件。内存储器(内存)直接与 CPU 相连接，存储信息以二进制形式来表示。外存储器(外存)是内存的扩充，一般用来存放大量暂时不用的程序、数据和中间结果。

4. 输入设备

输入设备是向计算机输入数据和信息的设备，它是计算机与用户或其他设备之间通信的桥梁，用于输入程序、数据、操作命令、图形、图像，以及声音等信息。常用的输入设备有键盘、鼠标、扫描仪、光笔、数字化仪，以及语音输入装置等。

5. 输出设备

输出设备将计算机处理的结果转换为人们所能接受的形式，用于显示或打印程序、运算结果、文字、图形、图像等，也可以播放声音。常用的输出设备有显示器、打印机、绘图仪，以及声音播放装置等。

2.2.3 计算机的工作过程

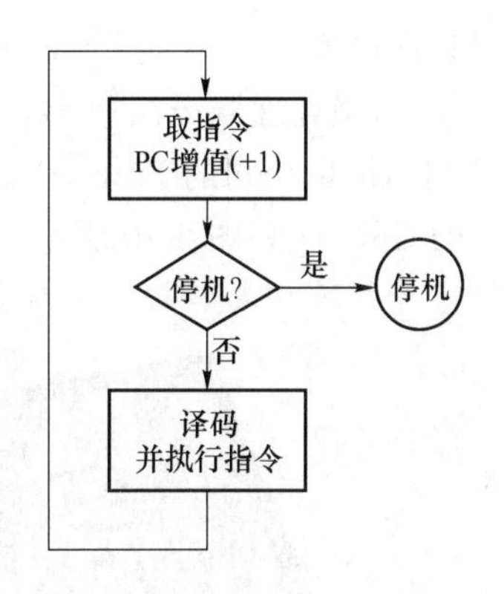

图 2-8 指令执行过程

计算机的工作过程就是程序的执行过程，程序是一系列有序指令的集合，执行计算机程序就是执行指令的过程。

指令是能被计算机识别并执行的二进制代码，它规定了计算机能够完成的某一种操作。指令通常由操作码和操作数两个部分组成，操作码规定了该指令进行的操作种类，操作数给出了参加运算的数据及其所在的单元地址。

执行指令时，必须先将指令装入内存，CPU 负责从内存中按顺序取出指令，同时指令计数器(PC)加“1”，并对指令进行分析、译码等操作，然后执行指令，如图 2-8 所示。当 CPU 执行完一条指令后再处理下一条指令，就这样周而复始地工作，直到程序完成。

2.3 计算机硬件系统

一个完整的计算机系统是由硬件系统和软件系统组成的，二者缺一不可。软件系统包括程序和相应的文档，硬件系统由中央处理器、存储器和外部设备等各种物理部件组成，如图 2-9 所示。只有硬件系统而没有任何软件支持的计算机称为裸机，主机顾名思义指计算机的主要机体部分，主要包括中央处理器和内存储器等。主机以外的硬件设备称为外部设备，简称外设。

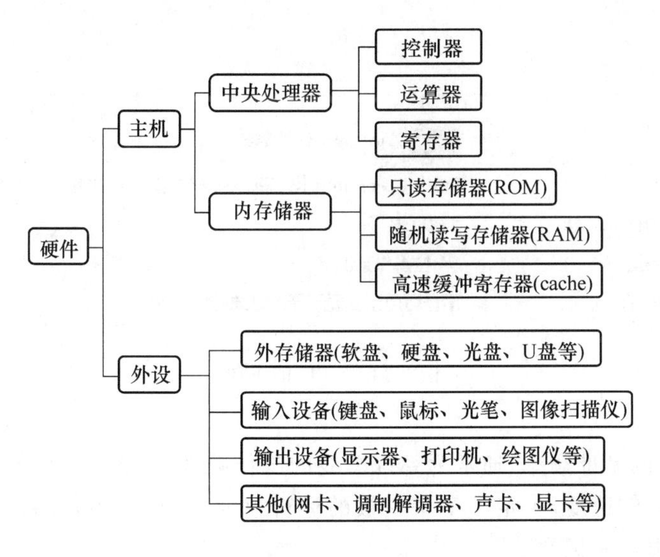

图 2-9 硬件组成

2.3.1 中央处理器

中央处理器(central processing unit，CPU)是一块超大规模的集成电路，是计算机的核心部件。它的功能主要是执行计算机指令以及处理数据。中央处理器主要包括运算器、控制器和寄存器。

如今，微处理器产品较多，主要有 Intel 公司的 Core 系列、DEC 公司的 Alpha 系列、IBM 和 Apple 公司的 Power PC 系列等。在中国，Intel 公司的产品占有较大的优势，Intel 公司的 Core i7 如图 2-10 所示。

图 2-10　Intel Core i7

计算机的性能在很大程度上由 CPU 的性能决定，而 CPU 的性能主要体现在其运行程序的速度上。影响 CPU 运行速度的性能指标包括 CPU 的主频、外频、前端总线频率。

1. 主频

主频也叫时钟频率，单位是兆赫(MHz)或千兆赫(GHz)，它用来表示 CPU 处理数据的速度。通常，主频越高，CPU 处理数据的速度就越快。主频和实际的运算速度存在一定的关系，但并不是一个简单的线性关系，CPU 的运算速度还要看 CPU 的流水线、总线等各方面的性能指标。CPU 的主频可以在电脑属性中看到，如图 2-11 所示，该电脑的主频是 3.30 GHz。

系统

分级:	4.3 Windows 体验指数
处理器:	Intel(R) Pentium(R) CPU G3260 @ 3.30GHz　3.30 GHz
安装内存(RAM):	4.00 GB
系统类型:	64 位操作系统
笔和触摸:	没有可用于此显示器的笔或触控输入

图 2-11　CPU 的主频

2. 外频

外频是 CPU 的基准频率，通常为系统总线的工作频率，单位是 MHz。外频是 CPU 与主板之间同步运行的速度，决定了整块主板的运行速度。例如，100 MHz 外频特指数字脉冲信号在每秒钟振荡一亿次。

3. 前端总线频率

前端总线(FSB)是将 CPU 连接到北桥芯片的总线。前端总线频率(即总线频率)直接影响 CPU 与内存之间交换数据的速度。数据传输最大带宽取决于机器字长和传输频率(数据带宽=总线频率×机器字长÷8)。例如，支持 64 位的处理器，前端总线是 800 MHz，它的数据传输最大带宽是 6.4 GB/s。

2.3.2　存储器

存储器是存放程序和数据的装置,存储器的容量越大工作速度就越快,但容量和价格是互相矛盾的。为了协调这种矛盾,目前的微机系统均采用了层次存储器结构,一般分为 3 层：主存储器(memory)、辅助存储器(storage)和高速缓冲存储器(cache)。

1. 主存储器

主存储器又称内存,可被 CPU 直接访问,用于存放将要运行的程序和数据。微机的主存采用半导体存储器,具有体积小、功耗低、工作可靠、扩充灵活等优点。半导体存储器从使用功能上分,可分为随机存储器(random access memory, RAM)和只读存储器(read only memory,ROM)。

随机存储器是一种可以随机读/写数据的存储器,也称为读/写存储器。RAM 有以下两个特点:一是可以读出,也可以写入,读出时并不损坏原来存储的内容,只有写入时才修改原来所存储的内容;二是 RAM 只能用于暂时存放信息,一旦断电,存储内容立即消失,具有易失性。

RAM 通常由 MOS 型半导体存储器组成,根据其保存数据的机理又可分为动态(dynamic RAM)和静态(static RAM)两大类。DRAM 的特点是集成度高,主要用于大容量内存储器;SRAM 的特点是存取速度快,主要用于高速缓冲存储器。

DRAM 一般制作成条状,称为内存条,插在主板的内存插槽中。目前的内存有 DDR(double data rate,是双倍速率同步动态随机存储器)、DDR2、DDR3、DDR4 共 4 种类型。图 2-12 和图 2-13 分别为 DDR4 台式机内存和 DDR3 笔记本内存。

图 2-12　DDR4 台式机内存

图 2-13　DDR3 笔记本内存

只读存储器顾名思义,它的特点是只能读出原有的内容,用户不能再写入新内容。原来存储的内容是采用掩膜技术由厂家一次性写入,并永久保存下来的。它一般用来存放专用的程序和数据。只读存储器是一种非易失性存储器,一旦写入信息后,无须外加电源来保存信息,不会因断电而丢失。BIOS(basic input output system)芯片是只读存储器,它是一组固化到计算机主板 ROM 芯片上的程序,其主要功能是为计算机提供最底层、最直接的硬件设置和控制。

2. 辅助存储器

辅助存储器属外部设备,又称为外存。常用的有软盘、硬盘、光盘、U 盘等。外存用于存放暂时不用的程序和数据,能长期保存信息,并且不依赖电来保存信息,但是需要由机械部件带动,速度明显比内存慢得多。

软盘(floppy disk)是计算机中最早使用的可移介质,容量较小,一般为 1.2～1.44 MB。软盘的读写需要通过软盘驱动器完成，目前常用的是 1.44 MB 的 3.5 英寸(1 英寸=2.54 cm)软盘，如图 2-14 所示。

硬盘的容量目前已达 16 TB，常用的也在 1 TB 以上。硬盘是电脑主要的存储媒介之一，由一个或者多个铝制或者玻璃制的碟片组成，碟片外覆盖磁性材料。硬盘的尺寸主要有：3.5 英寸台式机硬盘、2.5 英寸笔记本硬盘、1.8 英寸微型硬盘等，如图 2-15 和图 2-16 所示。

图 2-14　软盘

图 2-15　机械硬盘

图 2-16　不同尺寸硬盘比较

硬盘接口分为 IDE(integrated drive electronics)、SATA(serial advanced technology attachment)、SCSI(small computer system interface)、光纤通道和 SAS(serial attached SCSI)5 种。IDE 接口硬盘多用于家用产品中，SCSI 接口的硬盘则主要应用于服务器市场，光纤通道价格昂贵只应用在高端服务器上。目前，多数硬盘的接口是 SATA，这种接口结构简单，支持热插拔。SATA 和 IDE 硬盘接口如图 2-17 和图 2-18 所示。

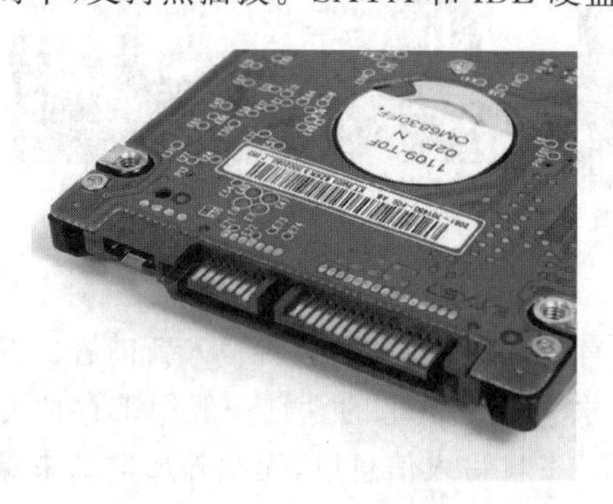

图 2-17　SATA 接口硬盘

图 2-18　IDE 接口硬盘

光盘是利用激光原理进行读、写的设备，以光信息作为存储物的载体。它利用聚焦的氢离子激光束来处理数据的，又称激光光盘。光盘的读写过程和磁盘的读写过程一致，不同就在于它是利用激光束在盘面上烧出斑点进行数据的写入，通过辨识反射激光束的角度来读取数据。光盘根据结构主要分为 CD、DVD、蓝光光盘等几种类型，如图 2-19 所示。

U 盘，全称为“USB 闪存盘”，英文名“USB flash disk”。它是一种使用 USB 接口的无须物理驱动器的微型高容量移动存储产品，它通过 USB 接口与电脑连接，实现即插即用。

目前,U盘的最大存储容量达到了1 TB,如图2-20所示。

图2-19　DVD光盘

图2-20　U盘

3. 高速缓冲存储器

由于主存储器的存取速度比CPU的计算速度慢很多,从而降低了CPU的运行速度,乃至影响到整个计算机系统的工作效率。为了解决这个问题,高速缓冲存储器(cache,简称缓存)诞生了。高速缓冲存储器由静态存储芯片(SRAM)组成,它的容量一般只是主存储器的几百分之一,但它的存取速度能与CPU相匹配。缓存大小也是CPU的重要指标之一。

L1Cache(level 1 on-die cache,一级缓存)是集成在CPU芯片内部的第一层高速缓存,分为数据缓存和指令缓存。一级缓存的容量和结构对CPU的性能影响较大,但由于CPU芯片面积的限制,一级缓存的容量不可能做得太大。一般一级缓存的容量通常在32～256 KB。

L2Cache(level 2 on-die cache,二级缓存)是CPU的第二层高速缓存,分内部和外部两种芯片。内部的芯片二级缓存运行速度与主频运行速度相同,而外部的二级缓存运行速度则只有主频运行速度的一半。二级缓存容量也会影响CPU的性能,原则是越大越好。目前家用电脑的二级缓存容量从512 KB到2 MB,而服务器和工作站上用CPU的L2高速缓存容量更大,可以达到8 MB以上。

L3Cache(level 3 on-die cache,三级缓存)提升了计算大数据量时处理器的性能,降低了内存延迟。

2.3.3　主板和总线标准

主板(motherboard,mainboard,Mobo)又叫主机板、系统板、母板等,由线路板和各种元器件组成。线路板是由几层树脂材料黏合在一起的,内部采用铜箔走线。元器件一般有BIOS芯片、I/O控制芯片、键和面板控制开关接口、指示灯插接件、扩充插槽、主板及插卡的直流电源供电接插件等,如图2-21所示。

主板上最重要的组件是北桥芯片组和南桥芯片组。这些芯片组为主板提供了一个通用平台以供不同设备连接。

影响主机板性能的,除了CPU的性能与存储器的容量和速度外,总线标准也是重要因素之一。为了产品的互换性,各计算机厂商和国际标准化组织统一把数据总线、地址总线和控制总线组织起来形成产品的技术规范,并称为总线标准。总线标准有ISA、EISA、VESA、PCI等。

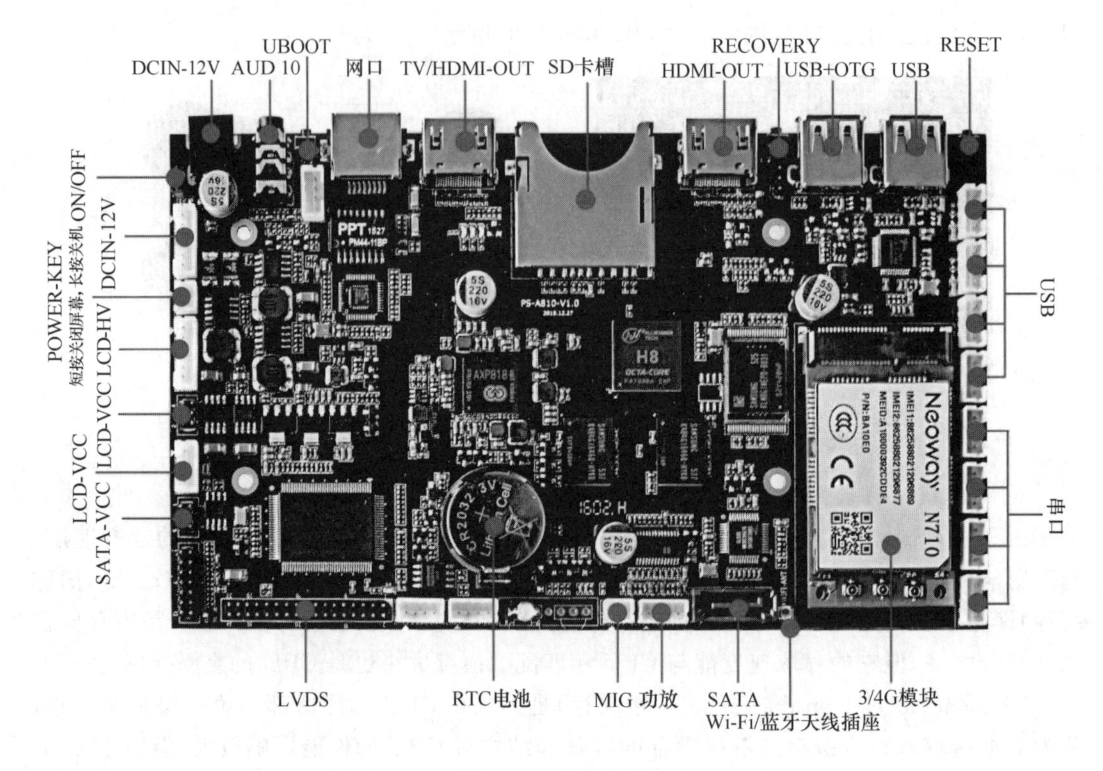

图 2-21　系统主板

ISA(industrial standard architecture)总线最早有 8 根数据总线，共 62 个引脚，主要满足 8088CPU 的要求，后来又增加了 36 个引脚，数据总线扩充到 16 位，总线传输率达到 8 MB/s，适应 80286CPU 的需求。

EISA(extend ISA)总线是一种在 ISA 总线基础上扩充的开放总线标准。该总线的数据线和地址线均 32 根，总线数据传输率达到 33 MB/s，满足了 80386CPU 和 80486CPU 的要求，并采用双层插座和相应的电路技术保持与 ISA 总线兼容。

VESA 总线(也称 VL-BUS)的数据线有 32 根，留有扩充到 64 位的物理空间。采用局部总线技术使总线数据传输率达到 133 MB/s，支持高速视频控制器和其他高速设备接口，支持 Intel、AMD、Cyrix 等公司的 CPU 产品。

PCI(peripheral controller interface)总线采用局部总线技术，在 33 MHz 下工作时数据传输率为 132 MB/s，不受制于处理器且保持与 ISA、EISA 总线的兼容，同时 PCI 还留有向 64 位扩充的余地，最高数据传输率为 264 MB/s，支持 Intel80486、Pentium 以及更新的微处理器产品。

2.3.4　输入/输出设备

输入/输出设备又称 I/O 设备，是用户和计算机之间进行信息交换的主要设备。输入设备将数据输入到计算机中，按照输入数据形式可分为字符输入设备(键盘)、图形输入设备(鼠标、光笔)、图像输入设备(扫描仪、传真机、摄像机)。输出设备用于数据的输出，常见的有显示器、打印机等。

1. 键盘

尽管目前语音输入法、手写输入法、自动扫描识别输入法等的研究已经有了巨大的进展，相应的各类软、硬件产品也已开始推广和应用，但目前键盘仍将是最主要的输入设备。键盘按键数分类分为101键键盘、102键键盘、104键键盘、107键键盘。尽管按键的数目有所差异，但按键的布局基本相同。一般情况下，键盘主要分为5个区域，即主键盘区、功能键区、编辑键区、数字键区（小键盘区）和状态指示区，如图2-22所示。

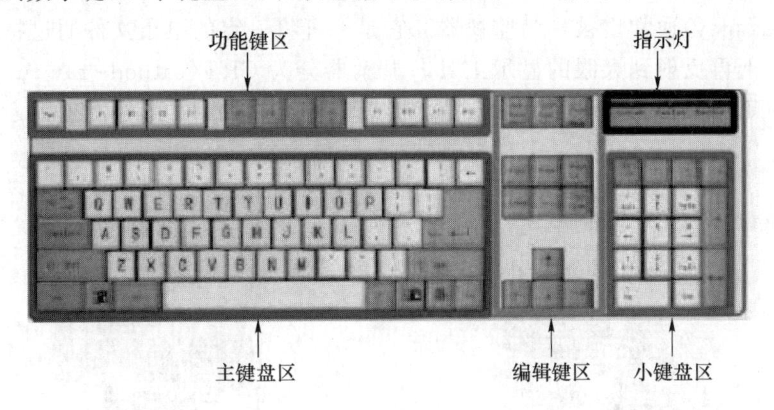

图2-22　标准107键键盘的布局

主键盘区由21个数字符号键、26个字母键和14个功能键组成，是进行信息录入的最主要键位区。功能键区有13个键，包括F1～F12键、Esc键。编辑键区有13个键，在文档编辑时控制光标的移动。数字键区有17个键，主要为了方便输入数字而设置的，同时也有编辑和控制光标位置的功能。状态指示区有Num（小键盘数字锁定）、Caps（大键盘字母大小写锁定）、Scroll（滚动锁定键）3个指示灯。

2. 鼠标

鼠标（mouse，鼠标器）是控制显示器上光标移动的输入设备，因形似老鼠而得命。鼠标是外设中比较便宜的一个部件，根据鼠标的按键数目，鼠标分为双键鼠标和多键鼠标。

双键鼠标是Microsoft公司推出的鼠标，只有左右两个键，结构简单，功能单一，目前已逐渐退出市场，如图2-23所示。多键鼠标又称滚轮鼠标，也是Microsoft公司研制的，滚轮使得上下翻页变得极为方便，市场上最常见的是带有一个滚轮的鼠标，如图2-24所示。

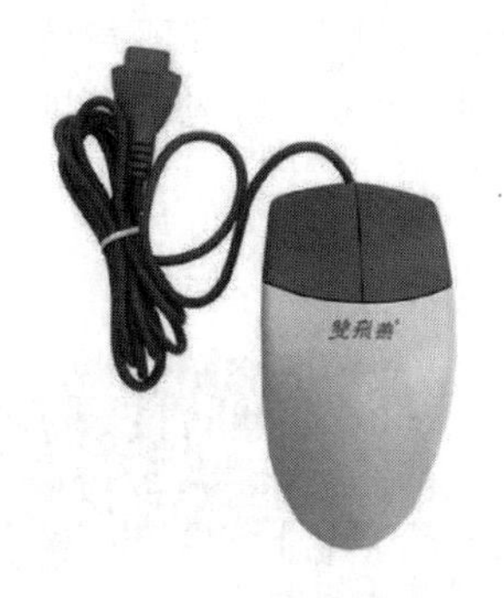

图2-23　双键鼠标

图2-24　滚轮鼠标

鼠标器的基本操作有移动光标、单击、双击和拖动鼠标。只要鼠标正常连接到计算机，同时，其驱动软件被正确安装并启动运行，屏幕上就会出现一个箭头形状的符号，这时移动鼠标此箭头形符号也随之移动。当鼠标光标处于某确定位置时按一下鼠标按键称为单击鼠标；迅速地连续按两下鼠标按键称为双击鼠标；按下鼠标按键不放并移动鼠标称为拖动鼠标。显然，单击和双击鼠标都有左右之分，后文中的“单击”或“双击”若不加说明即指单击或双击鼠标左键。

3. 显示器

显示器(display)通常也被称为监视器。它是一种将一定的电子文件通过特定的传输设备显示到屏幕上再反射到人眼的显示工具。显示器分为 CRT(cathode ray tube，阴极射线管)显示器、LCD(liquid crystal display)显示器等多种，如图 2-25 和图 2-26 所示。

图 2-25　CRT 显示器

图 2-26　LCD 显示器

CRT 显示器是一种使用阴极射线管的显示器，由于它体积大、功耗较大、有辐射等缺点，已经逐渐被市场淘汰。LCD 显示器就是我们俗称的液晶显示器，是目前主流的显示器。LCD 显示器与传统 CRT 显示器相比，耗电量少 70%，功耗小，基本上没有辐射，但使用寿命不及 CRT。

4. 打印机

打印机也经历了数次更新，如今已进入了激光打印机(laser printer)的时代，但点阵式打印机(dot matrix impact printer)仍在广泛应用。激光打印机利用激光产生静电吸附效应，通过硒鼓将碳粉转印并定影到打印纸上，工作噪声小、速度快，普及型的输出速度也在每分钟 6 页，分辨率高达 600 点/英寸(1 英寸＝2.54 cm)以上。点阵打印机是利用电磁铁高速地击打 24 根打印针，从而把色带上的墨汁转印到打印纸上，工作噪声较大，速度较慢，每分钟约打印 1～2 页 B5 纸，分辨率也只有 120～180 点/英寸。激光打印机和点阵式打印机如图 2-27 和图 2-28 所示。

图 2-27　激光打印机

图 2-28　点阵式打印机

2.4　计算机软件系统

软件系统着重解决如何管理和使用计算机的问题,它随硬件的发展而发展,同时软件的不断发展与完善又促进了硬件的发展,两者相互促进,密不可分。

2.4.1　软件概述

计算机软件(computer software),也称软件或软体,是指计算机系统中的程序及其文档。程序是对计算任务的处理对象和处理规则的描述,程序是软件的主体,一般保存在存储介质(如软盘、硬盘和光盘)中,以便在计算机上使用。文档是指用自然语言或者形式化语言所编写的用来描述程序的内容、组成、设计、功能规格、开发情况、测试结构和使用方法等的文字资料和图表。文档对于软件的使用和维护尤其重要。

软件分为系统软件、支撑软件、应用软件,如图2-29所示。系统软件是控制和协调计算机及其外部设备,并支持应用软件开发和运行的系统。支撑软件有接口软件、工具软件等,它为计算机的使用提供工作环境,支撑软件可以看成系统软件的一部分。应用软件是用户按其需求编写的专用程序,它借助系统软件和支撑软件来运行。

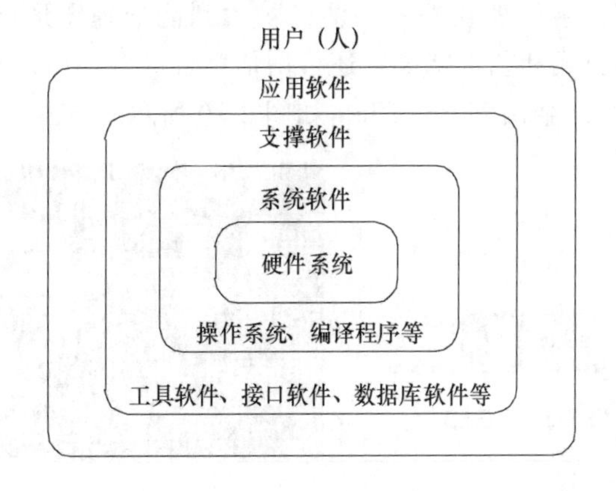

图2-29　计算机系统层次组成

计算机软件具有如下主要功能。

(1) 运行时,能够提供所要求功能和性能的指令或计算机程序集合。

(2) 程序能够处理信息的数据结构。

(3) 描述程序功能需求以及程序如何操作和使用所要求的文档。

2.4.2　系统软件

系统软件是管理、监控和维护计算机资源的软件,是用来扩大计算机的功能,提高计算机的工作效率,方便用户使用计算机的软件。系统软件是计算机正常运转不可缺少的,一般由计算机生产厂家或专门的软件开发公司研制,出厂时写入ROM芯片或存入磁盘(供用户选购)。任何软件都要在系统软件支持下运行。一般系统软件主要包括操作系统、语言处理程序、数据库管理系统和服务软件等。

操作系统是管理软件和硬件资源的系统软件，是用户与计算机交互的桥梁。它直接安装在裸机上，其他软件只有在它的支持下才能运行。典型操作系统有 Unix、Linux、Windows、Android、iOS、Mac OS 等。

计算机只能直接识别和执行机器语言，不能直接执行高级语言编写的源程序，需要有一个专用软件来将源程序转换为能在计算机上运行的程序。完成这种翻译任务的软件称为高级语言编译软件，如汇编语言汇编器、C 语言编译器等。

数据库管理系统用来建立、使用和维护数据库，为用户使用数据提供了接口。用户可以方便、高效地访问数据库中的数据，数据库的维护工作由专门的数据库管理员来完成。常用的数据库管理系统有 Access、Oracle、MySQL、DB2 等。

服务软件也叫辅助程序，主要有编辑程序、调试程序、装备和连接程序等。

2.4.3 应用软件

应用软件是为满足用户在不同领域的不同需求而提供的软件，是用程序设计语言编制的程序的集合。应用软件的种类和数量随着计算机应用领域的不断扩展而与日俱增。常见应用软件有字处理软件、信息管理软件、辅助设计软件等。

字处理软件主要用于将文字输入到计算机，进行存储、编辑、排版等，并以各种所需的形式显示、打印出来。如今，字处理软件的功能已扩大到能处理图形（包括插入图片、编辑图片、绘制图表、编印数学公式和艺术字等），还可增加声音等多媒体信息。目前常用的文字处理软件有 Microsoft Word、金山 WPSOffice，如图 2-30 所示。

图 2-30　字处理软件

信息管理软件用于输入、存贮、修改、检索各种信息，例如，工资管理软件、人事管理软件、仓库管理软件、计划管理软件等。这种软件发展到一定水平后，各个单项的软件相互联系起来，使计算机和管理人员组成一个和谐的整体，各种信息在其中合理地流动，形成一个完整、高效的管理信息系统，简称 MIS。

辅助设计软件是指利用计算机及其图形设备帮助设计人员进行设计工作的软件，适用于建筑、机械、电子、服装等多个领域。利用辅助设计软件可以帮助设计人员对不同方案进行计算、分析和比较，以决定最优方案，同时提高设计人员的工作效率。在计算机辅助设计中，Autodesk 公司推出的 Auto CAD 是一款功能强大的绘图软件，它可绘制二维图和基本三维图，可以用于土木建筑、装饰装潢、工业制图、工程制图等多个领域。Auto CAD 软件操作界面如图 2-31 所示。

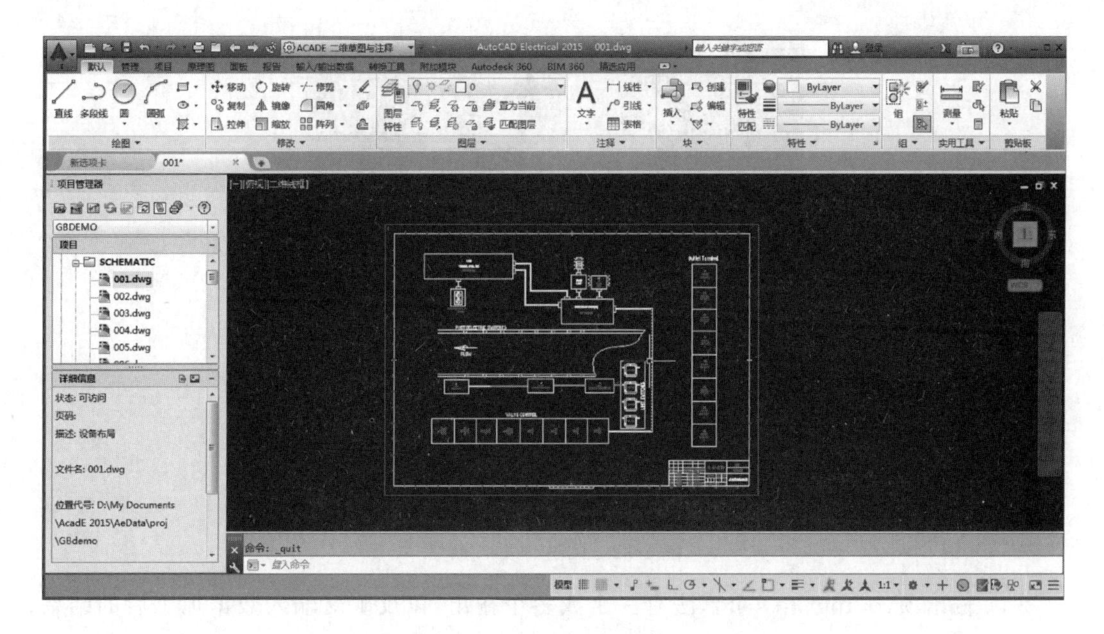

图 2-31　AutoCAD 操作界面

2.4.4　程序设计基础

程序设计以编程语言为工具，给出解决特定问题的过程，是软件构造活动中的重要组成部分。程序设计过程包括分析问题、设计、编码、测试等阶段。计算机程序有以下共同的性质。

(1) 目的性程序有明确的目的，运行时能完成赋予它的功能。

(2) 分步性程序为完成其复杂的功能，由一系列计算机可执行的步骤组成。

(3) 有序性程序的执行步骤是有序的，不可随意改变程序步骤的执行顺序。

(4) 有限性程序是有限的指令序列，程序所包含的步骤是有限的。

(5) 操作性有意义的程序总是对某些对象进行操作，使其改变状态，完成其功能。

Ada Lovelace(阿达·奥古斯塔，图 2-32)，在 1843 年公布了世界上第一套算法，建立了循环和子程序概念。由于在程序设计上的开创性工作，她被称为世界上第一位程序员。为了纪念 Ada 对现代电脑与软件工程所产生的重大影响，美国国防部将耗费巨资、历时近 20 年研制的高级程序语言命名为 Ada 语言。

算法(algorithm)是对解题方案准确而完整的描述，是在有限步骤内求解一个问题所使用的一组明确的规则或策略机制。若用程序设计语言来描述一个算法，则它就是一个程序。如果一个算法有缺陷，或者不适合于某个问题，执行这个算法就不能解决这个问题。不同的算法可能用不同的时间、空间或效率来完成同样的任务。一个算法的优劣可以用空间复杂度与时间复杂度来衡量。一个算法应该具有以下 5 个重要的特征。

(1) 有穷性(finiteness)：一个算法必须能在执行有限个步骤之后终止。

(2) 确切性(definiteness)：算法的每一步骤必须有确切的定义。

(3) 输入项(input)：一个算法有 0 个或多个输入，以刻画运算对象的初始情况，所谓 0 个输入是指算法本身定出了初始条件。

图 2-32 阿达·奥古斯塔

(4) 输出项(output):一个算法有一个或多个输出,以反映对输入数据加工后的结果。没有输出的算法是毫无意义的。

(5) 可行性(effectiveness):算法中执行的任何计算步骤都是可以被分解为基本的可执行的操作步,即每个计算步都可以在有限时间内完成(也称之为有效性)。

2.5 计算机的应用领域

计算机极大地增强了人类认识世界、改造世界的能力,在国民经济和社会生活的各个领域有着非常广泛的应用。计算机主要应用在制造业、商业、金融业、交通运输业、教育、娱乐等领域。

2.5.1 在制造业中的应用

制造业是计算机的传统应用领域。制造业工厂使用计算机可减少工人数量、缩短生产周期、降低生产成本、提高企业效益。计算机在制造业中的应用主要有计算机辅助设计(CAD)、计算机辅助制造(CAM)以及计算机集成制造系统(CIMS)等。

1. 计算机辅助设计

计算机辅助设计(computer aided design,CAD)是使用计算机来辅助人们完成产品或工程设计任务的一种方法和技术。CAD 利用信息存储、检索、分析、计算、逻辑判断、数据处理以及绘图等功能,与人的设计策略、经验、判断力和创造性相结合,共同完成产品或者工程项目的设计工作,实现设计过程的自动化或半自动化。目前,建筑、机械、汽车、飞机、船舶、大规模集成电路、服装等设计领域都广泛地使用了计算机辅助设计系统,大大提高了设计质量和生产效率。目前应用较广泛的 CAD 软件是 Autodesk 公司开发的 AutoCAD。

2. 计算机辅助制造

计算机辅助制造(computer aided manufacturing,CAM)是使用计算机辅助人们完成工业产品制造任务的一种方法和技术。计算机辅助制造是一个使用计算机以及数字技术来生成面向制造的数据的过程。计算机与制造过程及生产装置可以直接连接,进行制造过程的监视和控制。例如,计算机过程监视系统、计算机过程控制系统以及数控加工系统等。计算机不直接与制造过程连接只是用来提供生产计划、作业调度计划,并发出指令和有关信息,以便使生产资源的管理更加有效,从而支持制造过程。

3. 计算机集成制造系统

将计算机技术、现代管理技术和制造技术集成到整个制造过程中所构成的系统称为计算机集成制造系统(computer integrated manufacturing system,CIMS)。它是在新的生产组织概念和原理指导下形成的一种新型生产方式,代表了当今制造业组织生产、经营管理走向信息化的一种理念和标志。它利用计算机将从接受订单、进行设计与生产到入库与销售的整个过程连接起来,形成一条自动的流水线,从而大大缩短制造周期。从企业信息化的角度来看,CIMS 实现信息和数据管理的集成,即将有关企业的组织机构、产品设计、生产制造、经营管理等各个环节的数据进行全方位的集成,以支持系统集成的各部分应用,使其能够有效地进行数据交换和处理。

2.5.2　在商业中的应用

商业也是计算机应用最为活跃的传统领域之一,在电子数据交换基础上发展起来的电子商务则将从根本上改变了企业的供销模式和人们的消费模式。

电子商务是通过计算机和网络技术建立起来的一种新的经济秩序,它不仅涉及电子技术和商业交易本身,还涉及金融、税务、教育等其他领域。所谓电子商务(electronic commerce,EC)是组织或个人用户在以通信网络为基础的计算机系统支持下的网上商务活动,即当企业将其主要业务通过内联网(intranet)、外联网(extranet)以及因特网(Internet)与企业的职员、客户、供应商以及合作伙伴直接相连时,其中所发生的各种商业活动,按照电子商务的交易对象可分为以下几种类型。

企业与消费者之间的电子商务模式(business to customer,B2C)。它类似于电子化的销售,通常以零售业和服务业为主,企业通过计算机网络向消费者提供商品或服务,是利用计算机网络使消费者直接参与经济活动的高级商务形式。

企业与企业之间的电子商务模式(business to business,B2B)。由于企业之间的交易涉及的范围广、数额大,所以企业与企业之间的电子商务是电子商务的重点。

企业与政府之间的电子商务模式(business to government,B2G)。该类电子商务包括政府采购、税收、外贸、报关、商检、管理条例的发布等。

消费者与消费者之间的电子商务模式(consumer to consumer,C2C)。C2C 商务平台为买卖双方提供一个在线交易平台,使卖方可以主动提供商品在网上拍卖,而买方可以自行选择商品进行竞价。

线下商务与互联网之间的电子商务模式(online to offline,O2O)。这样线下服务就可以在线上揽客,消费者可以在线上筛选服务,成交可以在线结算。

供应方与采购方之间通过运营者达成的电子商务模式(business-operator-business,BOB)。其核心目的是帮助那些有品牌意识的中小企业或者渠道商们能够有机会打造自己的品牌,实现自身的转型和升级。

企业网购引入质量控制(enterprise online shopping introduce quality control,B2Q),交

易双方先在网上签意向交易合同,签单后根据买方需要可引进公正的第三方(验货、验厂、设备调试工程师)进行商品品质检验及售后服务。

2.5.3 在金融业中的应用

计算机和网络在金融业中的广泛应用,为该领域带来了新的变革和活力,从根本上改变了金融机构的业务处理模式。

1. 电子货币

电子货币是计算机介入货币流通领域后产生的,是现代商品经济高度发展要求资金快速流通的产物。电子货币是利用银行的电子存款系统和电子清算系统来记录和转移资金的,所以它具有使用方便、成本低廉、灵活性强、适合于大宗资金流动等优点。目前银行使用的电子支票、银行卡、电子现金等都是电子货币的不同表现形式。

2. 网上银行

所谓网上银行是指通过 Internet 或其他公用信息网,将客户的计算机终端连接至银行,实现将银行服务直接送到企业办公室或者客户家中的信息系统,是一个包括了网上企业银行、网上个人银行,并提供网上支付、网上证券和电子商务等相关服务的银行业务综合服务体系。

计算机网络和无线通信技术的发展使得电子支付迎来了一个新的发展机遇。无线通信技术向社会公众提供迅速、准确、安全、灵活、高效的信息交流手段,使得用户可以在任何时间、任何地点进行信息交流。无线通信技术被成功地应用于移动银行和移动商务,其中核心功能是移动支付。移动银行可以向移动用户提供的服务包括移动银行账户业务、移动支付业务、移动经纪业务,以及现金管理、财产管理、零售资产管理等业务。

3. 证券市场信息化

网上证券交易是一种基于计算机技术、现代通信技术和计算机网络技术的全新证券业务经营模式。证券投资者利用证券交易系统提供的各种功能获取证券交易信息,并进行网上证券交易。在网上证券交易系统中,所有的交易活动都由证券市场的计算机系统记录和跟踪。计算机根据交易活动确定证券价格的变化,投资者或经纪人使用微型计算机终端实时地了解证券价格的变化以及当前证券的交易情况,并可根据计算机给出的报价直接在微型计算机终端上认购或者售出某一种证券。

2.5.4 在交通运输业中的应用

交通运输业可以比喻为“现代社会的大动脉”。航空、铁路、公路和水路都在使用计算机来进行监控、管理或提供服务。交通监控系统、座席预订系统、全球卫星定位系统以及智能交通系统等都是计算机在交通运输业中的典型应用。

1. 交通监控系统

飞机是一种能够实现快速旅行或运输的交通工具。为了保证飞行的安全,空中交通控制(ATC)系统十分必要。利用计算机,地面指挥人员可以掌控被控飞机的飞行轨迹和飞行状况,飞机上安装有接收/发送装置,负责与地面的 ATC 系统进行通信。飞机上可以安装防碰撞系统,用来自动躲避接近的其他飞行物。

在铁路交通中列车监控系统同样重要。例如,铁路车站的微机联锁系统能够密切监控车站的股道占用情况、道岔开闭状态、信号灯显示状态以及列车的运行情况，并给出列车进站、出站或通过的进路和相应的信号显示，以保证列车运行的绝对安全。

公路交通中的监控系统通过各种传感器、摄像机、显示屏等来监视公路网中的交通流量和违章车辆，并通过信号灯系统指挥车辆的行驶。智能化的公路交通控制系统可以最大限度地发挥道路的利用率，保障行车的安全。

2. 售票系统

售票系统是一个由大型数据库和遍布全国乃至全世界的成千上万台计算机终端组成的大规模计算机综合系统。计算机终端可以设在火车站、机场、售票点、旅馆、旅行社、大型企业，也可以是家庭的个人计算机。售票系统的主机通过计算机网络与分布在各地的计算机或者订票终端相连接，接收订票信息，并通过专门的管理软件对大型数据库中的票务信息进行实时、准确的维护和管理。

3. 智能交通系统

智能交通系统(intelligent traffic system，ITS)又称智能运输系统(intelligent transportation system)，是将先进的科学技术(信息技术、计算机技术、数据通信技术、传感器技术、电子控制技术、自动控制理论、运筹学、人工智能技术等)有效地综合运用于交通运输、服务控制和车辆制造，以加强车辆、道路、使用者三者之间的联系，从而形成一种保障安全、提高效率、改善环境、节约能源的综合运输系统。

2.5.5 在办公中的应用

在当今的信息化社会中，每时每刻都在生成大量的信息，无论是政府部门还是企业都需要使用计算机对信息进行有效的管理。

办公自动化(office automation，OA)是将现代化办公和计算机网络功能结合起来的一种新型的办公方式。通过实现办公自动化，或者说实现办公数字化，可以优化现有的管理组织结构，调整管理体制，在提高效率的基础上，增加协同办公的能力，最后实现提高决策效能的目的。

在行政机关中，大多把办公自动化叫作电子政务，电子政务是运用计算机、网络和通信等现代信息技术手段，实现政府组织结构和工作流程的优化重组，超越时间、空间和部门分隔的限制，建成一个精简、高效、廉洁、公平的政府运作模式，以便全方位地向社会提供优质、规范、透明、符合国际水准的管理与服务。

2.5.6 在教育中的应用

在信息化社会中，教育与计算机及相关技术的结合，加快了教育信息化的进程。

计算机辅助教学(computer aided instruction ，简称 CAI)是在计算机辅助下进行的各种教学活动，是以对话方式与学生讨论教学内容、安排教学进程、进行教学训练的方法与技术。CAI 为学生提供一个良好的个人化学习环境。综合应用多媒体、超文本、人工智能、网络通信和知识库等计算机技术，克服了传统教学情景方式上单一、片面的缺点。它的使用能有效地缩短学习时间，提高教学质量和教学效率，实现最优化的教学目标。

随着计算机网络的发展以及移动可视终端的普及，人们可以在任何时间任何地点通过网络查看视频信息，与他人进行交互。在线课程为很多人提供了学习资源，包括公开课、

MOOC等。其中,MOOC(massive open online courses),即网络大型开放式网络课程,是一种针对大众人群的在线课堂,人们可以通过网络来进行在线学习。

2.5.7 在医学中的应用

计算机在医学领域中也是必不可少的工具。它可以用于患者病情的诊断与治疗、控制各种数字化医疗仪器、病员监护和健康护理等。

1. 医学专家系统

医学专家系统是计算机在人工智能领域的一个典型应用。它将医学专家的知识和经验存储到计算机的知识库中,并建立从病情表述和检测指标到诊断结论以及治疗方案的推理机构。计算机根据患者的病情和各种检测数据,就可以诊断疾病,并做出治疗方案。

2. 远程医疗系统

远程医疗系统和虚拟医院是计算机技术、网络技术、多媒体技术与医学相结合的产物,它能够实现涉及医学领域的数据、文本、图像和声音等信息的存储、传输、处理、查询、显示及交互,从而在对患者进行远程检查、诊断、治疗,并在医学教学中发挥重要的作用。远程医疗系统主要包括远程诊断、专家会诊、在线检测、信息服务和远程教学等子系统。

3. 数字化医疗仪器

目前,一些现代化的医疗检测仪器或治疗仪器已经实现了数字化,在超声波仪、心电图仪、脑电图仪、核磁共振仪、X光摄像机等医疗检测设备中嵌入了计算机,数字成像技术使得图像更加清晰。而且,数字化的图像可以使用图像处理软件进行处理,例如,截取和放大部分图像、增强图像边缘轮廓线、调整图像的灰度以及为图像增添彩色等。这一切使医疗仪器向智能化迈出了重要一步。

4. 患者监护

通过由计算机控制的患者监护装置可以对危重病人的血压、心脏、呼吸等进行全方位的监护,以防止意外发生。患者或医务人员可以利用计算机来查询病人在康复期应该注意的事项,解答各种疑问,使病人尽快恢复健康。通过营养数据库可以对各种食物的营养成分进行分析,为病人或者健康人提出合理的饮食结构建议,以保证各种营养成分的均衡摄入。

2.5.8 在科学研究中的应用

科学研究是计算机的传统应用领域。在科学研究中,计算机主要用来进行科技文献的存储与查询、复杂的科学计算、系统仿真与模拟、复杂现象的跟踪与分析以及知识发现等。

1. 科技文献的存储与检索

科技文献的检索与查询是开展科学研究工作的先导。在进行任何一项科学研究工作之前都必须对该课题国内外的研究状况有一个全面、深入的了解,避免花费不必要的精力去重复他人已经做过的工作或者重蹈他人的覆辙。电子出版物的出现为使用计算机进行文献存储和检索创造了良好的条件。目前,人们可以通过网络在电子图书馆中查询图书信息,通过专用的科技文献检索系统查询论文、专利等科技文献。

2. 科学计算

科学计算是使用计算机完成在科学研究和工程技术领域中所提出的大量复杂数值的计算问题,是计算机的传统应用之一。科学计算所涉及的领域包括基础学科研究、尖端设备研制、船舶设计、飞机制造、电路分析、天气预报、地质探矿等，这些都需要大量的数值计算。

3. 计算机仿真

在科学研究和工程技术中需要做大量的实验，要完成这些实验需要花费大量的人力、物力、财力和时间。使用计算机仿真系统来进行科学实验是一条切实可行的捷径。计算机仿真可以用于其他方法需要反复进行实验或者无法进行实验的场合。国防、交通、制造业等的科学研究是仿真技术的主要应用领域。

本章小结

1. 计算机是一种用于高速计算的电子计算机器，可以进行数值计算，又可以进行逻辑计算，还具有存储记忆功能。从 1945 年至今，计算机发展共经历了 5 个阶段。

2. 计算机按照结构原理可分为模拟计算机、数字计算机和混合式计算机；按用途可分为专用计算机和通用计算机；按照运算速度、字长、存储容量等综合性能指标，可分为巨型机、大型机、中型机、小型机、微型机等。

3. 计算机具有高速性、精确性、存储性、自动性和逻辑判断五大特点。

4. 1945 年，冯·诺依曼首先提出了“存储程序”的概念和二进制原理，冯·诺依曼被后人称为“计算机之父”。计算机由运算器、控制器、存储器、输入设备和输出设备 5 部分组成。

5. 计算机的工作过程就是程序的执行过程，程序是一系列有序指令的集合，执行计算机程序就是执行指令的过程。

6. 一个完整的计算机系统是由硬件系统和软件系统组成的，软件系统由程序和相应的文档组成，硬件系统由中央处理器、存储器和外部设备等各种物理部件组成。

7. 微机系统均采用了层次存储器结构，一般分为 3 层：主存储器、辅助存储器和高速缓冲存储器。

8. 输入/输出设备又称 I/O 设备，是用户和计算机之间进行信息交换的主要设备。输入设备将数据输入到计算机中，按照输入数据形式可分为字符输入设备(键盘)、图形输入设备(鼠标、光笔)、图像输入设备(扫描仪、传真机、摄像机)。输出设备也是人与计算机交互的一种部件，用于数据的输出。常见的输出设备有显示器、打印机等。

9. 程序设计以编程语言为工具，给出解决特定问题的过程，是软件构造活动中的重要组成部分。程序设计过程包括分析问题、设计、编码、测试等阶段。Ada Lovelace 被称为世界上第一位程序员。

思考题与练习题

1. 简答题

(1) 计算机的发展经历了哪几个阶段？每个阶段的主要特征是什么？

(2) 计算机如何分类，你所接触的计算机属于哪种？

(3) 简述冯·诺依曼结构计算机的组成与工作原理。

(4) 64 位的处理器，前端总线频率为 100 MHz，数据传输最大带宽是多少？

（5）简述 RAM 与 ROM 的区别。

（6）简述 cache 的作用。

（7）常见系统软件有哪些？

（8）算法具有哪五大特征？

（9）计算机游戏有何益处和弊端？如何正确对待计算机游戏？

2. 上网练习

（1）结合所学专业，上网查找相关资料，了解计算机在本专业的应用情况。

（2）浏览超级计算机 TOP 500 强排行榜（网址为：www.phb123.com），查看排名前十的超级计算机的相关参数，以及它们分布在哪些国家。

（3）Intel 公司是最著名的微处理器开发与制造商，请访问该公司网站 http://www.intel.cn，了解最新微处理器的发展。选择两个流行的微处理器，并写一段文章，对这两种微处理器进行比较。

（4）摩尔定律是由英特尔（Intel）创始人之一戈登·摩尔（Gordon Moore）提出来的。其内容为“当价格不变时，集成电路上可容纳的元器件的数目，约每隔 18～24 个月便会增加一倍，性能也将提升一倍。”但随着晶体管电路逐渐接近性能极限，晶体管增加的速度会放缓。上网查询相关信息，讨论未来计算机的发展是否仍然符合此定律。

（5）上网查询与自己所学专业相关的大学生学科竞赛，选择自己感兴趣的竞赛并查看比赛规则，做出一份参赛计划。

3. 探索题

（1）试分析电子商务的发展需要进一步解决的问题，并描述电子商务的发展前景。

（2）怎样才能使交通监控系统更加智能化？

（3）计算机在农业中可能有哪些应用领域？其中将要用到哪些技术？

（4）计算机还可能有哪些新的应用领域？其中将要用到哪些技术？

（5）目前，是否存在没有使用计算机相关技术的领域？如果存在，计算机可以在此领域发挥怎样的作用？

第 3 章　Windows 7 操作系统

操作系统(operating system,OS)是计算机软件资源和硬件资源的管理者,是用户与计算机交互的接口。现在主流的操作系统可以简单分为手机操作系统和电脑操作系统。手机操作系统包括 Android、iOS、Windows Phone 等;电脑操作系统包括 UNIX、Linux、Windows、Mac OS 等。本章以 Windows 7 为例,说明操作系统的一些相关设置,以提高系统性能。

3.1　操作系统的发展史

操作系统并不是与计算机硬件一起诞生的,它是在人们使用计算机的过程中,为了提高资源利用率、增强计算机系统性能,伴随着计算机技术本身及其应用的日益发展,而逐步地发展起来的。

3.1.1　人工操作

从 1945 年诞生第一台计算机到 20 世纪 50 年代中期,一直未出现操作系统,对计算机的全部操作都是由用户采取人工操作方式进行的。程序员将事先已穿孔的纸带(或卡片)装入纸带输入机(或卡片输入机),然后启动输入机把程序和数据输入到计算机内存中,接着通过控制台开关启动计算机运行,输出计算结果。当前用户取走结果并卸下纸带(或卡片)后,才让下一个用户上机。运行过程如图 3-1 所示。

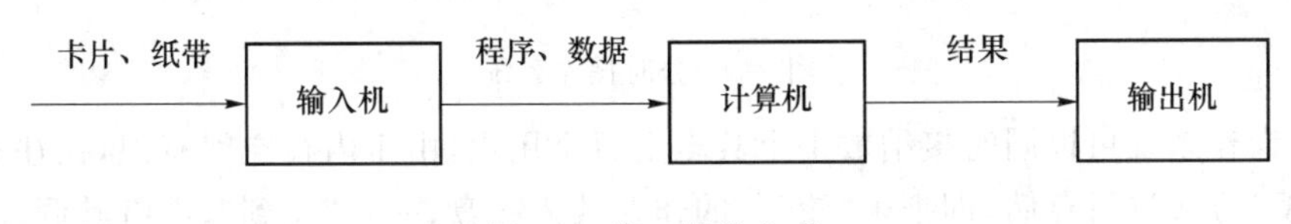

图 3-1　人工操作方式

人工操作方式有以下两方面的缺点:

(1) 用户独占全机,虽不会出现因资源已被其他用户占用而等待的现象,但资源的利用率低;

(2) CPU 等待人工输入数据,CPU 的利用不充分。

3.1.2　批处理操作系统

20 世纪 50 年代中期人们发明了晶体管,开始用晶体管替代电子管来制作计算机,从而出现了第二代计算机。为了能充分地利用计算机资源,应尽量使该系统连续运行,减少空闲时间。为此,通常是把一批作业以脱机方式输入到磁带上,并在系统中配上监督程序(monitor),在它的控制下使这批作业能一个接一个地连续处理,如图 3-2 所示。

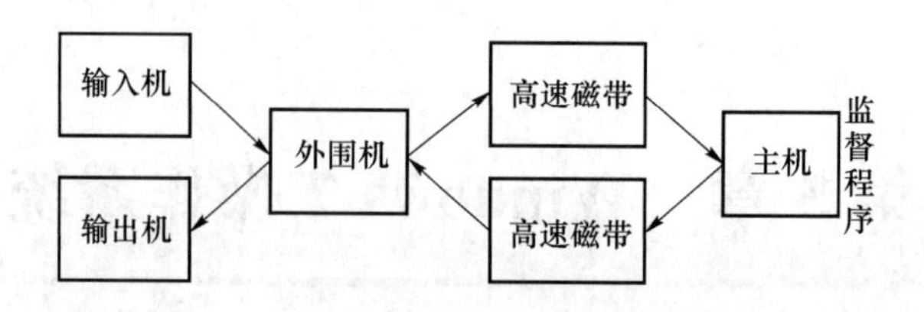

图 3-2　批处理系统

作业按照性质分组(或分批),然后再成组(或成批)地提交给计算机系统,由计算机自动完成后再输出结果,从而减少作业建立和结束过程中时间的浪费。根据在内存中允许存放的作业数,批处理系统又分为单道批处理系统和多道批处理系统。

单道批处理系统在内存中只允许存放一个作业,即只有当前正在运行的作业才能驻留内存,作业的执行顺序是先进先出,即按顺序执行。多道批处理系统,在内存中可同时存在若干道作业,作业执行的次序与进入内存的次序无严格的对应关系。

批处理方式有以下两方面的特点:

(1) 提高了资源利用率;

(2) 用户和他的作业之间没有交互性,用户自己不能干预作业的运行,发现作业错误时不能及时改正。

3.1.3　分时操作系统

分时操作系统采用分时技术,一台计算机可同时连接多个用户终端,而每个用户可在自己的终端上联机使用计算机,好像自己独占机器一样,如图 3-3 所示。

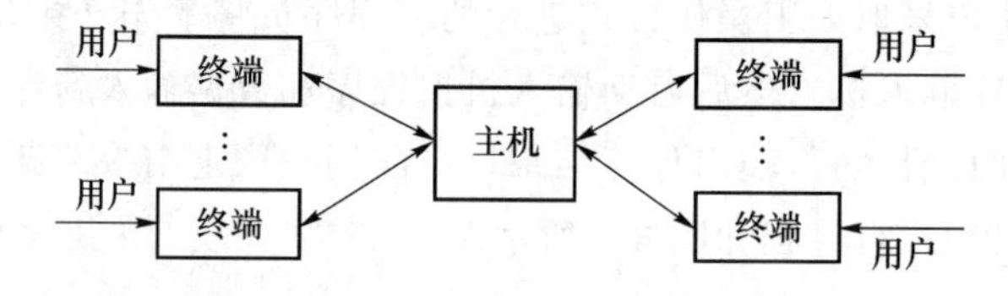

图 3-3　分时操作系统

分时操作系统可以同时接纳数十个甚至上百个用户,由于内存空间有限,往往采用对换(又称交换)方式进行存储,即把未"轮到"的作业放入磁盘,一旦"轮到",再将其调入内存,在时间片用完后,又将作业存回磁盘(俗称"滚进""滚出"),使同一存储区域轮流为多个用户服务。

3.1.4　实时操作系统

虽然批处理操作系统和分时操作系统能获得较令人满意的资源利用率和系统响应时间,但却不能满足实时控制与实时信息处理两个应用领域的需求。于是就产生了实时操作系统,即系统能够及时响应随机发生的外部事件,并在严格的时间范围内完成对该事件的处理。实时操作系统在一个特定的应用中作为控制设备来使用。

3.1.5　微机操作系统

配置在微型机上的操作系统称为微机操作系统,微机操作系统从 20 世纪 80 年代发展至今,出现了很多种操作系统。

DOS(disk opreation system,磁盘操作系统),是一个基于磁盘管理的操作系统。它通过命令的形式把指令传给计算机,实现人机对话。从1981年问世至今,DOS经历了7次大的版本升级,从1.0版到现在的7.0版,不断地改进和完善。常用的DOS有3种不同的品牌,它们是Microsoft公司的MS-DOS、IBM公司的PC-DOS以及Novell公司的DR-DOS,这3种DOS相互兼容。3种DOS中使用最多的是MS-DOS,如图3-4所示。

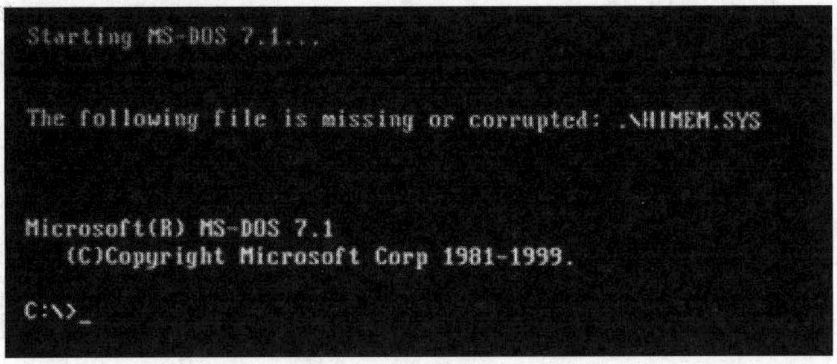

图3-4 MS-DOS界面

Microsoft Windows是微软公司推出的一系列操作系统,最初的研制目标是在MS-DOS的基础上提供一个多任务的图形用户界面。Microsoft公司在1985年11月发布的Windows 1.0第一代窗口式多任务系统,使PC机开始进入了所谓的图形用户界面时代,这种界面方式方便用户操作,把计算机的使用提高到了一个新的阶段。它的发展主要历经了Windows 1.0、Windows 2.0、Windows 3.0、Windows 3.1、Windows 95、Windows 98、Windows 2000、Windows XP、Windows Vista、Windows 7、Windows 8到Windows 10。

Mac操作系统是美国苹果计算机公司为它的Macintosh计算机设计的操作系统。2011年7月20日Mac OS X已经正式被苹果公司改名为OS X,2016年OS X改名为Mac OS,最新版本Mac OS 10.14.6(Mojave)是于2019年5月14日发布的。2017年6月6日凌晨1点,苹果在WWDC(Worldwide Developers Conference,苹果全球开发者大会)上发布了新的Mac OS系统,取名为High Sierra。

UNIX操作系统是一个强大的多用户、多任务操作系统,1969年在贝尔实验室诞生,最初在中小型计算机上运用。它经过长期的发展和完善,目前已成为一种主流的操作系统。UNIX为用户提供了一个分时的系统以控制计算机的活动和资源,并且提供一个交互、灵活的操作界面。UNIX支持模块化结构,当安装UNIX操作系统时,只需要安装工作需要的部分。例如,UNIX支持许多编程开发工具,但是如果你并不从事开发工作,那么只需要安装最少的编译器。UNIX有很多种,许多公司都有自己的版本,如AT&T、Sun、HP等。

Linux是基于UNIX发展而来的一种克隆系统,它诞生于1991年。它是目前全球最大的可自由传播和免费使用的软件,其本身的功能可与UNIX和Windows相媲美,具有完备的网络功能。它的用法与UNIX非常相似,因此许多用户不再购买昂贵的UNIX,转而投入Linux免费系统的怀抱。Linux最初由芬兰人Linus Torvalds开发,其源程序在因特网上公开发布,由此引发了全球电脑爱好者的开发热情,许多人下载该源程序并按自己的意愿完善某一方面的功能,再发回网上。Linux也因此被雕琢成为全球最稳定、最有发展前景的操作系统。

3.2 Windows 7 操作系统

Windows 7 是由微软公司(Microsoft)于 2009 年发布的操作系统,可供家庭及商业工作环境、笔记本电脑、平板电脑、多媒体中心等使用。Windows 7 可供选择的版本有简易版(Starter)、普通家庭版(Home Basic)、高级家庭版(Home Premium)、专业版(Professional)、企业版(Enterprise)、旗舰版(Ultimate)。

相较于以前的 Windows 操作系统,Windows 7 进行了重大变革,其主要针对用户个性化的设计、娱乐视听的设计、应用服务的设计、用户易用性的设计以及笔记本电脑的特有设计等方面,新增了许多特色功能。

Windows 7 做了许多方便用户的设计,如快速最大化、窗口半屏显示、跳跃列表、系统故障快速修复等,这些新功能令 Windows 7 成为最易用的 Windows 操作系统。

Windows 7 大幅缩减了 Windows 的启动速度,据实测,在中低端配置的 PC 下运行 Windows 7,系统加载时间一般不超过 20 秒,这与 Windows Vista 的 40 余秒相比,是一个很大的进步。

Windows 7 让搜索和使用信息更简单,包括本地、网络和互联网搜索功能。Windows 7 改进了基于角色的计算方案和用户账户管理,在数据保护和坚固协作的固有冲突之间搭建了沟通桥梁,同时也会开启企业级的数据保护和权限许可。

Windows 7 进一步增强了移动工作能力,无论何时、何地任何设备都能访问数据和应用程序,开启坚固的特别协作体验,无线连接、管理和安全功能得到了进一步扩展。

2015 年 1 月 13 日,微软正式终止了对 Windows 7 的主流支持,但仍然继续为 Windows 7 提供安全补丁支持,直到 2020 年 1 月 14 日才正式结束对 Windows 7 的所有技术支持。同年,微软宣布,自 2015 年 7 月 29 日起一年内,除企业版外,所有版本的 Windows 7 SP1 均可以免费升级至 Windows 10,升级后的系统将永久免费。

3.3 系统设置

计算机系统设置主要是对计算机进行个性化设置,如设置主题、调整系统时间和日期、添加打印机、卸载程序等。

Windows 7 提供“控制面板”功能,主要用于完成对计算机系统软、硬件的设置和管理,其中包括系统和安全、用户账户和家庭安全、网络和 Internet、外观和个性化、硬件和声音、时钟、语言和区域、程序。用户可以轻松地访问这 8 个部分,每一部分再进行细分,操作方便。在 Windows 7 中通过执行“开始”菜单的“控制面板”打开控制面板窗口,如图 3-5 所示。

图 3-5 “控制面板”窗口

3.3.1 桌面的个性化设置

我们可以修改桌面背景、窗口颜色或调整屏幕显示比例,也可以添加或更改桌面上的图标。

1. 设置桌面图标

在桌面空白处右击鼠标→选择“个性化”→选择“更改桌面图标”,如图 3-6 所示,即可添加、删除和更改桌面图标。

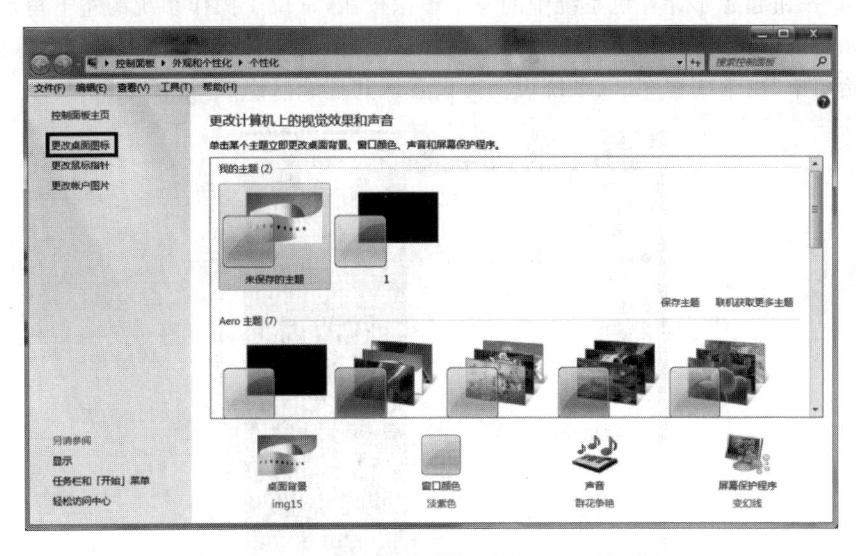

图 3-6 “个性化”设置窗口

2. 更改主题

如图 3-7 所示,在“个性化”设置窗口中的主题列表窗口内选择一个主题,则背景图片、窗口颜色、系统默认声音、屏幕保护程序都会按照选定主题的风格被重新设置。

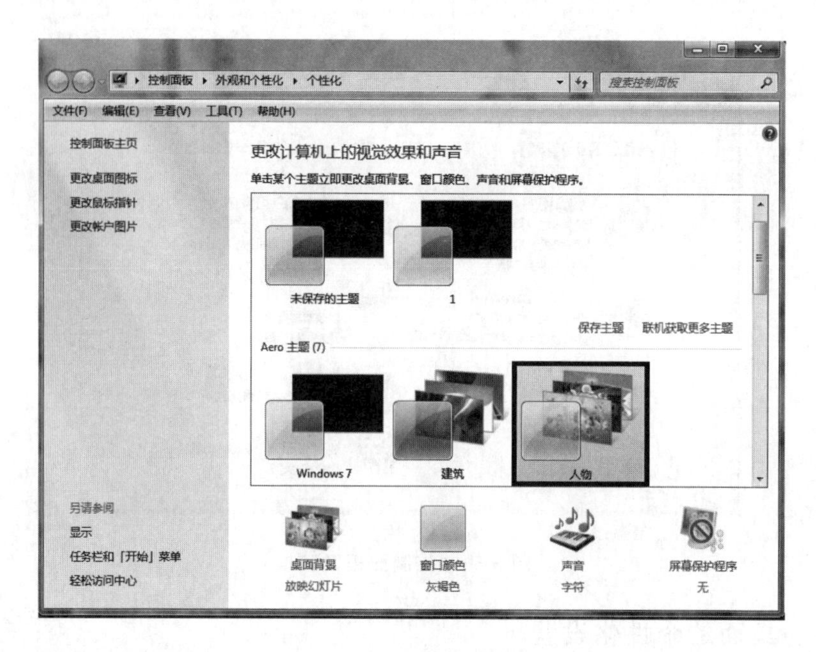

图 3-7 “主题”设置窗口

3.3.2 任务栏设置

Windows 7 任务栏位于桌面最下方，主要由开始按钮、应用程序区、通知区域和显示桌面按钮组成。

“开始”按钮起源于计算机系统中的一个虚拟按钮，常位于操作系统的左下角，几乎所有的任务，如启动程序、打开文档、帮助、搜索都在这里完成。“开始”按钮不可以删除或自动隐藏。“开始菜单”由常用程序区、系统设功能设置区和搜索区组成，如图 3-8 所示。

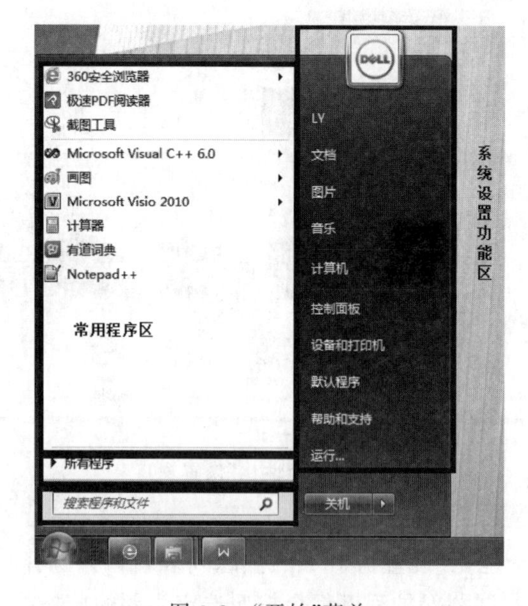

图 3-8 “开始”菜单

应用程序区是用来显示快捷启动图标和正在运行的应用程序图标的区域。将鼠标指向正在运行的应用程序图标按钮时，将会显示正在运行的缩略预览图。例如，当打开多个记事本时，系统只在任务栏显示一个 txt 程序图标，当鼠标停靠在任务栏的该图标上时，便会显示缩略图预览窗口，如图 3-9 所示。

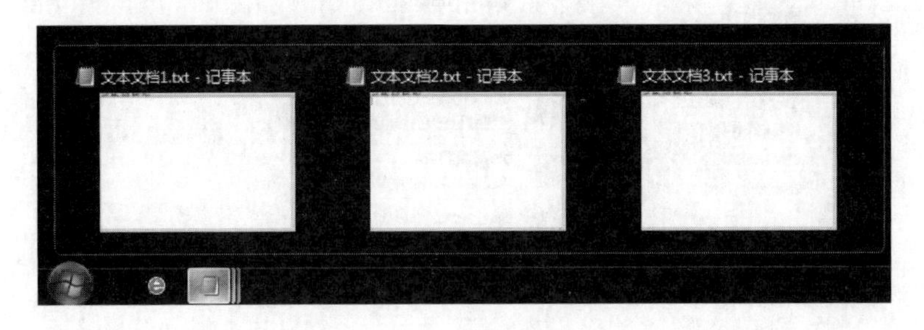

图 3-9 缩略图预览窗口

Windows 7 提供了可以将程序锁定在任务栏上的功能，程序被锁定后，在任务栏上会有该程序的快捷图标。例如，当打开 Word 文档后，在任务栏上会出现 Word 文档图标“ ”，选中该图标右击鼠标，在弹出的快捷菜单中选择“将此程序锁定到任务栏”命令，如图 3-10 所示。

如果要把 Word 程序从任务栏中删除，可以右击任务栏上的 Word 图标，在弹出的快捷菜单中选择“将此程序从任务栏解锁”命令，如图 3-11 所示。

图 3-10 程序锁定在任务栏上

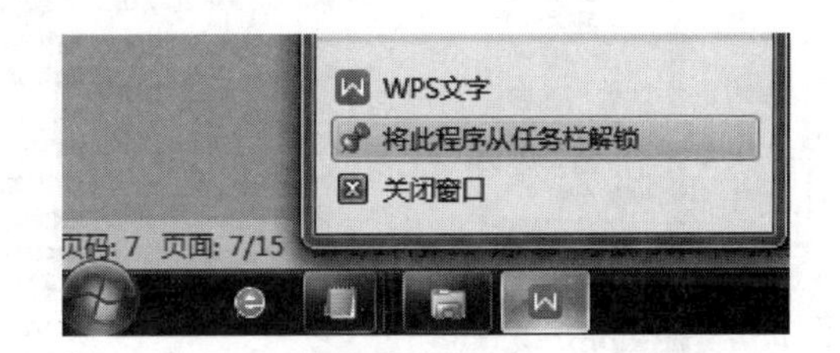

图 3-11 程序从任务栏解锁

通知区域用于显示后台运行的程序或其他通知。任务栏最右侧的长方形图标是“显示桌面”按钮，单击该按钮，则切换到桌面。

3.3.3 用户/账户设置

如图 3-12 所示，通过“控制面板”的“用户账户”中提供的相关应用程序，即可添加、删除和修改用户账户，只需按提示一步一步操作即可。

创建的账户可以是“管理员”或“标准账户”，一般应创建标准账户。当用户使用标准账户登录到 Windows 时，可以执行管理员账户下的大多数操作。如果要执行影响该计算机其他用户的操作(如安装软件、更改安全设置或删除计算机工作所需要的文件)，则 Windows 可能要求用户提供管理员账户的密码，以保障计算机安全。

如图 3-13 所示，右击桌面的“计算机”图标，在弹出的快捷菜单中选择“管理”命令，打开 Windows 7 提供的“计算机管理”窗口，可以对新建的用户账号进行权限的设置。

图 3-12 “用户账户和家庭安全”窗口

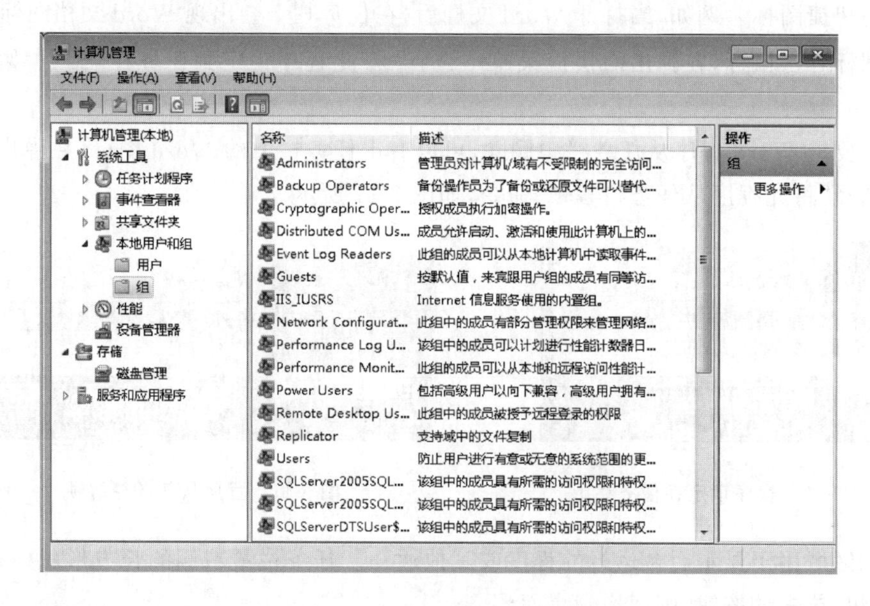

图 3-13 “计算机管理”窗口

通过将用户添加到组，可以将指派给该组的所有权限和用户权利授予这个用户。“User”组中的成员可以执行大部分任务，如登录到计算机、创建文件和文件夹、运行程序及保存文件的更改，但是，只有“Administrator”组的成员才可以将用户添加到组、更改用户密码或修改大多数系统设置。通过设置不同用户，并授予用户权限，从而提高计算机内部程序和数据的安全性。

3.3.4 进程和开机项管理

Windows 任务管理器提供了有关计算机性能的信息，并显示了计算机上所运行的程序和进程的详细信息。通过任务管理可以关闭、启动进程，对开机项进行管理。右击任务栏，在弹出的快捷菜单中选择“启动任务管理器”选项，出现 Windows 任务管理器窗口，如

图 3-14 所示。

Windows 任务管理器

文件(F)　选项(O)　查看(V)　帮助(H)

应用程序　进程　服务　性能　联网　用户

映像名称	用户名	CPU	内存(专用工作集)	描述
TrustedInstaller.exe	SYSTEM	00	1,484 K	Windows 模块安装程序
winlogon.exe	SYSTEM	00	744 K	Windows 登录应用程序
conhost.exe	SYSTEM	00	156 K	控制台窗口主机
ZberjService.exe	SYSTEM	00	628 K	ZberjService.exe
srvany.exe	SYSTEM	00	168 K	srvany.exe
TBSecSvc.exe	SYSTEM	00	1,904 K	阿里巴巴网购安全服务程序
samservice.exe	SYSTEM	00	264 K	NT Service Application For Fl
mysqld-nt.exe	SYSTEM	00	1,032 K	mysqld-nt.exe
mysqld.exe	SYSTEM	00	1,132 K	mysqld.exe
SearchIndexer.exe	SYSTEM	00	6,204 K	Microsoft Windows Search 索引
DhPluginMgr.exe	SYSTEM	00	960 K	微软设备健康助手管理服务
DhMachineSvc.exe	SYSTEM	00	1,320 K	微软设备健康助手服务
ComService.exe	SYSTEM	00	220 K	ComService Module
CAJSHost.exe	SYSTEM	00	160 K	TTKN®CAJHost
spoolsv.exe	SYSTEM	00	4,028 K	后台处理程序子系统应用程序
svchost.exe	SYSTEM	00	14,600 K	Windows 服务主进程
csrss.exe	SYSTEM	00	1,096 K	Client Server Runtime Process
svchost.exe	SYSTEM	00	8,912 K	Windows 服务主进程
svchost.exe	SYSTEM	00	62,008 K	Windows 服务主进程
LogonUI.exe	SYSTEM	00	11,000 K	Windows Logon User Interface
HPLaserJetService.exe	SYSTEM	00	3,632 K	HP LaserJet Service
BaiduProtect.exe	SYSTEM	00	6,720 K	百度安全组件服务程序
BaiduAnSvc.exe	SYSTEM	00	5,268 K	百度卫士服务程序

☑显示所有用户的进程(S)　　结束进程(E)

进程数: 67　CPU 使用率: 49%　物理内存: 53%

图 3-14　Windows 任务管理器

关闭一个进程。在任务管理器窗口中选择“进程”选项卡,选中“显示所有用户的进程”复选框,选中进程后右击鼠标,在弹出的快捷菜单中选择“结束进程”选项,任务栏将消失不见。

新建一个进程。按“Ctrl＋Shift＋Esc”组合键,启动任务管理器,选择“应用程序”选项卡,如图 3-15 所示,单击“新任务”按钮。在弹出的“创建新任务”窗口中,输入“explorer. exe”,单击“确定”按钮。此时,“进程”选项卡中重新出现进程“explorer. exe”,任务栏也显示在桌面上。

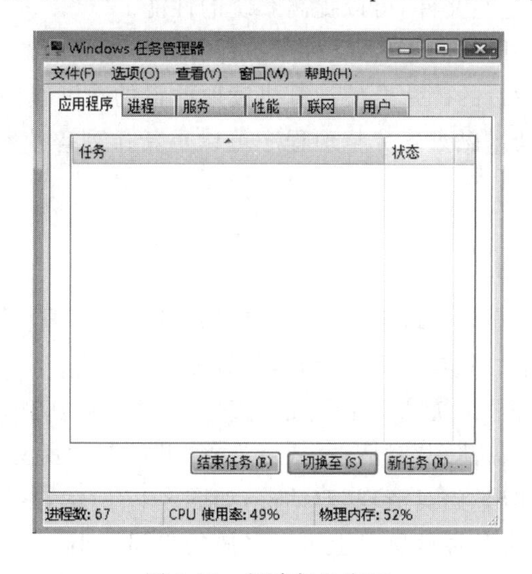

图 3-15　新建任务窗口

减少开机项。打开“运行”对话框，输入“msconfig”后按回车键，将会弹出“系统配置”窗口。选择“启动”选项卡，如图 3-16 所示，用户可以选择要启动的项目，通过单击“全部禁用”按钮把不必要的启动项关闭，以提高操作系统的开机速度，也可以单击“全部启用”按钮，重新启动项目。

图 3-16　修改启动项窗口

注意：标记为“SYSTEM”用户的进程不要随意关闭，否则可能影响操作系统的正常使用。

3.4　设备管理

长时间使用的电脑，经过安装/卸载程序，使用浏览器浏览网页等操作，会留下大量的临时文件和缓存文件，删除这些文件，可以提高系统的性能。

当磁盘被反复读写一段时间之后，文件常被保存在不连续的磁盘空间上，这些分散保存的文件就是磁盘碎片。大量的碎片会使计算机读取此盘的速度减慢，因为每次读写文件时，磁盘的磁头都要来回移动。磁盘碎片整理程序可以重新排列碎片数据，使得磁盘和驱动器能够更有效地工作。

3.4.1　磁盘管理

为了保持系统性能一直处于最佳状态，需要对磁盘进行管理。管理磁盘有专门的工具，用户也可以通过电脑自带的工具对其进行管理，具体操作如下。

打开“控制面板”，单击“系统和安全”，在“管理工具”一项中单击“释放磁盘空间”项，打开磁盘清理程序，弹出“磁盘清理”对话框，或者选择“开始”→“所有程序”→“附件”→“系统工具”下的“磁盘清理”，弹出“磁盘清理”对话框，如图 3-17 所示，然后选择要清理的驱动器，单击“确定”按钮后，系统会计算该磁盘上可以释放的空间大小。

在后续弹出的对话框中选中要删除的文件类型的复选框，单击“确定”按钮后，在弹出的窗口中确认是否永久删除这些文件，单击“删除文件”按钮，即可删除这些文件。

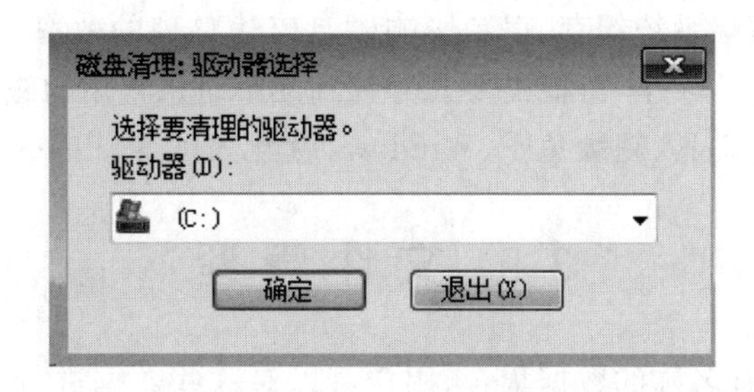

图 3-17　磁盘清理对话框

磁盘清理程序属于垃圾文件清除工具，除了系统工具外，还有其他可以删除垃圾文件的软件，如 Windows 优化大师、360 安全卫士、QQ 电脑管家、百度卫士等。

3.4.2　碎片整理

在日常使用期间，Windows 总是不停地创建、删除、更新磁盘上的文件。随着时间的推移，硬盘上就会积累越来越多的数据碎片。为了保持系统性能一直处于最佳状态，我们应该定期整理碎片，具体步骤如下所示。

打开“控制面板”，单击“系统和安全”，在“管理工具”一项中单击“对磁盘进行碎片整理”，打开磁盘碎片整理程序，弹出“磁盘碎片整理程序”窗口，也可以通过选择“开始”→“所有程序”→“附件”→“系统工具”下的“磁盘碎片整理”，弹出对应窗口，如图 3-18 所示。在“当前状态”区域，选择要进行碎片整理的磁盘。若要确定是否需要对磁盘进行碎片整理，可单击“分析磁盘”按钮。在 Windows 完成磁盘分析后，可以在“上一次运行时间”列中检查磁盘上碎片的百分比，如果碎片量高于 10%，那么建议对磁盘进行碎片整理。

图 3-18　“磁盘碎片整理”对话框

选中需要进行碎片整理的磁盘，单击“磁盘碎片整理”按钮，等待程序自动完成整理。在磁盘碎片整理之前应清除系统缓存,以免影响磁盘碎片整理的效率。磁盘碎片整理程序运行时间长短取决于碎片的大小,可能需要几分钟到几小时。常用的磁盘碎片整理工具有:系统自带的磁盘碎片整理工具、超级兔子、Windows 优化大师等。

3.5 文件管理

文件是一个完整、有名称的数据集合,用户可以对这些数据进行检索、更改、删除、保存或发送到一个输出设备等操作。文件夹是图形用户界面中存储程序和文件的容器,它是在磁盘上组织文档的一种手段,文件夹中既可包含文件,也可包含其他文件夹。

利用 Windows 资源管理器可以方便地创建新文件夹,以及对文件夹或文件进行复制、移动、重命名、删除等一系列操作。基于“先选择对象后操作”的原则,本节先介绍对象的选择方法,然后介绍文件夹或文件管理的操作方法。

3.5.1 资源管理器

计算机中的资源(如文件、打印机、磁盘驱动器等)通常都是使用资源管理器来管理的,如图 3-19 所示。资源管理器以文件夹浏览窗口的形式查看和更新本机磁盘(软盘、硬盘、光盘)上的文件,也可以查看网络资源,或对文件进行删除、复制、移动等操作。

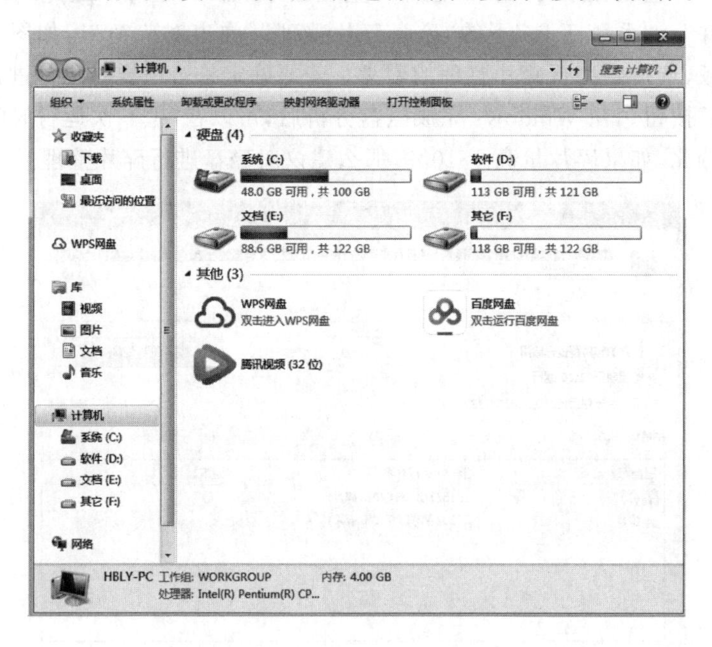

图 3-19 “资源管理器”窗口

打开 Windows 资源管理器的方法很多,本书介绍以下几种常用方法。

(1) 双击桌面上的“计算机”图标。

(2) 在“开始”菜单或者桌面的“计算机”图标上右击鼠标,在弹出的快捷菜单中选择“打开”操作。

(3) 在“开始”菜单中将鼠标依次指向“所有程序”→“附件”,然后直接单击运行

Windows 资源管理器。

(4) 右击“开始”按钮，选择“打开 Windows 资源管理器”命令。

(5) 在任何位置直接单击文件夹或文件夹快捷方式。

(6) 使用快捷键“Windows 微标键＋E”。

3.5.2 创建和选定文件夹

创建一个新的文件夹常用两种方式，但都必须要先选定存放新文件夹的位置。第一种方式，单击菜单栏中的“新建文件夹”命令；第二种方式，右击桌面空白处，从快捷菜单中选择“新建”→“文件夹”命令。系统为当前文件夹创建新文件夹，默认名为“新建文件夹”，并处于重命名状态，用户可以对文件夹的名字进行修改。

用户可通过单击鼠标选择某个项目，可用 Ctrl 键(选择不连续的项目)或 Shift 键(选择连续的项目)和鼠标的配合选择多个项目。选择全部文件夹或文件，则可使用“组织/全选”功能或使用快捷组合键“Ctrl＋A”。

3.5.3 文件列表显示形式和排列顺序

在资源管理器中，左窗格显示文件夹列表，右窗格显示左窗格中被选中的当前文件夹内的文件和子文件夹的目录列表，如图 3-20 所示。

图 3-20 资源管理器树形目录结构

左窗格的文件夹图标左侧“▷”符号表示有子文件夹，单击“▷”符号可以展开，此时“▷”符号变为“◢”符号。“◢”表示子文件夹已经展开，单击该符号可以闭合子文件夹显示。右窗格中文件列表的显示形式和排列顺序可以按不同的要求来设置。

(1) 文件列表显示形式

Windows 7 为了节约自定义视图对未知的记忆功能资源的消耗,去掉了自定义排序的方式。在 Windows 7 中,所有文件必须按照某种特定的规则排序。

选定要查看的文件夹后,用户可在"更改您的视图"按钮" ▾"的下拉菜单中选择"超大图标""大图标""中等图标""小图标""列表""详细信息""平铺"和"内容"等显示形式。

(2) 文件列表排列方式

在"排序方式"子菜单中,Windows 7 为用户提供了几种文件列表的排列方式,用户可按"名称""修改时间""类型""大小"等排序方式对目录窗格中的文件进行排序,还可以直接选择"递增"或"递减"排序。单击右窗格顶端的"名称""修改时间""类型""大小"等项目,也可以选择文件列表排序的关键项,改变文件列表的排序方式。再次单击同一项目名称可以实现升、降序的转换。另外,鼠标放到每一个项目上,在该项目右端都有一个黑色的向下箭头,在其下拉列表中用户可以进行更为详细的设置。

3.5.4 文件的预览和常用操作

Windows 7 系统中添加了很多预览效果,用户不仅可以预览图片,还可以预览 Word 文件、字体文件等,通过预览可以方便用户快速了解文件内容。单击资源管理器工具栏中的"组织",在下拉菜单中选择"布局",然后选中"预览窗格",或者在工具栏右侧,单击"显示预览窗格"按钮。此时,单击想要预览的文件,在右侧预览窗口即可看到文件的内容,无需将该文件打开。若要取消,则在工具栏右侧单击"隐藏预览窗格"按钮即可。

文件或文件夹的复制、移动及重命名是工作及学习中常用的操作。

(1) 复制文件

想要复制文件,首先需选中要复制的文件。常用的复制方法有 3 种:第 1 种,按住 Ctrl 键,将选中的若干文件拖拽至目标文件夹或者目标硬盘中;第 2 种,右击鼠标,在弹出的快捷菜单中,选择"复制",然后到目标文件夹或者目标硬盘中,右击鼠标,在弹出的快捷菜单中,选择"粘贴"即可;第 3 种,使用快捷键"Ctrl+C"进行复制,使用快捷键"Ctrl+V"进行粘贴。

(2) 移动文件

选中文件后,直接拖拽便可移动文件,也可以使用先"剪切"后"粘贴"的方式移动文件。

(3) 重命名文件

首先选中文件,右击鼠标,在弹出的快捷菜单中,选择"重命名",或者单击两次文件,当原文件名呈可改写的状态时,输入新的文件名后,按下 Enter 键即可。

3.5.5 文件夹视图

文件夹视图是文件夹的预览方式,Windows 7 下的文件夹视图类型包括超大图标、大图标、中等图标、小图标、列表、详细信息、平铺和内容 8 种。

1. 更改文件夹的视图

打开计算机中任意一个文件夹,首先设置当前文件夹视图,单击"更改您的视图"按钮" ",弹出可选择的视图类型,将滑块移动到"详细信息"类型前。此时当前文件夹的文件显示方式为"详细信息"视图,如图 3-21 所示。在此视图下,默认可以看到文件名、修改日期、类型和大小(文件夹不显示大小)4 个文件属性,单击列名可以进行排序。

图 3-21 “详细信息视图”下的 Windows 文件夹

如果希望所有此类型文件夹的视图都相同,则需单击“组织”按钮,在打开的菜单中单击“文件夹或搜索选项”,然后在弹出的“文件夹选项”对话框中选择“查看”选项卡,单击“文件夹视图”下的“应用到文件夹”按钮,所有该类型的文件夹的视图都为“详细信息”视图。

2. 显示文件的扩展名

文件扩展名用来标识文件的类型,应用程序也是通过扩展名来关联相应文件的。例如,Microsoft Word 2010 会以“docx”为文件扩展名,浏览器会关联以“html”为扩展名的文件。在“文件夹选项”对话框中可以设置文件扩展名的显示。打开“查看”选项卡,将“高级设置”中“隐藏已知文件类型的扩展名”前的对钩去掉,如图 3-22 所示,单击“应用”或“确定”按钮,所有文件将显示其扩展名。

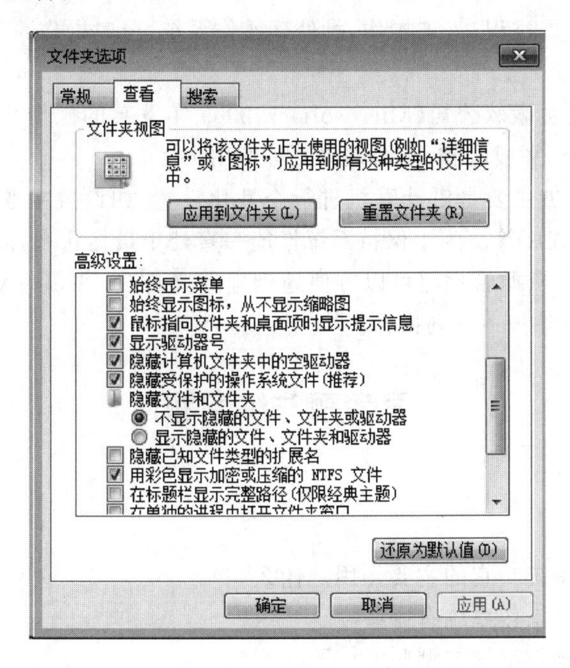

图 3-22 “文件夹选项”对话框

3.5.6 文件或文件夹的搜索

搜索是我们经常用到的一个功能,如搜索电脑磁盘中的文件或视频。最简单的搜索方法是在要搜索的文件夹下按下某一个字母(或数字键),光标则定位在以此字符为文件名首字母的文件上。例如,单击"x",系统将光标移动到文件名以"x"为首的位置。

常用的方法是在搜索栏填写关键字,根据关键字进行搜索。为了提高搜索结果的准确性,可以使用通配符和运算符进行搜索。通配符是指用来代替一个或多个未知字符的特殊字符,常用的通配符有以下两种。

星号(*):可以代表文件中的任意字符串。

问号(?):可以代表文件中的一个字符。

例如,要搜索所有JPG文件,只需在搜索栏中输入"*.jpg"即可。有时,我们可能会用到多条筛选条件。例如,搜索计算机中docx格式或者xlsx格式的文件,只需在搜索栏中输入"*.docx OR *. xlsx",所有docx格式和xlsx格式的文件就都会被搜索出来。以下是一些常用的关系运算词。

AND:搜索内容中必须包含由"AND"相连的所有关键词。

OR:搜索内容中包含任意一个由"OR"相连的关键词。

NOT:搜索内容中不能包含指定的关键词。

提示:要运用关系运算词进行搜索,必须先在"文件夹选项"中的"搜索方式"里勾选"使用自然语言搜索",确认后才可以使用。

本章小结

1. 操作系统的发展过程:人工操作、批处理操作系统、分时操作系统、实时操作系统、微机操作系统。

2. Windows 7是由微软公司(Microsoft)于2009年发布的操作系统,可供家庭及商业工作环境、笔记本电脑、平板电脑、多媒体中心等使用。

3. 计算机系统设置主要是对计算机进行个性化设置,如设置主题、调整系统时间和日期、添加打印机、卸载程序等。为了保持系统性能一直处于最佳状态,需要对磁盘进行管理。

4. 利用Windows资源管理器可以方便地创建新文件夹,并可以对文件夹或文件进行复制、移动、重名命、删除等一系列操作。

思考题与练习题

1. 简答题

(1) 什么是操作系统?它的主要作用是什么?

(2) 常用的计算机操作系统有哪些?

(3) 常用的手机操作系统有哪些?

(4) 你常用的软件有哪些?选择一款你最熟悉的软件,对其功能进行描述。

2. 上网练习

(1) 访问微软公司的网站https://www.microsoft.com,了解该公司的Windows操作

系统。

(2) 访问 Linux 操作系统相关的网站 http://www.linux.org,了解 Linux 操作系统。

(3) 通过搜索引擎查找 UNIX、Max OS 等操作系统的相关信息,查看它们各自的特点。

(4) 通过上网查询除 Microsoft Office 以外的其他办公软件,查看它们各自的特点。

(5) 共享软件(shareware)是指在一定条件或一定时间范围内可以免费使用的软件。在免费试用期间,开发商可能会限制软件的某些功能,在经过试用期后,用户可以向软件作者或公司注册、购买,成为正版用户并享受相应的售后服务和免费升级服务。而免费软件(freeware)是指那些没有任何限制,不需要注册就能随意使用和传播的软件。开放源码软件(open-source)是指其源码可以被公众使用的软件,并且此类软件的使用、修改和分发也不受许可证的限制。通过搜索引擎查找相关信息,并比较它们的异同。

3. 操作题

对 Windows 系统进行系统设置,扫描下面的二维码下载操作要求。

第 4 章　字处理软件应用

计算机文字处理是一项动态、系统的工作，其最直接的体现就是文档的编排。目前，基于各种平台或在线使用方式的用于文档处理和排版的软件种类很多，如 Microsoft Word、WPS、Apple Pages、Docs、OpenOffice Writer 等。广义上的文字处理同时包括了对文字的输入和输出处理。在现实生活中，一篇完美的文章不仅要内容精彩，还要格式协调一致，包括文章的结构、文章的布局，也包括文章的外部展现方法、手段等。排版则是文章的一种外部展现形式，本章以 Microsoft Word 2010 为例，介绍其常用的基本操作，使办公过程简单、方便。

4.1　Word 2010 概述

Word 是 Microsoft Office 办公套装软件的重要成员之一，是一个集编辑、排版和打印于一体，"可见即所得"的文字处理系统。Word 不仅可以进行文字的处理，还可以将文本、图形、图像、表格、图表混排于同一个文件中，创建出一个美观的、符合用户需求的文稿。创建 Word 文档的基本流程大致可以分为如下几步。

(1) 新建文档。创建新文档有 3 种方法，第 1 种是直接建立新的空白文档，第 2 种是通过已有模板建立文档，第 3 种是导入已存在的文档。

(2) 页面布局设置。通过页面布局，可以进行文字方向、页边距、纸张方向、纸张大小、页面颜色、页边框、水印等的设置。

(3) 字符格式设置。设置字符格式遵循"先选定，后操作"的原则，字符格式设置一般包含字体、字号、字体颜色、下划线、着重号、上标、下标等内容的设置。我们还可以对字符进行一些高级设置，如字符间距等。

(4) 段落格式设置。段落格式设置一般包含缩进格式、对齐方式、行距、段前间距、段后间距、项目符号和编号等内容的设置。通过段落格式的高级设置，还可进行换行和分页等高级设置。

(5) 文档修饰。文档内容编辑完成后，可以通过修改标题样式、插入目录、插入形状和图表、插入图像等操作来修饰文档。

(6) 保存。当文档编辑完成后，对文档进行保存，可以直接保存，也可以另存为其他格式类型的文件，保存内容包括文件名、保存位置等内容。

4.2　基 本 操 作

文档编辑的基本操作包括页面布局、文档编辑、文档的格式设置，以及页眉页脚的编辑等。本节通过若干实例来介绍 Word 2010 的一些基本操作。首先,我们来认识一下 Word 2010 的窗口界面。

4.2.1 窗口界面

Microsoft Office 2010 的程序窗口界面较之前的版本有着显著的变化,Word 2010 的界面和操作方式也随之发生了变化,如图 4-1 所示。

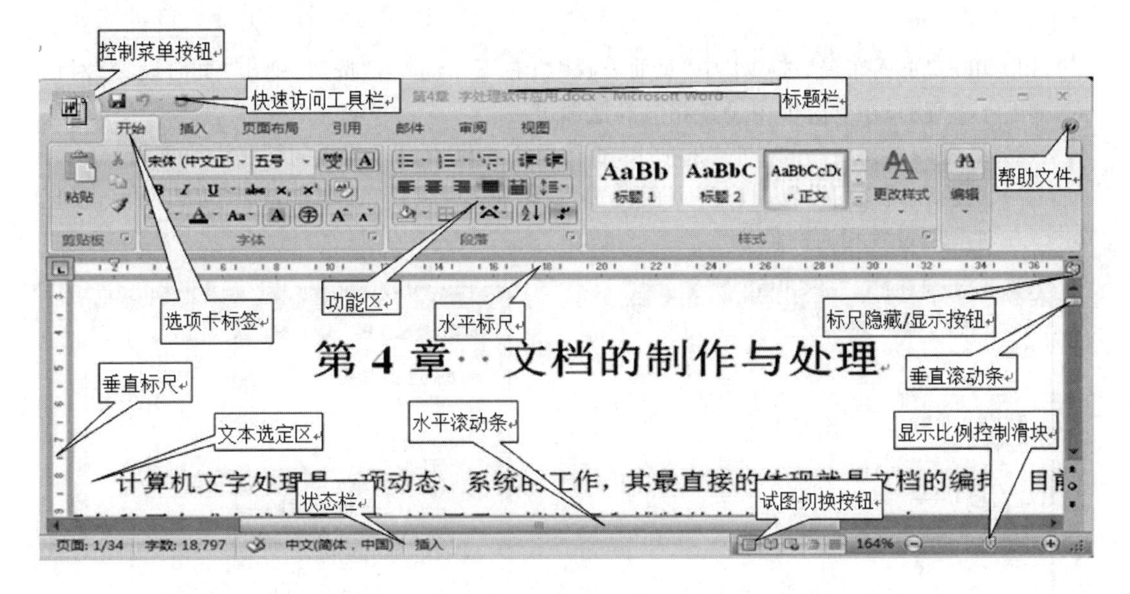

图 4-1 Word 2010 窗口

(1) 控制菜单按钮和标题栏。单击控制按钮可以打开包含最大化、最小化、关闭等基本操作命令的菜单,双击则关闭 Word 应用窗口。标题栏位于最上方,显示当前文档的名称。

(2) 功能区。Word 2010 以功能区取代了早期版本的菜单栏和工具栏,单击功能区上的选项卡名称或者标签,可以打开对应的选项卡。每个选项卡包含任务类别相同的命令按钮。右击功能组的空白处,从快捷菜单中选择“自定义功能区”命令,可以打开“Word 选项”对话框的“自定义功能区”选项卡,在此可以完成对功能区命令的自定义。

(3) 快速访问工具栏。快速访问工具栏默认包含了“保存”“撤销”和“恢复”几个最基本的 Word 命令按钮,用户还可以通过下述方法自定义快速访问工具栏,以便快速访问最常用命令:

① 单击快速访问工具栏后方的“自定义快速访问工具栏”按钮“ ”,可以打开下拉列表,单击列表中所需命令按钮可以将其添加到快速访问工具栏;单击“其他命令”按钮,可以打开“Word 选项”对话框的“快速访问工具栏”选项卡,进行更多选择;

② 右击“文件”选项卡,在弹出的快速菜单中选择“自定义快速访问工具栏”命令,然后在弹出的“Word 选项”对话框的“快速访问工具栏”选项卡中进行相应设置;

③ 选择“文件”选项卡中的“选项”命令,在弹出的“Word 选项”对话框的“快速访问工具栏”选项卡中进行相应设置;

④ 从功能区选择需要经常使用的功能组或命令按钮,右击该组或该按钮,在弹出的快速菜单中选择“添加到快速访问工具栏”命令,即可将该命令添加至快速访问工具栏。

4.2.2 页面设置

页面设置是字处理中常用的操作之一，也是我们在学习及工作中常用到的，下面以一个实例来讲解具体操作。

假如设置页面要求：A4 纸打印，版面上边距 3 cm，下边距 2.5 cm，左边距 2.5 cm，右边距 2.5 cm，页眉 1.6 cm，页脚 1.5 cm，装订线 1 cm，靠左侧装订。该如何操作呢？具体步骤如下：

(1) 单击“页面布局”选项卡中“页面设置”组右下角的“ ”按钮，弹出“页面设置”对话框，如图 4-2 所示，在对应项内设置相应的值即可；

(2) 纸张的选择，打开“纸张”选项卡，直接在下拉框中选择相应的纸张大小即可；

(3) 页眉和页脚的设置，打开“页面设置”对话框的“版式”选项卡，如图 4-3 所示，根据要求，在对应项设置相应的值。

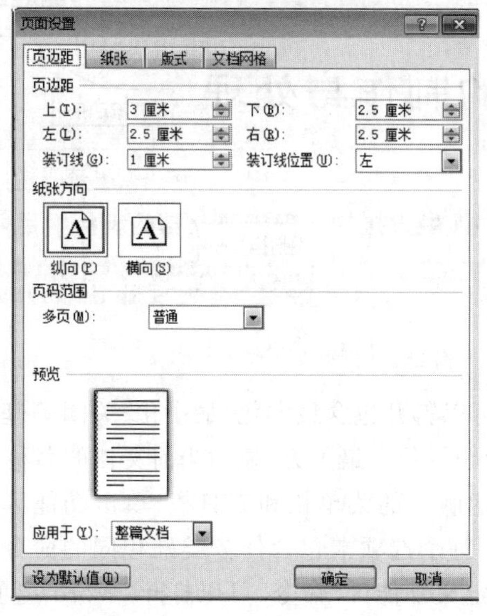

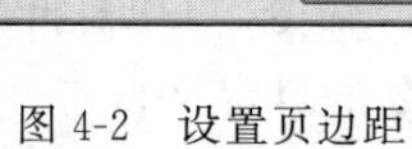
图 4-2　设置页边距

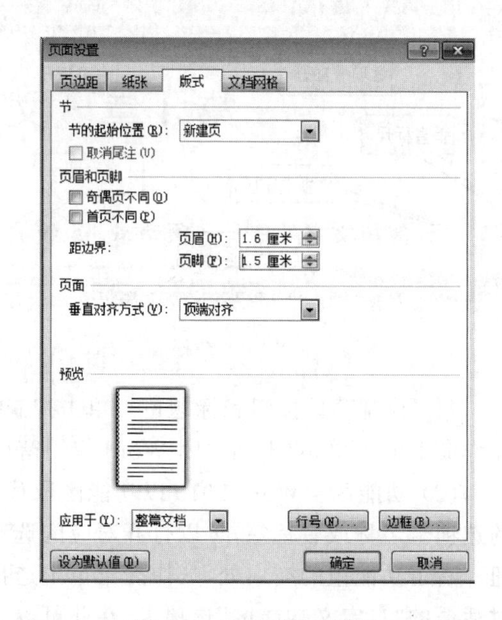

图 4-3　设置页眉和页脚

我们在编辑文档时，有时会遇到比较宽的表格或图形，需要使用横向纸张方向。如果需将整篇文档都设置为横向，则在“页面设置”对话框的“页边距”选项卡下，选择“横向”纸张方向，然后单击“确认”即可；如果是在纵向文档中插入横向的页面，那么还需要在“应用于”下拉列表中选择“插入点之后”，则后续页面都为横向方向；如果只插入一页横向页面，那么只需将后面的页面再设置为“纵向”，在“应用于”下拉列表中选择“插入点之后”，单击“确定”按钮即可。

文档一般要打印输出到大小适当的纸面上，为保证文档的排版及打印能够顺利完成，我们必须设置合适的页面格式。如果在编辑文档完成后再设置页面格式，可能会影响图片或表格的布局，所以须在编辑文档之前先设置好页面格式。

4.2.3 编辑文档

如何在一个已有文档中进行查找和替换等操作？假如已有如下文档：

Office 2010 几乎包括了 Word、Excel、PowerPoint、Outlook、Publisher、OneNote、Groove、Access、InfoPath 等所有的 Office 组件[1]。其中 Frontpage 被取消，取而代之的是 Microsoft SharePoint Web Designer 作为网站的编辑系统。Office 2010 简体中文版更集成有 Outlook 手机短信/彩信服务、最新中文拼音输入法 MSPY 2010 以及特别为本地用户开发的 Office 功能[2]。

请使用查找功能查找出上述文档中的“Office”，并将其替换为“Microsoft Office”。

1. 查找

通过查找功能，可以在文档中查找指定的内容，具体步骤如下。

(1)单击“编辑”选项卡，在下拉菜单中选择“查找”命令。在编辑区的左边即会弹出“导航”对话框，如图 4-4 所示。

(2)在“导航”对话框中的文本框中输入要查找的内容，如“Office”。单击“查找下一处”按钮，Word 程序将从插入点处开始向后查找，找到第一个“Office”后会暂停查找并将查找到的内容反选显示。如果要继续查找，则单击“下一处”按钮，这时将显示下一处出现“Office”的位置。

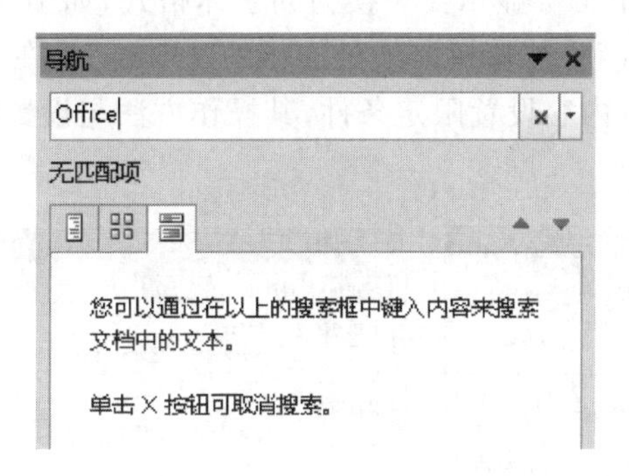

图 4-4 “导航”对话框

2. 替换

利用替换功能，可以将整个文档中给定的文本内容全部替换掉，也可以在选定的范围内进行替换。除可以对文本内容进行替换外，还可以通过替换功能来替换文本格式。文字替换步骤如下。

(1) 在“开始”菜单的“编辑”功能区下找到“替换”按钮，单击它，打开“查找和替换”对话框，选择“替换”选项卡，如图 4-5 所示。

(2) 在“查找内容”文本框中输入要被替换的内容(如“Office”)，在“替换为”文本框中输入要替换的内容，如“Microsoft Office”。单击“全部替换”按钮，则所有符合条件的内容全部被替换，如果需要选择性替换，则单击“查找下一处”按钮，找到后若需要替换，则单击“替换”按钮，若不需要替换，则继续单击“查找下一处”按钮，反复执行，直到文档结束。

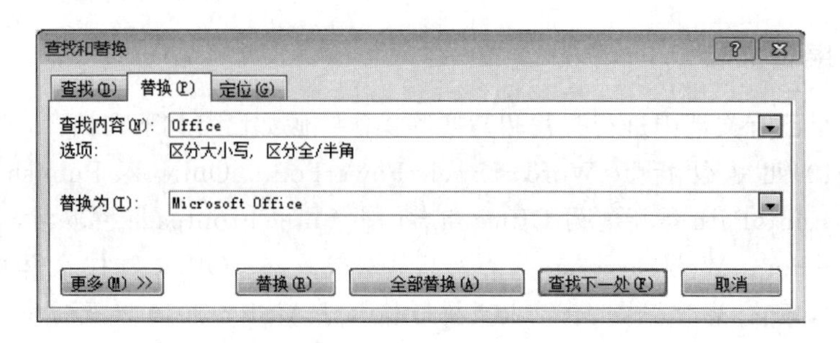

图 4-5 “查找和替换”对话框

3. 格式替换

在 Word 中，除了可替换文本内容外，还可替换文本的格式，对替换和被替换的内容都可以进行相应格式的设置。格式替换步骤如下。

(1) 单击“查找和替换”对话框中的“更多”按钮，在文本框下方会弹出更多的选项。

(2) 如果把文本中的“Office”的格式替换为“红色、加粗”字体，首先光标应该置于“替换为”文本框中，然后单击下方的“格式”按钮，在弹出的菜单中选择“字体…”项，弹出替换字体设置对话框，如图 4-6 所示(字体设置方法见 4.2.4)，将字形设置为“加粗”，字体颜色设置为“红色”，最后单击“确定”按钮。

(3) “替换为”文本框下方会显示要替换为的字体格式，如图 4-7 所示，单击“全部替换”按钮，文本中的所有“Office”将被替换为红色加粗的“Office”。在“替换”选项卡中的“更多”选项里，我们也可以对查找内容设置限定条件，其操作方法与设置“替换为”文本框中内容格式的方法相同。

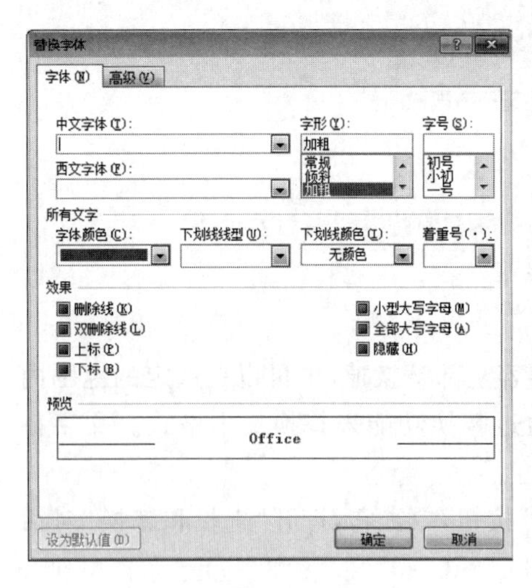

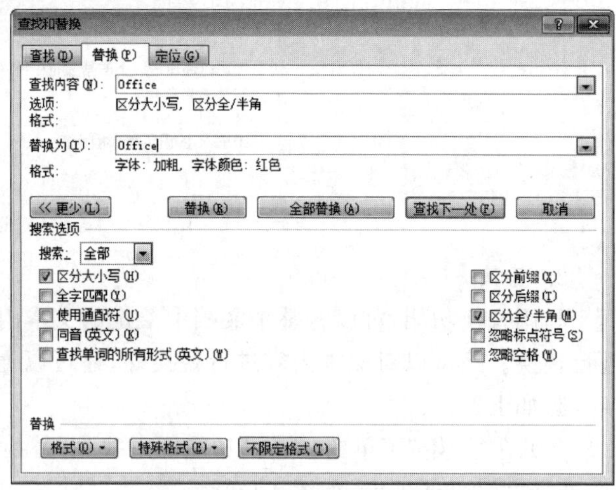

图 4-6 “替换字体”对话框　　图 4-7 显示更多内容的“查找和替换”对话框

(4) 如果要求删除某一个词，可在“查找内容”处输入待删除的词，而“替换为”处不输入任何字符即可达到删除的效果。

4. 文本录入

文本录入是文档编辑最基本的操作，除可以通过键盘直接录入外，还可以结合快捷方式对文档内容进行编辑，如剪切(Ctrl+ X)、复制(Ctrl+ C)和粘贴(Ctrl+ V)。复制已有格式的文本内容时，在复制文本的最后会显示“(Ctrl)”按钮，有“保留源格式”“合并格式”“使用目标样式”(取决于复制源，如复制网页内容，会显示此选项)和“只保留文本”4个选项，读者可根据自己需求选择对应的选项。对于已有格式的文本内容，如果需要清除格式，则应先选中要清除格式的内容，然后单击“开始”菜单中“字体”功能区下的格式清除按钮“”。另外，对于大量文本的复制，可以先将文本内容粘贴到文本文档中，然后再复制到 Word 中，此时文本内容为无格式文本。

打开 Word 2010 时，状态栏处会显示“插入”按钮，此时 Word 2010 处于插入状态，输入的文字会使插入点之后的文字自动右移。若单击“插入”按钮，Word 2010 会转换成改写状态，按钮名称显示为“改写”，这时输入的内容将替换后面的内容。若再次单击“改写”按钮，又会回到插入状态。改写和插入状态也可以通过按键盘上的 Insert 键来切换。

4.2.4　设置文字格式

文字格式的编辑遵循“先选定，后操作”的原则，首先选定要设置格式的文字，再选择“开始”菜单中“字体”功能区的相应按钮，如图 4-8 所示，或打开“字体”对话框，如图 4-9 所示，然后根据要求进行设置。

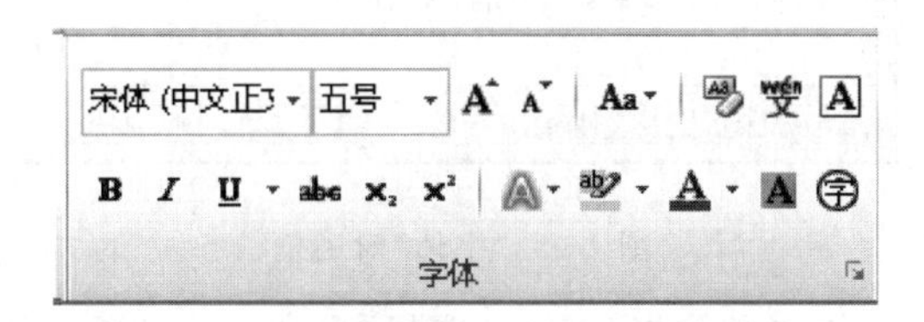

图 4-8　工具栏中“字体”功能区的按钮

以 4.2.3 输入的内容为基础，设置字体格式，要求如下：中文字体设置为小四号楷体，英文字体设置为小四号 Times New Roman 字体，将文中“[1]”和“[2]”设置为上标，将文中“Microsoft”的字体颜色改为红色，并添加下划线。

(1) 设置字体

选中文档的所有内容，在选中的文本上右击鼠标，在快捷菜单上选择“字体…”或者单击字体功能区的按钮“”，弹出“字体”对话框，如图 4-9 所示。根据要求在“中文字体”对应的下拉框中选择“楷体”，在“西文字体”对应的下拉框中选择“Times New Roman”，在字号下方的选择列表中，选择“小四”，单击“确定”按钮，即可完成对字体和字号的设置。

(2) 设置上标

选中文本中的“[1]”，打开“字体”对话框，在效果组的“上标”项目复选框中打钩，单击“确定”按钮即可。

(3) 格式刷

对于另一处上标的设置，可以再次重复步骤(2)，也可使用格式刷进行格式复制。使用格式刷的步骤如下。

① 首先选定要复制的格式所对应的文本内容。

② 如果仅复制一次，那么只需单击剪切板功能区下的“格式刷”按钮“格式刷”，如果需要复制多次，则需要双击“格式刷”按钮，这时，鼠标指针呈刷子形状。将鼠标指针移动至目

标位置，然后拖动鼠标，则拖动过的文本格式与事先选定的文本格式相同。

对部分内容设置特殊格式，如果编辑内容不多，则可先设置一部分，再通过格式刷编辑余下部分。如果需要设置格式的文本内容相同，如本节要求将文中“Microsoft”的字体颜色改为红色，加下划线，可以使用替换功能，设置所有相同文本的格式。

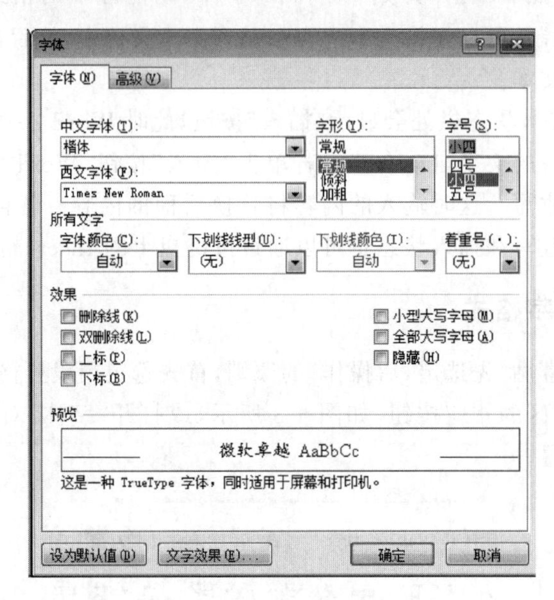

图 4-9 “字体”对话框

Word 2010 提供了多种文本效果供用户选择，此外，用户还可以分别从轮廓、阴影、映像、发光等方面自行设置文本效果，以实现更好的视觉效果，如图 4-10 所示。

在“字体”对话框中，单击“文字效果”按钮，打开“设置文本效果格式”对话框，如图 4-11 所示，可以通过左侧的选项对文本效果进行详细的设置。

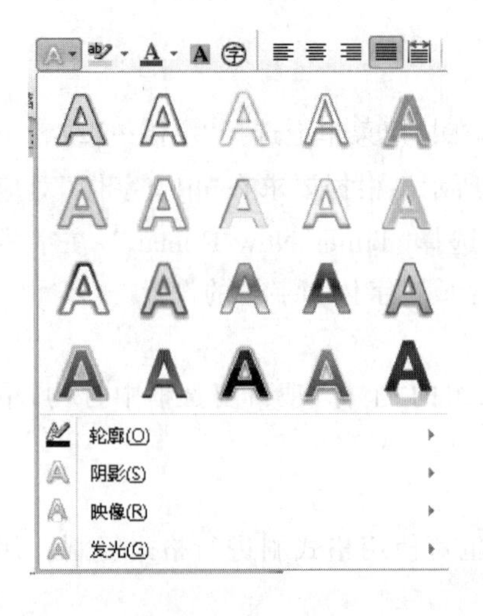

图 4-10 文本效果

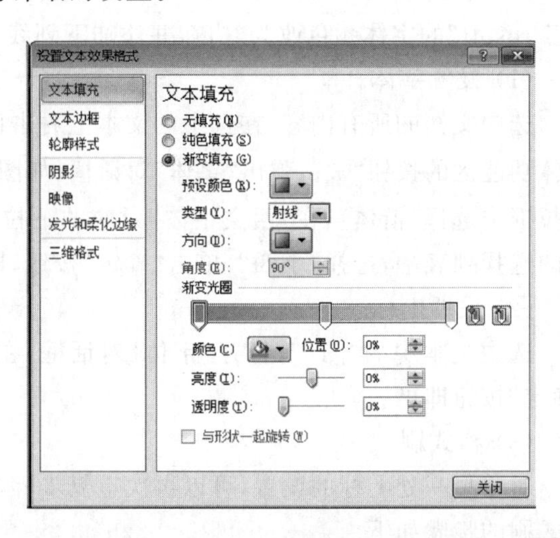

图 4-11 “设置文本效果格式”对话框

字符格式设置是指对中文、英文、数字和各种符号进行格式化编辑，以实现用户所需求的布局。字符的基本格式包括字体、字号(字号有两种表示方法，系统所提供的范围分别是：

初号到八号和 5 到 72 磅,磅值若大于 72,可手动输入)、字形(常规、倾斜和加粗)、字体颜色、下划线类型、着重号、文字效果(上标、下标、删除线等)、字符边框、带圈字符、空心阴影等。Word 2010 默认的字体为宋体,默认字号为五号。在设置文字格式时,有时利用某些快捷键将更为方便,如加粗、上标、下标等,设置字体格式时常用的快捷键如表 4-1 所示。

表 4-1　设置字体格式的常用快捷键

设置格式	快捷键
加粗	Ctrl+B
倾斜	Ctrl+ I
下划线	Ctrl+U
上标	Ctrl+ Shift ++
下标	Ctrl+=

4.2.5　设置段落格式

段落是构成整个文章的骨架,在 Word 2010 的文档编辑中,用户每输入一个回车符,表示一个段落的输入完成,同时屏幕上会出现一个回车标记"↵",也称为段落标记。段落格式设置的方法有两种:一种是利用位于"开始"菜单下的"段落"功能区的按钮,如图 4-12 所示;另一种是打开"段落"对话框,直接设置相应内容,打开方法为单击"段落"功能区右下方的按钮"↘",或者选中要编辑的段落,右击鼠标,在快捷菜单中选择"段落…",然后弹出"段落"对话框,如图 4-13 所示。

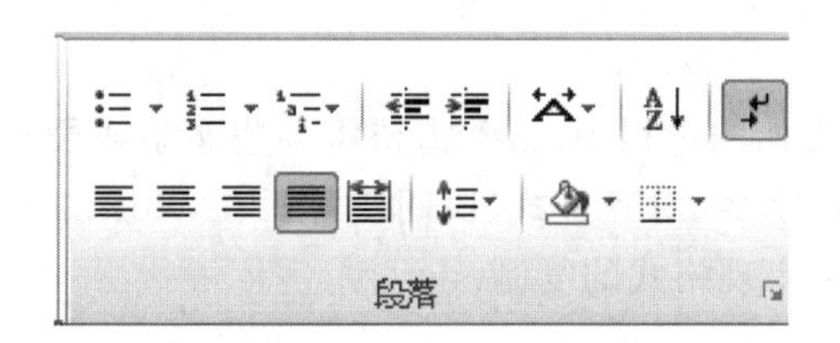

图 4-12　工具栏中"段落"功能区的按钮

1. 设置缩进和间距

在设置段落格式时,段落的缩进和段间距是常常需要设置的项目。在设置段落格式时一般在"段落"对话框中进行。先选中要编辑的段落,如果只编辑一个段落,那么将光标置于此段落即可,然后打开"段落"对话框,再根据要求设置相应参数,如图 4-13 所示。需要注意的是,参数的计量单位可以更换。缩进的计量单位可以是字符、厘米、磅;行距和间距的单位可以是行、厘米、磅。

行间距有两类,一类是固定值,另一类是行距的倍数。需要注意的是,在使用固定值设置行距时,段落中插入的图片也将使用相应的段落设置参数,这可能会导致图片不能完全显示,因此,需要将图片所在位置的行距设置为以行倍数为参照的值。

2. 换行和分页

换行和分页是为了保证段落的整体性。设置时,先打开"段落"对话框的"换行和分页"选项卡,如图 4-14 所示,然后选中要编辑的段落,根据要求,勾选相应的选项即可。其中,

“孤行控制”是为了避免单独一行占用一页;“与下段同页”是为了保证内容的连续性,一般用于标题的设置;“段中不分页”和“段前分页”是为了保证段落的完整。在实际应用中,用户可根据要求进行设置。

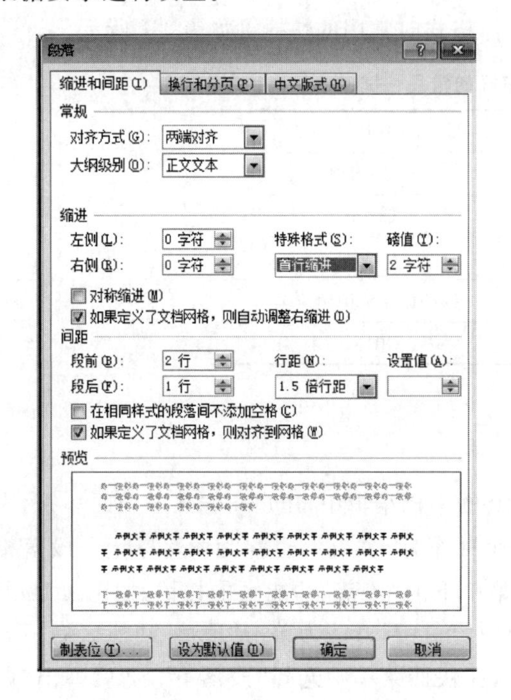

图 4-13 “段落”对话框的“缩进和间距”选项卡

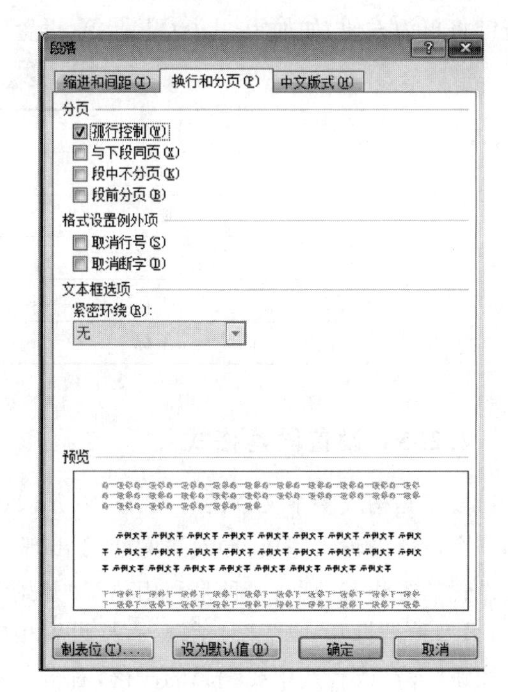

图 4-14 “段落”对话框的“换行和分页”选项卡

3. 格式复制

在处理 Word 2010 文档的过程中,常常需要将某些文字或段落的格式复制到其他文字或段落,即需要复制字体、字号、对齐方式、段间距等。在 Word 2010 中,我们可以通过格式刷和组合快捷键两种方法实现格式的复制。

(1) 使用格式刷复制格式

先选中要引用格式的整个段落,或将光标定位到此段落内,也可以仅选中此段落末尾的段落标记,然后单击“开始”菜单中“剪切板”功能区上的“格式刷”按钮,鼠标指针随即变成刷子形状,在目标段落中单击“应用该段落格式”,如果要同时复制段落格式和文本格式,则需拖动鼠标选中这个段落。

单击“格式刷”按钮,使用一次后,按钮自动弹起,不能继续使用。如果要连续多次使用。可以双击“格式刷”按钮。如果要停止使用,可以按键盘上的 Esc 键,或再次单击“格式刷”按钮。

(2) 使用组合快捷键复制格式

在进行大量格式修改的过程中,使用格式刷来复制格式将加快操作速度,使用组合快捷键将大大提高编辑效率。选中要引用格式的段落或文字,按下格式复制组合快捷键“Ctrl+Shift+C”,此时该格式被复制,然后再选中目标文字或段落,按下格式粘贴组合快捷键“Ctrl+Shift+V”即可。这里用于复制格式和粘贴格式的快捷键功能与格式刷功能相同,适用于 Word 文档中所有内容的格式设置。

在设置段落格式设置时，必须遵循这样的规律：如果对一个段落进行格式设置，只需在设置前将插入点置于段落内即可，如果对几个段落进行设置，那么必须先选定要设置的段落，然后再进行段落格式的设置。

4.2.6　设置项目符号和编号

Word 2010 提供了自动添加项目符号和编号的功能。在以“1.”“(1)”“a”、“一、”等字符开始的段落中按 Enter 键，下一段开始将会自动出现“2.”“(2)”“b”“二、”等字符。用户也可以通过单击段落工具栏中的“项目符号”“编号”等按钮来实现项目符号与编号的设置。

已有 Word 文档如下：

目前高校专业分为 12 个学科门类，分别是：哲学、经济学、法学、教育学、文学、历史学、理学、工学、农学、医学、管理学、艺术学。

要求将每一学科门类新起一行，设置编号，格式为：01，02，03，…，11，12。

1. 设置编号

要将文本内容以两位数格式进行编号，具体步骤如下。

(1) 选中要设置编号的文本内容。

(2) 单击段落工具栏中“编号”右侧的下拉按钮“ ”，由于默认编号库中没有符合要求的编号格式，因此单击下面的“定义新编号格式”选项，弹出“定义新编号格式”对话框，如图 4-15 所示。在编号样式的下拉菜单中选择“01，02，03，…”选项，单击“确定”，所选中内容将被以此格式编号。

2. 自定义项目符号

在 Word 2010 中，用户除了可以使用软件自带的项目符号和编号外，还可以自定义项目符号样式和编号。具体步骤如下。

(1) 单击段落工具栏中“项目符号”右侧的下拉按钮“ ”，弹出“插入项目符号”对话框。

(2) 单击“定义新项目符号”选项，弹出“定义新项目符号”对话框，如图 4-16 所示，选择项目符号字符为“图片”，弹出“图片项目符号”对话框，可以选择其中一张图片作为项目符号。

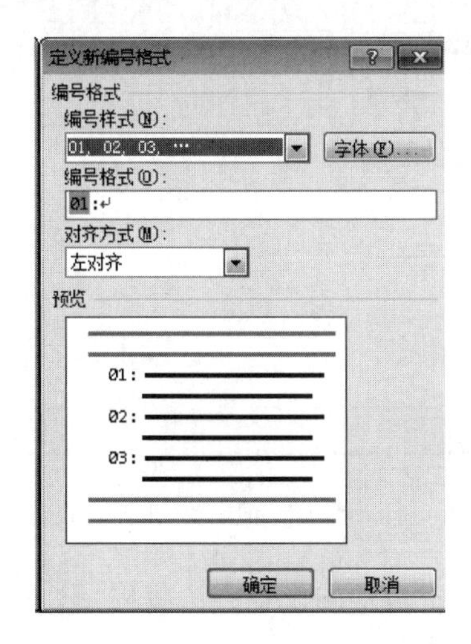

图 4-15　“定义新编号格式”对话框

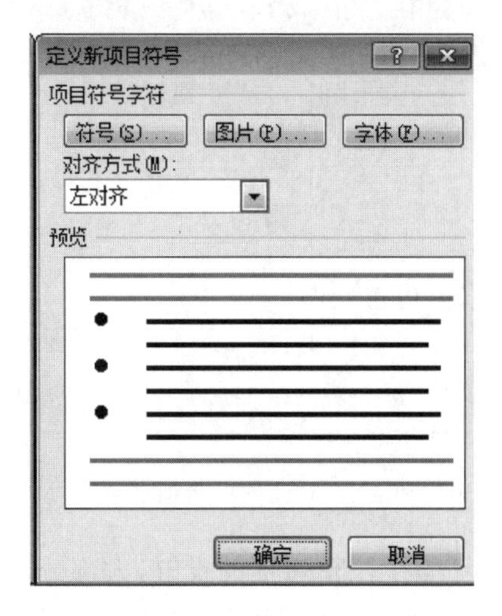

图 4-16　“定义新项目符号”对话框

使用项目符号和编号修饰文本时，可以对文档中并列的内容进行组织，或者将顺序的内容进行编号，使这些项目的层次结构更清晰、更有条理。

4.2.7 设置文本的边框和底纹

文本的边框和底纹可以应用于文字、段落和页面，可以起到强调文本内容的作用。针对4.2.3所输入的内容设置相应边框。对文本中的“Office”设置文字边框，要求0.5磅，单实线，底纹颜色设置为黄色；对整个段落设置边框，要求0.5磅，双实线；对整个页面设置边框，要求0.5磅，单实线。效果如图4-17所示。

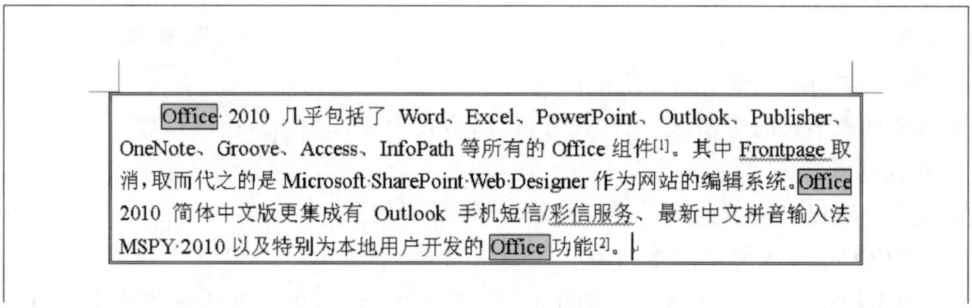

Office 2010 几乎包括了 Word、Excel、PowerPoint、Outlook、Publisher、OneNote、Groove、Access、InfoPath 等所有的 Office 组件[1]。其中 Frontpage 取消，取而代之的是 Microsoft SharePoint Web Designer 作为网站的编辑系统。Office 2010 简体中文版更集成有 Outlook 手机短信/彩信服务、最新中文拼音输入法 MSPY 2010 以及特别为本地用户开发的 Office 功能[2]。

图 4-17 边框和底纹的设置效果

设置文字边框和底纹的步骤如下。

(1) 首先选择要设置的文字。

(2) 选择“开始”菜单中的“段落”功能区，单击“边框”按钮右侧的下拉按钮，弹出下拉菜单，单击最下边的“边框和底纹”按钮，弹出“边框和底纹”对话框，如图4-18所示，选择“方框”，样式为单实线，宽度为0.5磅，“应用于”处选择“文字”，单击“确定”完成文字边框的设置。

(3) 在设置底纹时，选择“边框和底纹”对话框的“底纹”选项卡，如图4-19所示。在“填充”处选择“黄色”，“应用于”处选择“文字”，单击“确定”完成文字底纹的设置。

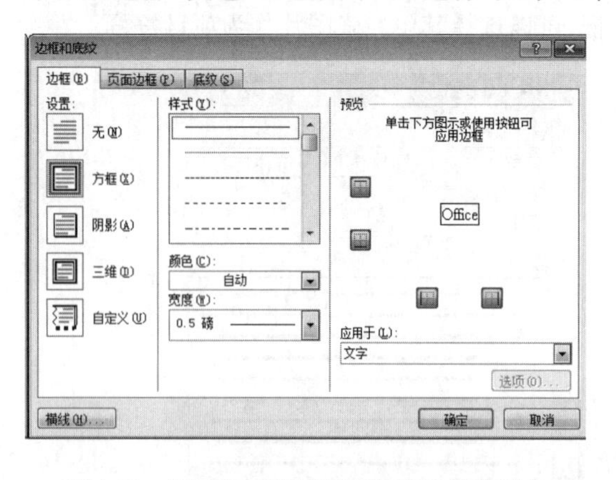

图 4-18 “边框和底纹”对话框的边框选项卡

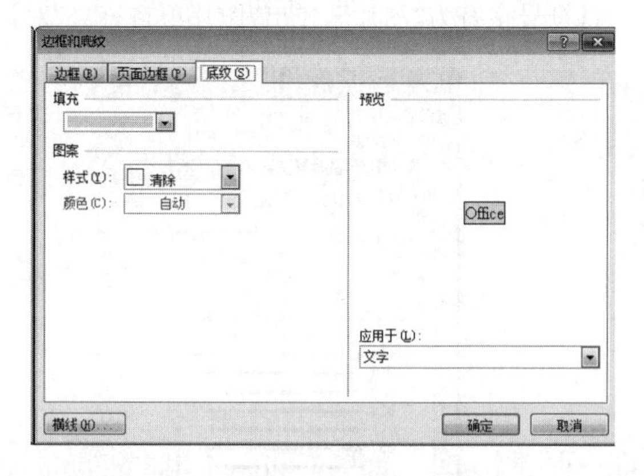

图 4-19 “边框和底纹”对话框的底纹选项卡

(4) 对于整个段落边框的设置，大部分步骤与文字边框的设置方法相同，只不过在单击“确定”之前，需要将“应用于”处的下拉项选择为“段落”。

(5) 设置页面边框时,打开“边框和底纹”对话框的“页面边框”选项卡,然后根据要求进行设置,最后单击“确定”按钮即可。

4.2.8 插入分隔符

Word 中的分隔符包括分页符、分栏符和分节符。分页符用于标记一页的终止和下一页的开始,也就是将其之后的内容强行分到下一页。分栏符指示其后的文字从下一栏开始,分栏符适用于已经分栏的文档。

分节可以实现同一个文档的不同部分采用不同的版面设置,例如,设置不同的页眉和页脚,以及设置不同的页面方向、纸张大小、页边距等。分节对于长文档的编排非常重要。一般情况下,长文档各章具有不同的页眉,前言和正文分别采用不一致的页码,实现这些工作的前提是分节。

插入分隔符时,首先将光标放在要进行分隔的位置,选择位于“页面布局”菜单下的“页面设置”功能区,单击“分隔符”按钮“分隔符”,弹出分隔符选择菜单,如图 4-20 所示,然后选择相应的分隔符,单击即可。

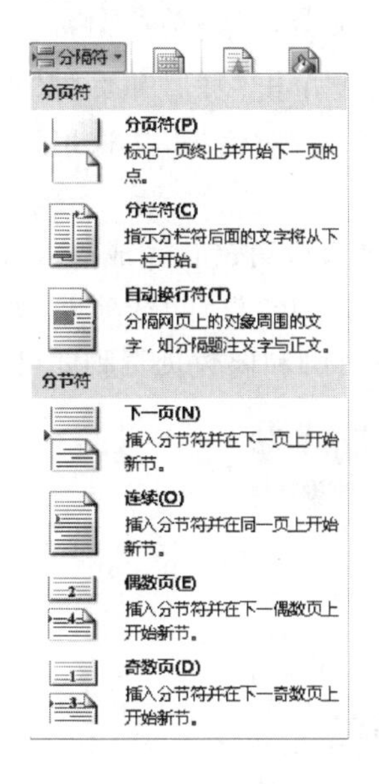

图 4-20 “分隔符”选择菜单

4.2.9 设置页眉和页脚

页眉和页脚通常用于显示文档的附加信息,如时间、日期、页码、标题等。其中,页眉在页面的顶部,页脚在页面的底部。打开“插入”选项卡,从“页眉和页脚”中可以选择插入页眉、页脚或页码。

1. 插入页码

插入页码是常用的页脚编辑功能。页码在 Word 中会根据文档的大小自动显示,页码一般插入在页眉或页脚的某个位置,注意不要自己输入,否则页码不会自动按页数更新。插入页码时,首先将光标置于要插入页码的当前页,在“插入”选项卡中,单击“页眉页脚”组中的“页码”,选择在页面底端以居中方式插入页码,如图 4-21 所示。

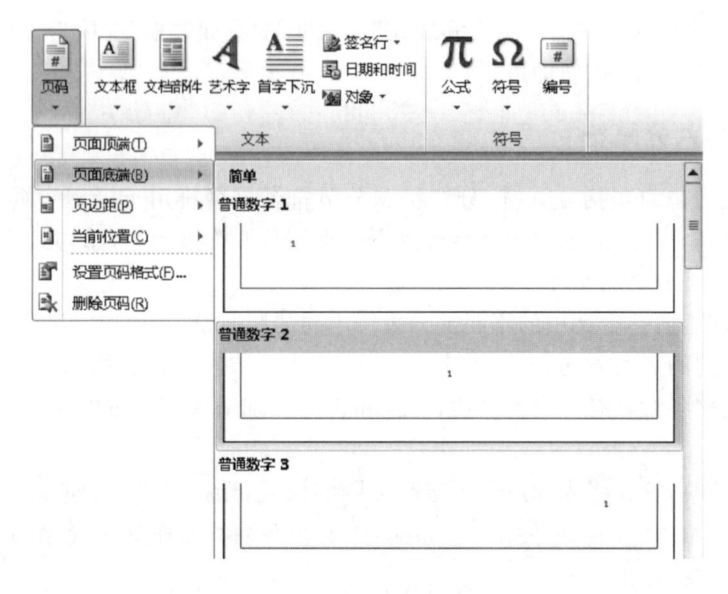

图 4-21 插入页码

如果希望设置页码格式，则需要单击“页眉和页脚”组中的“页码”，在下拉列表中单击“设置页码格式”选项，打开“页码格式”对话框，从这里可以设置编号格式、起始页码、章节号、页码分隔符等，如图 4-22 所示。

设置完成后，单击“关闭页眉和页脚”按钮，完成插入页码设置。在 Word 中还可以为奇偶页设置不同的页码，双击页脚处，打开“设计”选项卡，如图 4-23 所示，选中“奇偶页不同”复选框，根据要求分别编辑奇数页页脚和偶数页页脚即可。

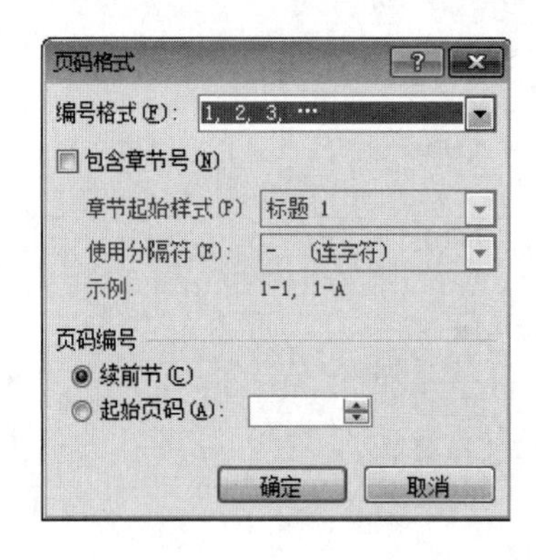

图 4-22 “页码格式”对话框

图 4-23 设置“奇偶页不同”选项

2. 设置页眉

编辑页眉时，可以双击页眉区域，直接输入内容即可。对输入的页眉，可以进行字体和段落格式的设置。在编辑比较长的文档时，如果需要对各个章节设置不同的页眉，或者对奇数页和偶数页设置不同的页眉，则需先插入分节符，再取消链接到前一条页眉，然后再进行编辑，具体步骤如下。

(1) 将光标定位到准备分节的位置，然后打开“页面布局”选项卡，在“页面设置”组中单击“分隔符”右侧的下拉箭头，单击“分节符”中的“下一页”，完成分节符的插入操作。

(2) 断开各节链接,双击页眉处,打开“设计”选项卡,如图 4-24 所示,单击“链接到前一条页眉”,使此按钮处于不被选中的状态,选中“奇偶页不同”复选框,使每章的奇数页和偶数页页眉不同。

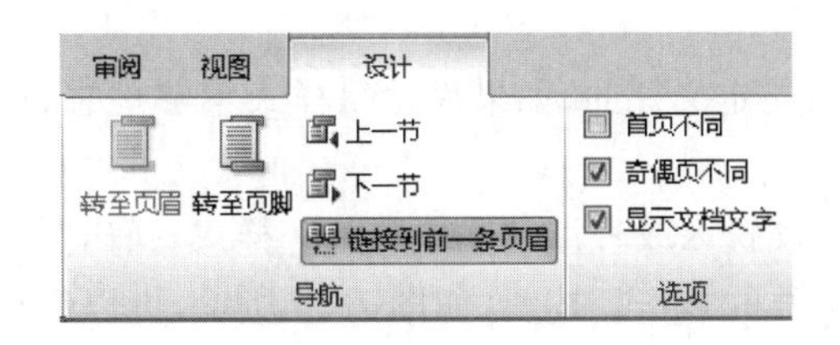

图 4-24　取消链接到前一条页眉

(3) 将光标定位到不同节的页眉位置,奇数页页眉和偶数页页眉可以单独设置,按要求输入指定文字即可。

插入页眉页脚时正文区域的文字会变为灰色,表示当前状态不可编辑,在页眉或页脚编辑区也可以输入文字、字符,并插入图片等。在编辑页眉和页脚时,会自动出现“设计”选项卡,单击该选项卡中的“关闭页眉和页脚”按钮,返回正文编辑状态,此时页眉页脚的文字变为灰色,不可编辑。再次编辑页眉页脚时,只需双击任意页眉页脚所处的区域即可。

在对文章进行分节后,对某节设置不同的页眉页脚时,要特别注意应先断开此节与前后节的链接关系,因为默认情况下,后续节会延续前节的页眉、页脚等设置,只有断开本节与前节的链接,才能将本节后的页眉页脚设置为不同于前一节的页眉页脚内容。分节后,对某节设置不同的页面方向、纸张大小、页边距时,只需将“页面设置”对话框中的“应用于”选项设置为“本节”即可。

如果每章都有不同的页眉,需先对所有章节进行分节,然后断开所有节的链接,再设置各节的页眉内容。简单总结为:分节→断开链接→设置不同页眉。

4.2.10　自定义样式

样式是一套段落格式和字体格式的集合。在文档中标题和正文通常具有不同的格式,为保持整个文档排版的统一,同级标题格式应相同,此时就可以使用样式。当相应内容使用样式后,在改变样式设置时,所有应用此样式的文本将自动改为新样式的格式。

1. 应用样式

“开始”功能标签中直接显示了“样式”设置区,如图 4-25 所示,单击该设置区右下角的按钮“　”,可以弹出样式浮动框。

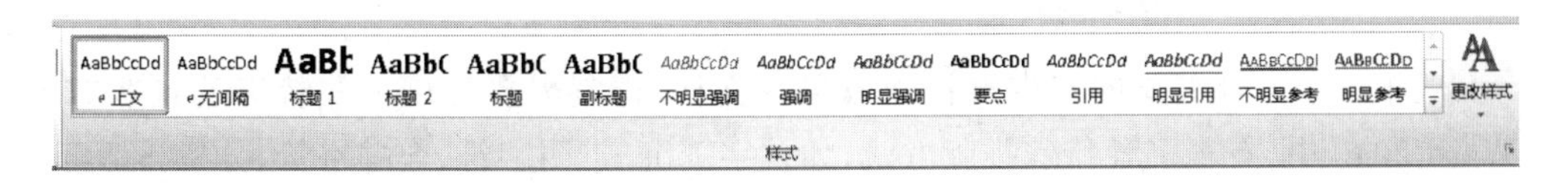

图 4-25　“样式”设置区

应用样式的步骤如下。

(1) 移动鼠标,将光标定位到要应用样式的段落中的任意位置。注意,不要选中某一段文字,除非只想对选中的文字应用某一样式。

（2）移动鼠标指针指向“样式”设置区或浮动框中的样式处，单击对应样式，即可为该段落应用所选的样式。用户可以将鼠标指针移动到浮动框中对应的样式名称处稍作停留，在随即弹出的浮动说明框中浏览该样式的具体格式。

2. 自定义样式

模板中的样式都是预先定义好的，如果你觉得样式不够理想，可以自定义样式，具体步骤如下。

（1）通过右击“样式”设置区或者浮动框中的某一样式，弹出“修改样式”对话框。

（2）单击该窗口左下角的“格式”按钮，如图 4-26 所示，可以像设置文本格式一样，进行样式的修改，如调整相应的字体、颜色、行间距、段落间距与缩进等。

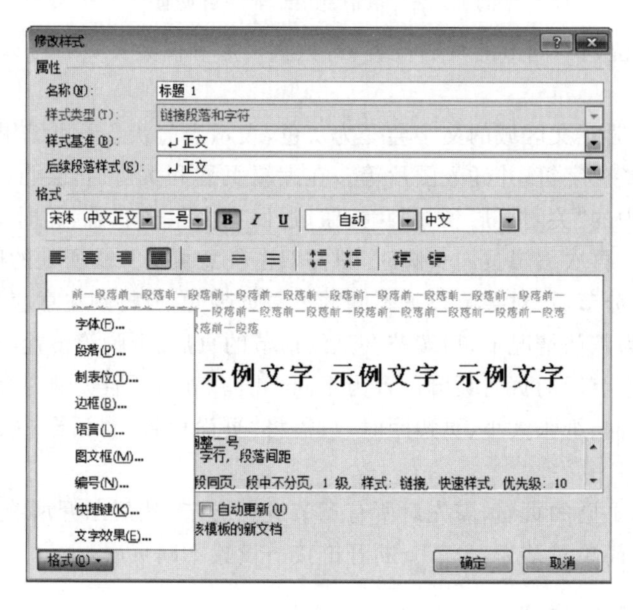

图 4-26 “修改样式”对话框

其中，“样式基准”是指当前创建的样式以哪个样式为基础来创建，也就是说，当前样式将以“样式基准”的格式为设置起点来继续设置格式。当用户要创建的样式与某个已有样式具有相似格式时，将那个样式作为“样式基准”即可。

后续段落样式是指在套用当前样式的段落后按 Enter 键，下一个段落自动套用哪个样式。这样可以在按 Enter 键后自动为下一个段落设置样式，而无须手工设置。

4.2.11 特殊排版方式

一般报纸杂志都需要创建带有特殊效果的文档，这就需要使用一些特殊的排版方式。在 Word 2010 中，有很多种特殊排版方式，如首字下沉、带圈字符、合并字符、分栏排版等。

1. 首字下沉

在设计文档时，为引起读者的注意，第一个段落的第一个字常常使用“首字下沉”的方式，设置步骤如下。

（1）先将光标定位在需要设置首字下沉的段落中。

（2）接下来在文档窗口选择“插入”菜单，在“文本”工具栏中单击“首字下沉”按钮，弹出工具栏，如图 4-27 所示，可以选择“下沉”或者“悬挂”。

如果需对首字下沉进行更详细的设置，如字体、下沉行数等，则需打开“首字下沉选项...”，弹出“首字下沉”对话框，如图 4-28 所示，然后根据要求进行设置即可。如果要取消首字下沉，单击“首字下沉”工具栏中的“无”即可。

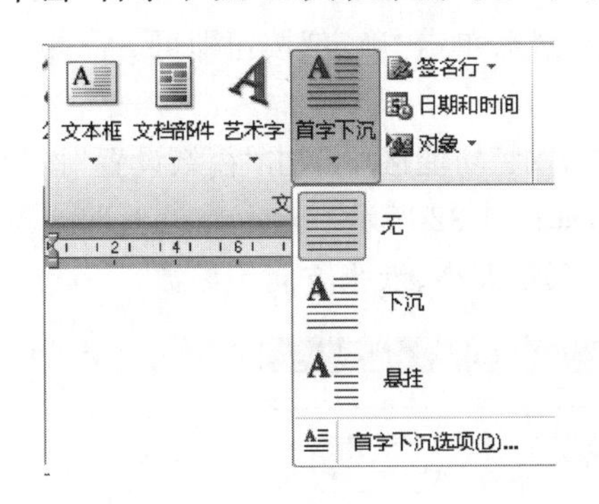

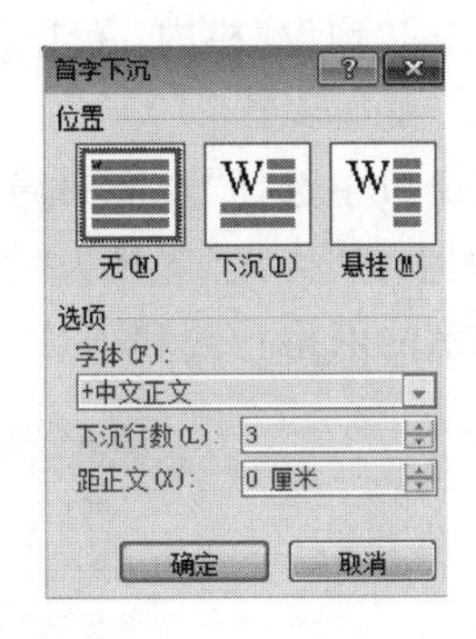

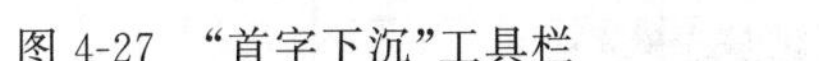

图 4-27 “首字下沉”工具栏　　图 4-28 “首字下沉”对话框

2. 插入特殊字符

在编辑文字时，有时候需要输入一些特殊的字符，如®、①、©等，在 Word 2010 中可以使用带圈字符功能来实现这种效果。在文档窗口中选择“开始”菜单，在“字体”工具栏中单击“带圈字符”按钮，弹出“带圈字符”对话框，如图 4-29 所示，在“文字”下方的文本框中写入要圈上的字符，选择圈号，单击“确定”结束。

3. 设置分栏

分栏的目的是将页面分成多个栏目，增加可读性。Word 2010 提供了分栏功能，用户可以把每一栏都作为一节来对待，这样就可以对每一栏单独进行格式化和版面设计。分栏设置的步骤如下。

(1) 切换到页面视图，选定需要分栏的段落。

(2) 在文档窗口中选择“页面布局”菜单，在“页面设置”功能区中单击“分栏”按钮，弹出下拉菜单，如图 4-30 所示。

(3) 在下拉菜单中选择分栏的命令，如果需要分更多栏，单击“更多分栏”命令，弹出“分栏”对话框，如图 4-31 所示。在“栏数”文本框内输入要分的栏数，在 Word 2010 中最多可以分 11 栏。

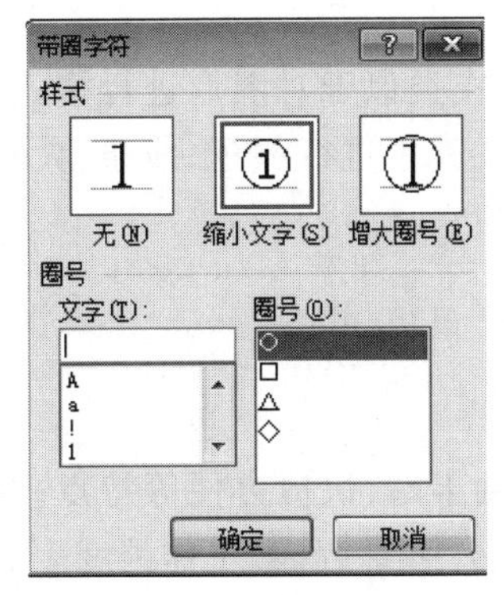

图 4-29 “带圈字符”对话框

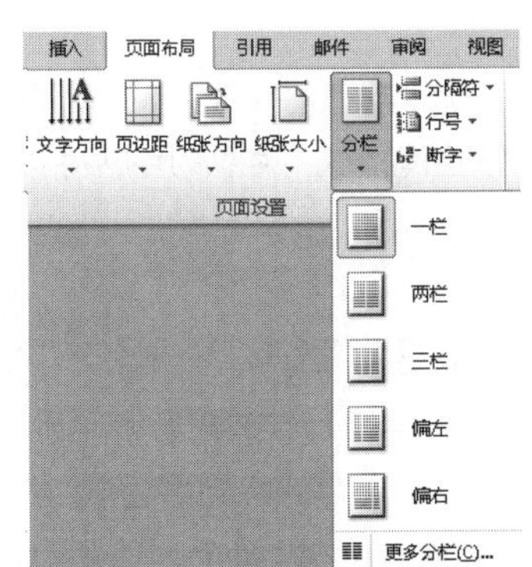

图 4-30 “分栏”菜单

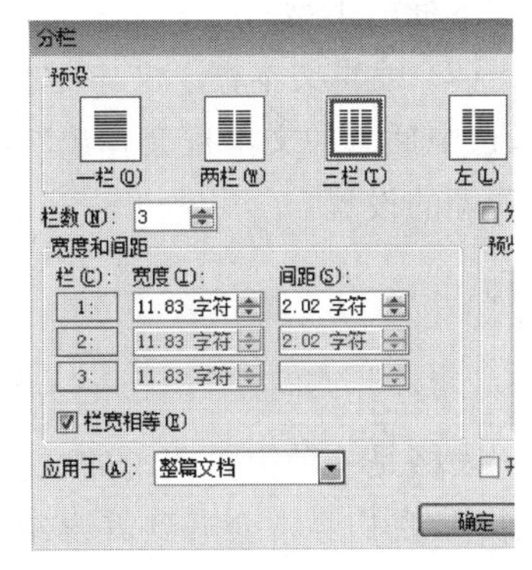

图 4-31 “分栏”对话框

在“分栏”对话框中选定栏数后，下面的“宽度和间距”栏内会自动列出每一栏的宽度和间距，用户可以在此处重新输入数据修改栏宽，若选中“栏宽相等”复选框，则所有的栏宽相同。若选中“分隔线”复选框，那么栏与栏之间会加上分隔线。在“应用于”文本框内，可以选择“整篇文档”或“插入点之后”选项，最后单击“确定”按钮。如果需要取消分栏，那么在“分栏”对话框中的“预设”栏内，单击“一栏”按钮，然后单击“确定”按钮即可。

4. 网格、稿纸设置

在文档窗口中选择“页面布局”菜单，在“稿纸”功能区中单击“稿纸设置”按钮。在“稿纸设置”对话框中将“格式”选择为“方格稿纸”，如图 4-32 所示。除可以设置网格格式外，还可设置每页显示的网格行数和列数、网格颜色、纸张大小、纸张方向等参数。

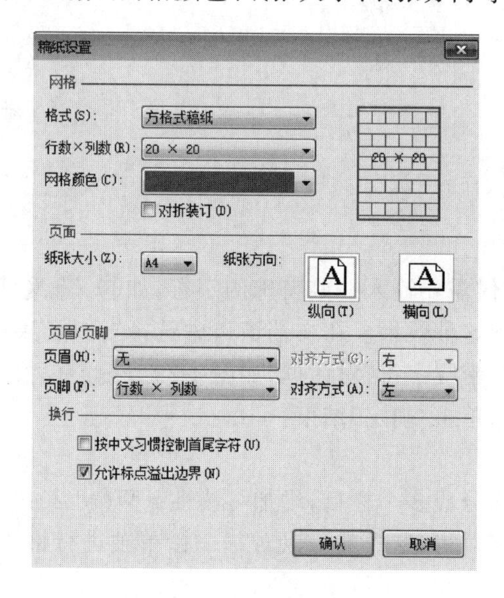

图 4-32 “稿纸设置”对话框

5. 使用文本框

文本框是将文字、表格、图形精确定位的有力工具。文档内容置于文本框内，可以被移动到页面的任何地方，也可以让正文环绕而过，还可以进行放大或缩小等操作。对文本框的操作，需要在页面视图显示模式下进行。

(1) 插入文本框。单击“插入”菜单，在“文本”功能区中单击“文本框”按钮，再选择所需的文本框的类型。

(2) 编辑文本框。文本框具有图形的属性，对它的编辑操作类似于对图形进行格式设置，选中插入的文本框会弹出“绘图工具格式”菜单，用户可以在其中进行颜色、线条、大小、位置等的设置。

4.3 表　格

表格是一种简单明了的文档表达方式，具有整齐直观、内涵丰富、快捷方便等特点。在工作中，我们经常会遇到需要制作表格的情况，如个人简历、财务表、课程表、工作进度表等。在文档中插入的表格由“行”和“列”组成，行和列组成的每一格称为“单元格”。生成表格时，一般先指定行数、列数，生成一个空表，然后再输入内容。本节通过介绍建立表格和编辑表格，来说明 Word 2010 中表格的相关操作。

4.3.1 制作表格

Word 2010 中可以插入固定大小的表格，也可以将文本转换为表格。

1. 插入已知行数和列数的表格

如果在设计表格时，已知表格的行数和列数，可以选择直接插入表格。使用“插入表格”来生成表格，具体步骤如下。

(1) 将光标移动要插入表格的位置。

(2) 选择“插入”菜单，在“表格”组中单击“表格”按钮，然后在出现的下拉菜单中单击“插入表格”按钮，弹出“插入表格”对话框，如图 4-33 所示。

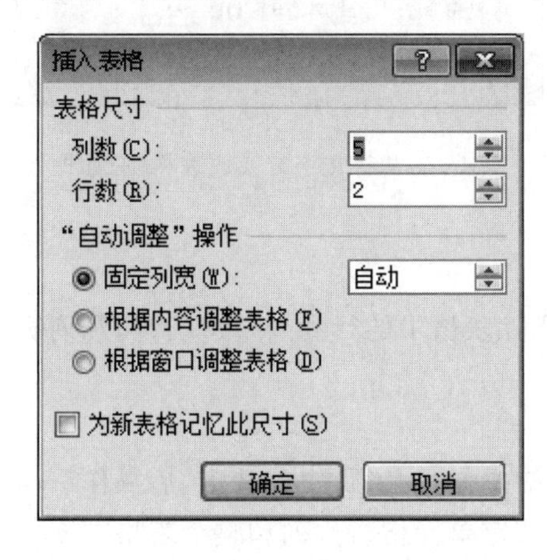

图 4-33 “插入表格”对话框

(3) 在“表格尺寸”栏中输入表格的行数和列数。在“自动调整操作”栏中，选择“自动”选项，系统会自动地将文档的宽度等分给各列。最后单击“确定”按钮，生成表格。

2. 文本转换为表格

如果希望将文档中的某些文本内容以表格的形式表示，利用 Word 2010 提供的转换功能，能够非常方便地将这些文字转换为表格数据，而不必重新输入。由于将文本转换为表格的原理是利用文本之间的分隔符(如空格、段落标记、逗号或制表符等)来划分表格的行与列，所以，我们在转换之前，需要在选定的文本位置插入某种分隔符。例如，在图 4-34 所列的文本中插入分隔符(制表符)。

序号 → 学号 → 姓名 → 专业班级 → 成绩↵
1 → 10150018 → 郭江颖 → 计算机科学与技术 1001 → 80↵
2 → 10150032 → 梁飞 → 计算机科学与技术 1001 → 64↵
3 → 10150059 → 王鹏 → 计算机科学与技术 1001 → 74↵
4 → 10150066 → 闫镇 → 计算机科学与技术 1001 → 82↵
5 → 10150073 → 张和 → 计算机科学与技术 1001 → 79↵

图 4-34 文本内容

选中以上文本，然后选择“表格”菜单中“转换”下的“文本转换成表格…”命令，弹出“将文字转换成表格”对话框，如图 4-35 所示。Word 将会自动选择分隔符，单击“确定”按钮，即可生成相应的表格。

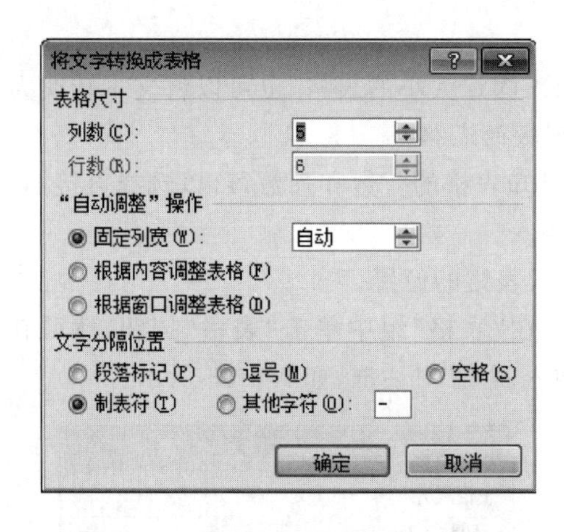

图 4-35 “将文字转换成表格”对话框

4.3.2 表格格式

表格编辑包括增加或删除表格中的行和列，改变行高和列宽，以及合并和拆分单元格等操作。

1. 选定表格

与其他操作一样，对表格操作也必须是“先选定，后操作”。在表格中有一个看不见的选择区。单击该选择区，可以选定单元格、行、列和整个表格。

(1) 选定单元格。当鼠标指针移到单元格内的左侧附近时，指针箭头指向右上且呈黑色时，表明进入了单元格选择区，单击鼠标，该单元格呈反向显示，说明该单元格被选定。

(2) 选定一行。当鼠标指针移动到该行左侧边线时，指针箭头指向右上且呈白色，表示进入了行选择区，单击鼠标，该行呈反向显示，说明整行被选定。

(3) 选定列。当鼠标指针由上而下移近表格上边缘时，指针箭头垂直指向下方，呈黑色，表明进入了列选择区，单击鼠标，该列呈反向显示，说明整列被选定。

(4) 选定整个表格。当鼠标指针移至表格内的任一单元格时，在表格的左上角会出现一个图案“⊞”，单击该图案，整个表格呈反向显示，说明整个表格被选定。

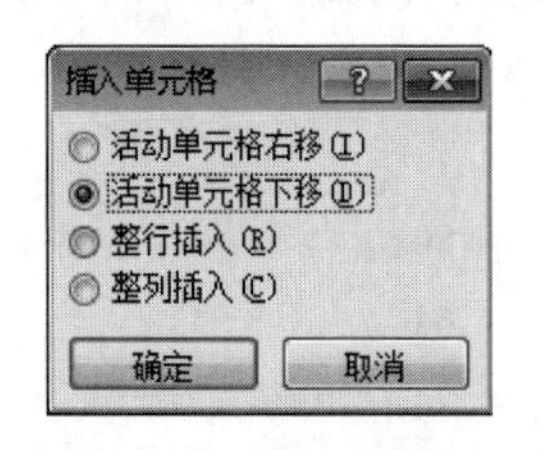

图 4-36 “插入单元格”对话框

2. 插入行、列、单元格

将插入点移至要增加行、列的相邻行或列，右击鼠标，在快捷菜单中选择“插入”命令，单击子菜单中的命令，可分别在该行的上边或下边增加一行，在该列的左边或右边增加一列。

插入单元格。将插入点移至单元格，右击鼠标，在快捷菜单中选择“插入”后面的“插入单元格”命令，弹出的“插入单元格”对话框，如图 4-36 所示，在对话框中选中相应的按钮，单击“确定”完成。

如果是在表格的最底端增加一行，只需把插入点移至右下角的最后一个单元格，再按

Tab 键或 Enter 键即可。

3. 删除行、列或表格

选定要删除的行、列或表格,右击鼠标,在快捷菜单中选择“删除行”或“删除列”命令,即可实现相应的删除操作。另外,选中要删除的内容后,按 Backspace 键,也可实现相应的删除操作。注意,选中对应的行、列或表格,按 Delete 键,只会删除表格内容,而不会删除表格。

4. 改变表格的行高和列宽

改变表格的行高和列宽,常常通过拖动鼠标来实现。将鼠标指针移动到需要调整的表格的边线附近,此时,鼠标指针会发生变化,此时,按住鼠标左键,表格边线将出现一条横向或纵向的虚线,上下拖动横向虚线可调整相应的行高,左右拖动纵向虚线可改变相应的列宽。如果在拖动时同时按住 Alt 键不放,则只改变相邻表格的行高和列宽,表格的总高度和总宽度不变。

如果希望设置准确的行高和列宽,则需要输入具体的行高值和列宽值。先选中要设置的表格,右击鼠标,在弹出的菜单中选择“表格属性…”选项,弹出“表格属性”对话框,如图 4-37 所示。在设置行高时,勾选“指定行高”,然后在后面的文本框中输入行高尺寸,单击下一行,重复之前操作,直至将所有行的行高设置完毕;在设置列宽时,与设置行高的步骤相同,从第一列开始依次设置行高,直至结束。最后,单击“确定”按钮结束。

除了可以人工设置外,Word 也能够根据要求自动调整表格大小,如图 4-38 所示。选中表格后,右击鼠标,可以选择“平均分布各行”和“平均分布各列”,在“自动调整”选项的次级菜单中,可以选择“根据内容调整表格”“根据窗口调整表格”和“固定列宽”来对表格进行设置。

图 4-37 “表格属性”对话框

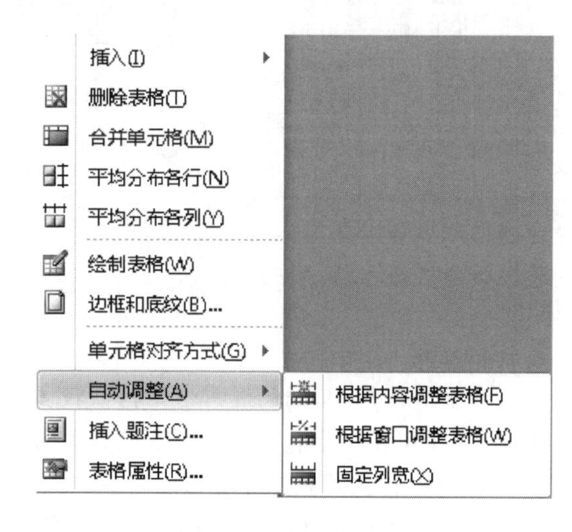

图 4-38 表格快捷菜单

5. 合并和拆分单元格

在调整表格结构时,需要将一个单元格拆分为多个单元格,同时表格的行数和列数也会增加,这样的操作称为拆分单元格。如果是要归并表格中的内容,则需要将多个单元格合并成为一个单元格,这样的操作称为合并单元格。

(1) 拆分单元格。选定要拆分的单元格,可以是一个,也可以是多个。右击鼠标,在快捷菜单中选择“拆分单元格”命令，弹出“拆分单元格”对话框，输入要拆分的列数和行数，单击“确定”按钮即可。

(2) 合并单元格。选定要合并的单元格，单元格必须是临近的。右击鼠标，在快捷菜单中选择“合并单元格”命令，该命令使选定的单元格合并成为一个单元格。

6. 设置表格边框和底纹

我们可以对整个表格设置边框和底纹，也可对整行、整列、连续单元格进行设置。在设置边框时，首先选择设置边框的范围，右击鼠标，在弹出的快捷菜单中单击“边框和底纹…”选项，弹出“边框和底纹”对话框，如图 4-39 所示。注意，在设置表格边框时，首先应确定边框的样式、颜色和宽度，再单击“预览”处所对应的边框按钮。设置完成后，单击“确定”按钮。

表格边框和底纹的设置与文本边框和底纹的设置相同，在单击“确定”按钮前，需要将“应用于”选择为“单元格”或“表格”。

7. 设置单元格对齐方式

对于单元格内的文本，我们除了可以设置其字体和段落格式外，还可以设置其相对于单元格的对齐方式。选中要编辑的单元格或表格，右击鼠标，在弹出的快捷菜单中选择“单元格对齐方式”，在次级菜单中有 9 种对齐方式，如图 4-40 所示，然后根据设置要求，选择其中一种即可。

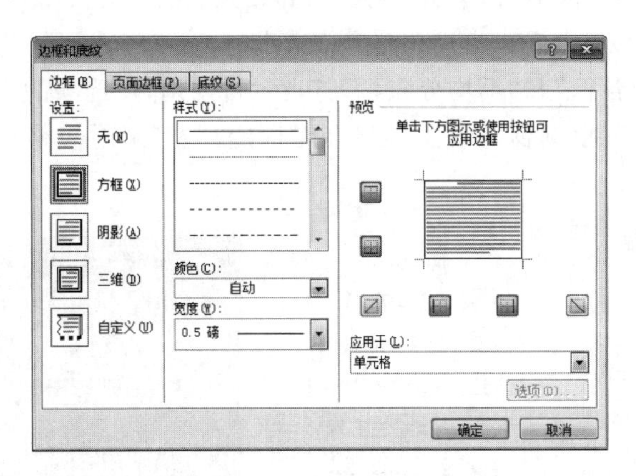

图 4-39 “边框和底纹”对话框

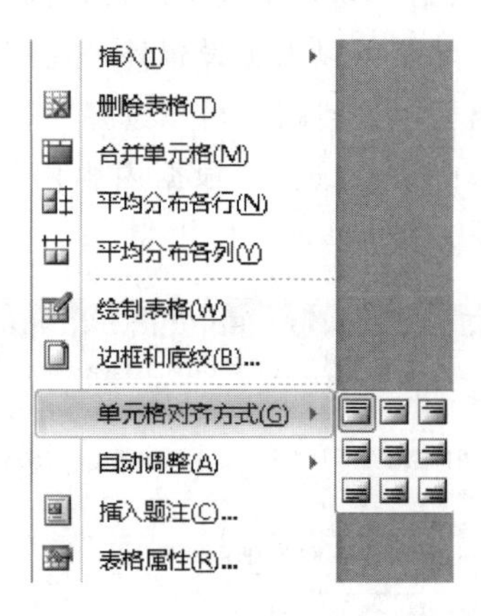

图 4-40 设置单元格对齐方式

8. 重复标题行

在实际应用中，我们经常遇到行数较多的表格，占用 2 页或更多页数，而第 2 页表头没有显示，用户在浏览表格时需要返回到首行查找相应的标题。为了能够使标题行在多页中显示，Word 提供了重复标题行的功能。实现标题行重复的操作步骤如下。

(1) 选择表格的第一行，即作为标题的行，可以选择多行。

(2) 在“布局”选项卡下，单击“数据”功能区的“重复标题行”按钮即可。

设置表格格式，可以右击表格，在弹出的快捷菜单中选择相应的操作，也可以通过表格工具的“布局”选项卡来进行相关设置，如图 4-41 所示。

在表格中也可以插入图片，把图片插入到表格中，将表格边框隐藏，对于多张图片的排版是很方便的。

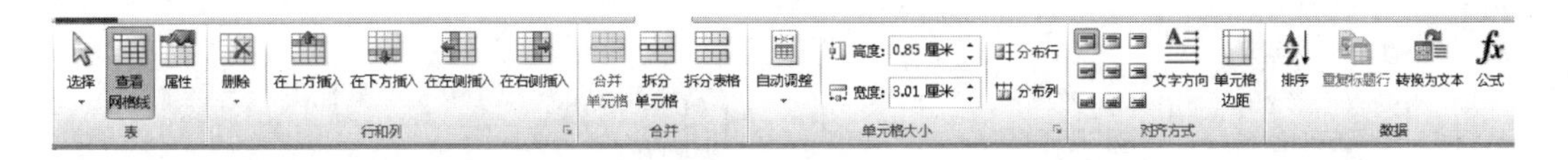

图 4-41　表格工具的“布局”选项卡

4.4　图　　片

在编写文档时，若只使用文字，内容会显得单调。如果使用相应的图片加以说明，就会使文本中的内容更加清晰明了。图片的内容直观，容易理解，能够使读者快速地理解文本中的内容，能很好地起到辅助说明的作用。本节将介绍在 Word 2010 中对图片的编辑操作。

1. 插入图片

打开“插入”选项卡，单击“插图”组的“图片”按钮，打开“插入图片”对话框，如图 4-42 所示，选取图片文件，将其插入到文档中的合适位置。另外一种方法，选中图片图标，右击鼠标，在弹出的快捷菜单中选择“复制”命令，然后回到 Word 文档中进行粘贴。

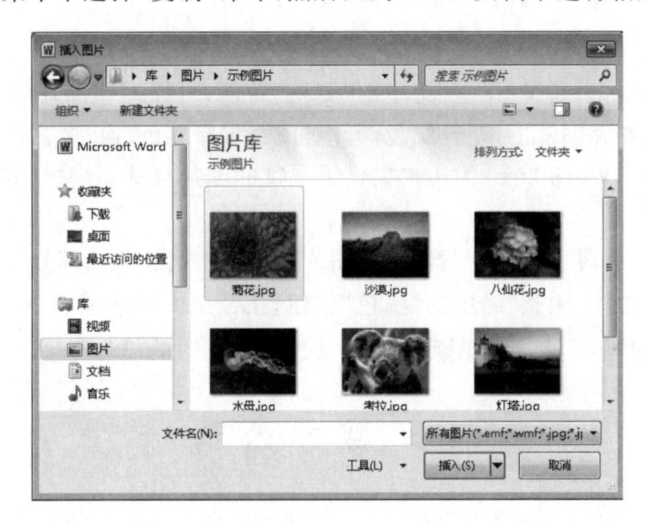

图 4-42　“插入图片”对话框

右击文档中的图片，打开快捷菜单，在菜单中选择“自动换行”，然后在展开的菜单中选择相应的环绕方式，如图 4-43 所示。用鼠标拖动图片四周的控制点来调整插入图片的大小及位置。

2. 图片裁剪和压缩

在编辑文档的过程中，插入的图片可能偏大，需要我们对图片进行裁剪。Word 中提供了裁剪功能，该功能位于“格式”选项卡的“大小”组中。先选中图片，单击“裁剪”按钮，所选图片的句柄变为可调整大小的边线，然后根据要求设置即可。

由于大量地加入图片，整篇文档所占用的存储空间会变大。Word 提供了图片压缩功能，用户可在“格式”选项卡的“大小”组中，单击“压缩图片”按钮，弹出“压缩图片”对话框，如图 4-44 所示。

图 4-43　设置图片布局

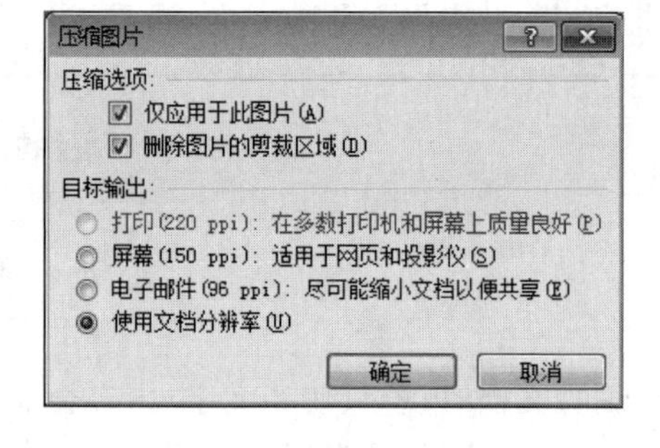

图 4-44　“压缩图片”对话框

Word 2010 提供了丰富的图片编辑工具，所有工具按钮都可以在“格式”选项卡中找到，如图 4-45 所示。

图 4-45　图片工具的“格式”选项卡

在“格式”选项卡中，通过“调整”组中的“更正”功能，可以调整图片的亮度和对比度；通过“颜色”功能可以调整图片的饱和度、色调并对图片重新着色；通过“艺术效果”功能可以使图片变得丰富多彩。Word 2010 为用户提供了丰富的图片样式，该功能位于“格式”选项卡中的“图片样式”组中。

在编辑图片时，有时可能需要我们去除图片中具有相同颜色的部分，这时可以使用设置透明色功能。单击位于“调整”组中的“颜色”按钮，在弹出的对话框中，选择“设置透明色(S)”，此时，鼠标指针变成“ ”，然后在图片上单击要设置为透明的部分即可。

4.5　数学公式

我们在撰写科技论文时，经常需要录入一些数学、物理等方面的公式，如根号、矩阵等，普通的输入无法完成，这时需要借助公式编辑器来实现。确定插入公式的位置，选择“插入”选项卡，可以看到“符号”组中的“公式”选项。单击“公式”按钮，可以看到软件提供的常用公式，如二项式定理、傅立叶级数、勾股定理、和的展开式、泰勒定理等，如图 4-46 所示。

我们在编辑自定义公式时，公式中出现的数字、英文字母及常用符号可通过键盘输入，而专用符号或特殊字符的输入，要借助“设计”选项卡中的“符号”组来实现。

完成公式编辑后，只需用鼠标单击公式编辑区外的任何位置，就可以结束公式编辑，并返回原文。

在 Word 2010 中，对于公式的排版和对图文的处理一样容易。单击已编辑好的公式，此时页面上会显示蓝色的公式编辑框，将鼠标指向编辑框的左上角，按住鼠标左键，对公式进行拖拽，调整公式在文档当中的位置，也可以单击编辑框右下角的下拉箭头，打开“两端对齐”菜单，从中选择“左对齐”“右对齐”“居中”“整体居中”等不同格式。

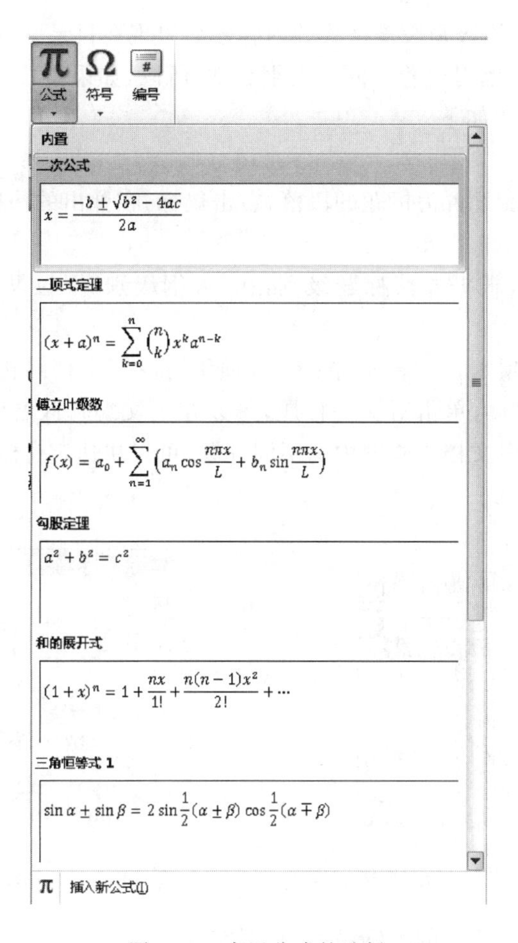

图 4-46 内置公式的选择

Word 2010 提供了对低版本公式编辑器的支持。用户可以单击“插入”选项卡中“文本”选项组中的“对象”按钮，弹出“对象”对话框，在“新建”标签下选择“Microsoft 公式 3.0”，然后单击“确定”按钮，弹出“公式”工具栏，如图 4-47 所示。公式编辑方法与上述步骤基本相同。

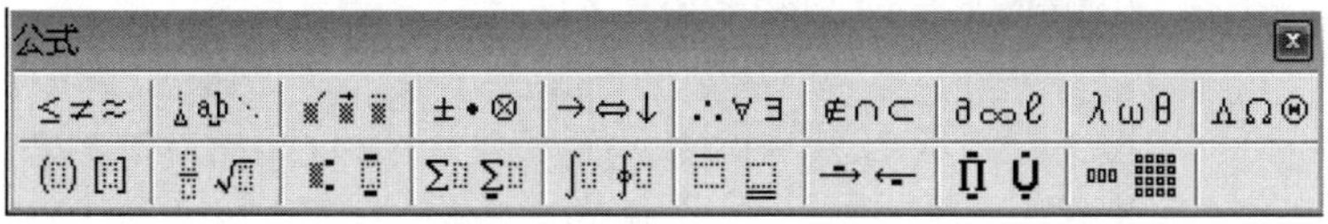

图 4-47 “公式”工具栏

4.6 目　　录

目录，是指书籍正文前所载的目次，目录记录了图书的书名、著者、出版与收藏等情况，并按照一定的次序编排而成，是反映馆藏、指导阅读、检索图书的工具。我们在编辑长文档时，经常需要插入目录。手工输入目录，费时费力，并且如果正文中有所更改，还可能导致目录页码与实际页码不一致。Word 提供了自动生成目录的功能，帮助用户解决了这个问题。

在 Word 中,拥有大纲级别段落格式的内容才会出现在目录中,而正文内容不在目录中显示。一般来说,不同标题对应着不同的大纲级别,所以,如果需要生成目录,首先要设置标题的大纲级别。具体步骤如下。

1. 设置和显示标题

(1) 将光标置于将要设置为标题的段落,右击鼠标,在弹出的快捷菜单中选择“段落…”命令,打开“段落”对话框。

(2) 在常规选项中,根据段落标题级别,在“大纲级别”下拉框中选择对应的级别,如图 4-48 所示。

(3) 单击“视图”选项卡,在“显示/隐藏”选项组,选择“文档结构图”复选框。此时在文档左侧会展开相应的窗口,单击对应的标题,可以在正文编辑区看到相应的标题及所辖内容,如图 4-49 所示。单击文档结构图中的不同标题,可以快速定位到相应的正文页面,这对于长文档的编辑非常有用。

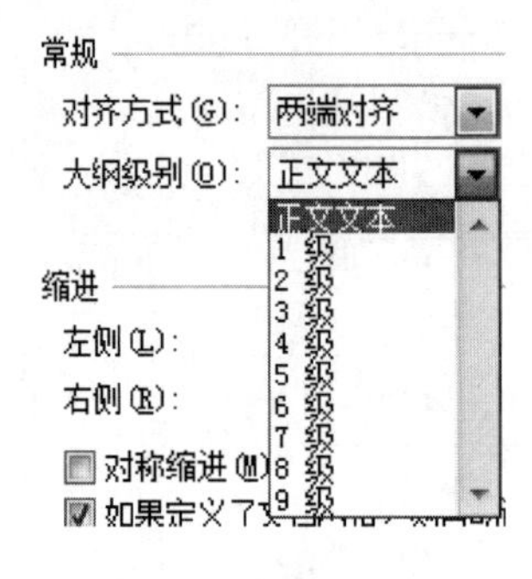

图 4-48 “段落”对话框中的大纲级别设置

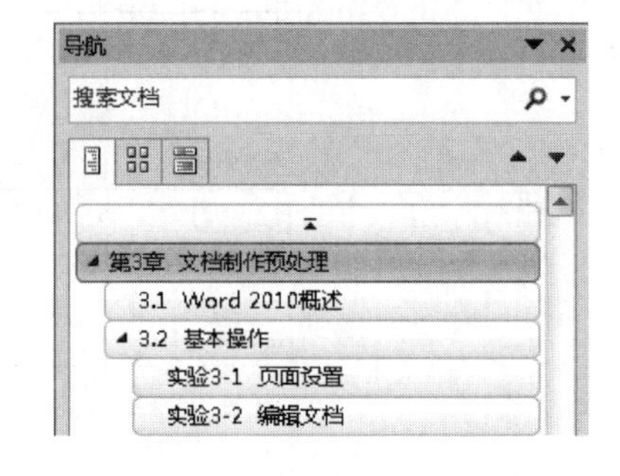

图 4-49 “文档结构图”窗体示例

(4) 依次设置文本中标题的大纲级别,直至完成。

2. 生成目录

将光标置于要插入目录的位置,在“引用”选项卡中,单击“目录”选项组中“目录”下的“插入目录”项,打开“目录”对话框,如图 4-50 所示。默认情况下显示三级标题。

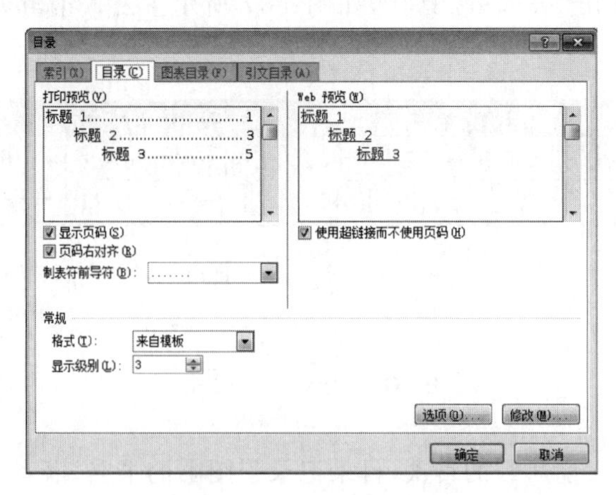

图 4-50 “目录”对话框

3. 更新目录

右击目录，在弹出的快捷菜单中单击“更新域”命令，打开“更新目录”对话框，如图 4-51 所示，根据需要选择“只更新页码”或“更新整个目录”来对目录进行相应的更新。

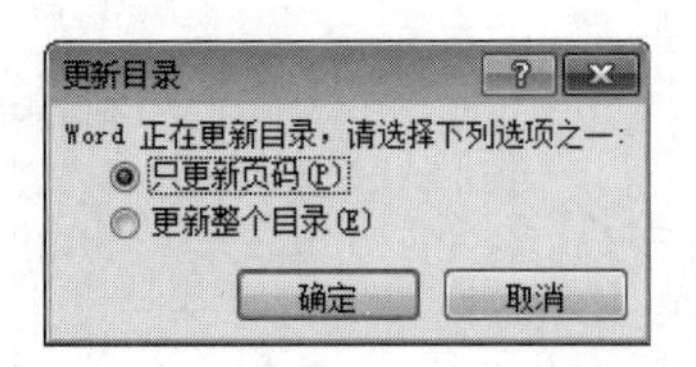

图 4-51　“更新目录”对话框

在设置标题格式时，建议使用自定义样式来修饰标题。大纲级别的设置可以在大纲视图下进行调整。修改目录格式的方法与设置字体、段落格式的方法相同。

4.7 邮件合并

邮件合并是 Word 提供的一项重要功能，通过该功能我们可以将信函或者会议邀请函发送给不同的收件人。实际上生活中，出于对收件人的尊重及对其个人隐私的保护，最好一封一封单独处理。可是，通常情况下会议邀请函包含许多固定不变的内容(如会议召开时间、地点、会议联系人等)，只有少部分是变化的内容(如收信人姓名、称谓等)，如果手动撰写发送，工作量大，且极易出错。使用 Word 中的邮件合并功能可以很好地解决这一问题，实现自动处理。本节以考试成绩通知单的制作为例，来介绍邮件合并的步骤。

进行邮件合并前需要准备两类数据，即主控文档和数据源文件。主控文档包含共有内容，一般是 Word 文档，如图 4-52 所示；数据源文件包含变化内容数据，一般是 Excel 或 Access 等文件，如图 4-53 所示。

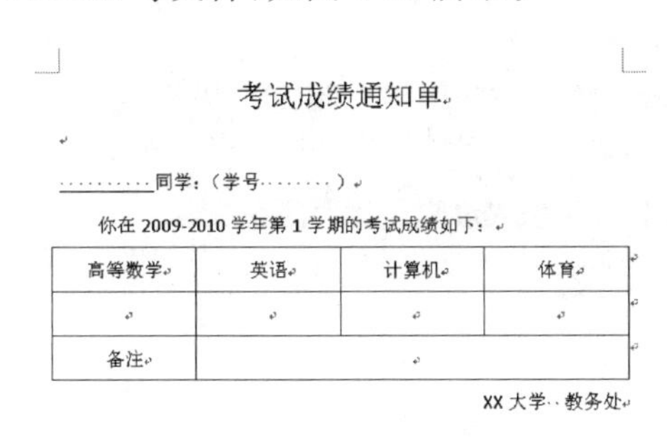

考试成绩通知单

…………同学：（学号………）

你在 2009-2010 学年第 1 学期的考试成绩如下：

高等数学	英语	计算机	体育
备注			

XX 大学 教务处

图 4-52　主控文档内容

	A	B	C	D	E	F	G
1	序号	学号	姓名	高等数学	英语	计算机	体育
2	1	09141006	曹国汉	47	75	55	75
3	2	09141018	杜晓宁	60	75	64	85
4	3	09141026	高保福	84	95	87	93
5	4	09141030	郭欣	68	75	70	80
6	5	09141035	何韬	61	80	66	95
7	6	09141045	金剑	92	95	92	85
8	7	09141049	李健帅	30	75	43	95
9	8	09141055	李国男	51	85	61	75
10	9	09141058	李静	87	97	90	95
11	10	09141062	李晓勇	86	95	88	93

图 4-53　数据文件内容

(1) 打开“邮件”选项卡，单击“开始邮件合并”组中的“开始邮件合并”按钮，并在打开的下拉列表中单击“邮件合并分布向导”命令。

(2) 在打开的“邮件合并”任务窗格中将文档类型选择为“信函”，并单击“下一步：正在启动文档”，如图 4-54 所示。

(3) 在“选择开始文档”向导页中，选中“使用当前文档”单选按钮，并单击“下一步：选取收件人”，如图 4-55 所示。

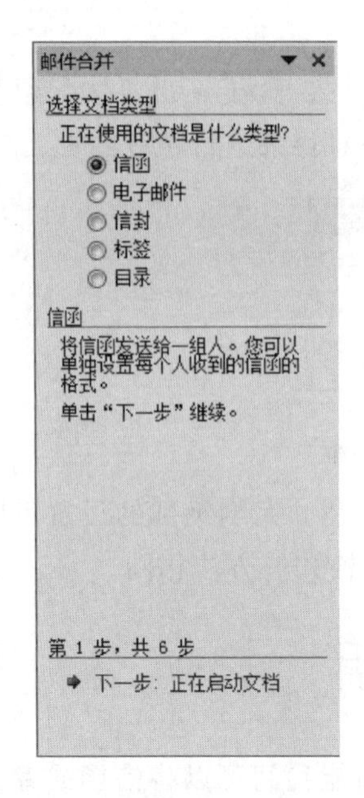

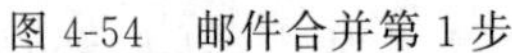

图 4-54　邮件合并第 1 步

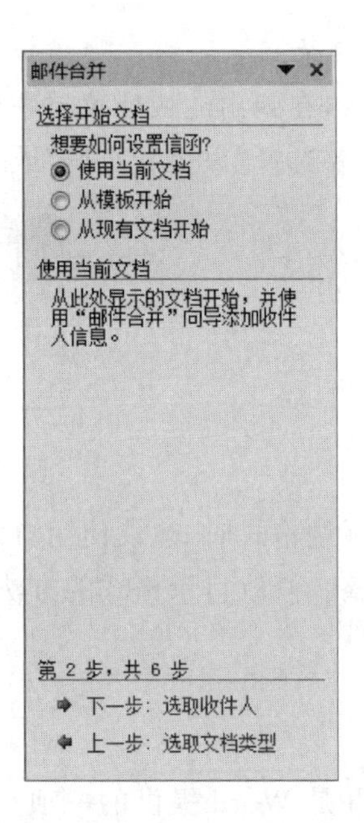

图 4-55　邮件合并第 2 步

(4) 打开“选取收件人”向导页，选中“使用现有列表”单选按钮，并单击“浏览”按钮，如图 4-56 所示，打开准备好的数据源文件，在“选择表格”对话框中会列出 Excel 工作簿中的工作表，选择作为数据源的表格，单击“确定”按钮，弹出“邮件合并收件人”对话框，如图 4-57 所示，单击“确定”按钮，回到“邮件合并”向导窗格，单击“下一步：撰写信函”。

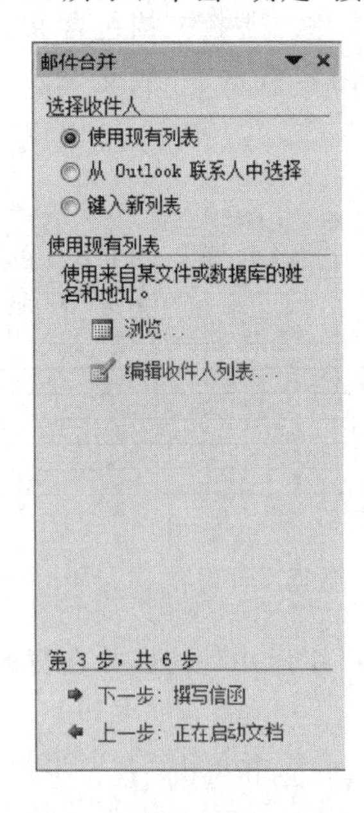

图 4-56　邮件合并第 3 步

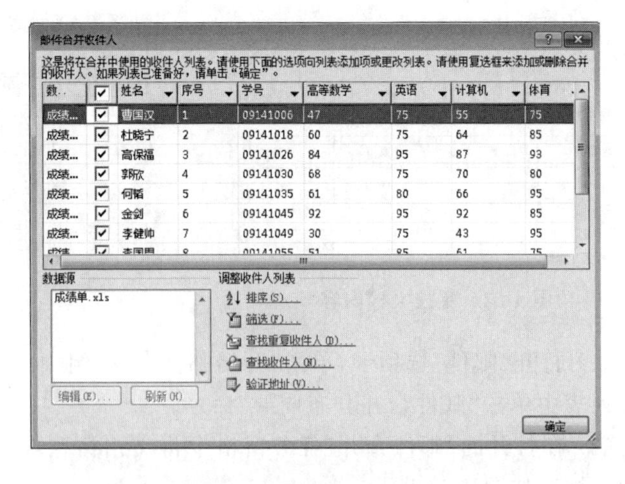

图 4-57　“邮件合并收件人”对话框

(5) 在打开的“撰写信函”向导页中插入变化数据，具体操作方法是：将光标置于主文档待填写的姓名处，单击“其他项目…”，在弹出的“插入合并域”对话框中选择对应的“姓名”，单击“插入”按钮，如图 4-58 所示，其他空白数据也用同样方法插入，撰写完成后得到如图 4-59 所示的效果，然后单击“下一步：预览信函”。

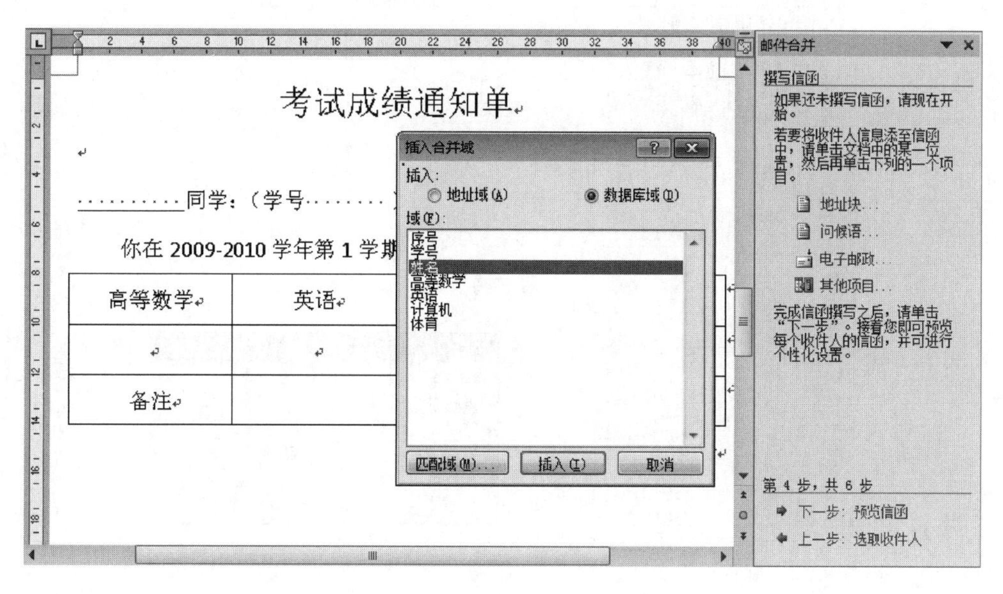

图 4-58　邮件合并第 4 步

（6）在预览信函时，文档中会默认显示第一个合并文档的效果。通过预览导航按钮可查看其他收件人的合并结果，确认无误后单击“下一步：完成合并”按钮，如图 4-60 所示。

考试成绩通知单

«姓名» 同学：（学号 «学号» ）

你在 2009-2010 学年第 1 学期的考试成绩如下：

高等数学	英语	计算机	体育
«高等数学»	«英语»	«计算机»	«体育»
备注			

XX 大学 教务处

图 4-59　插入合并域后的效果

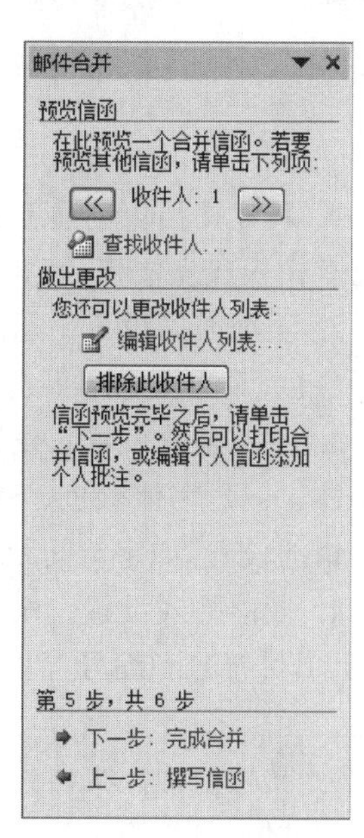

图 4-60　邮件合并第 5 步

（7）在“完成合并”向导页，单击“编辑单个信函”，如图 4-61 所示，打开“合并到新文档”对话框，在该对话框中默认选择合并全部，如图 4-62 所示，单击“确定”按钮完成邮件合并。最后生成信函文件，保存该文件即可。

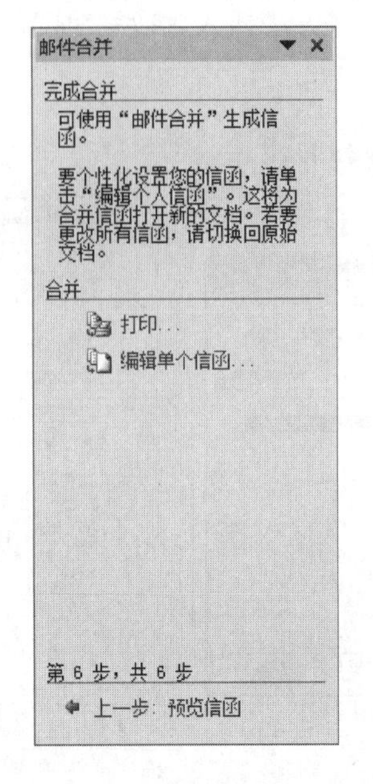

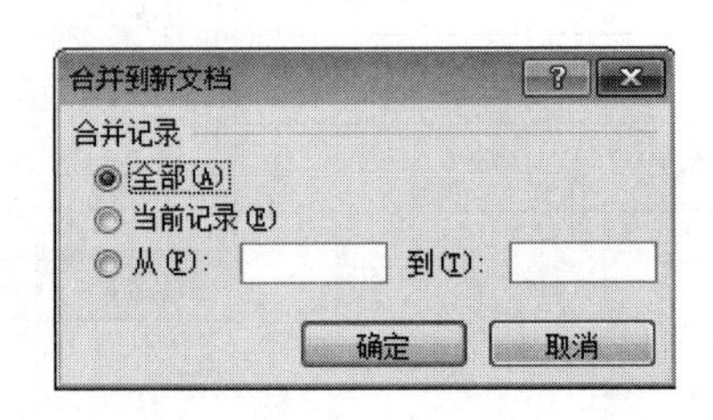

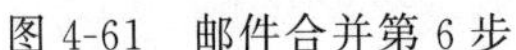

图 4-61　邮件合并第 6 步　　　　图 4-62　“合并到新文档”对话框

邮件合并功能非常强大，可以将多种不同数据源的数据整合到 Word 文档中，如 Excel 数据表、SQL 数据库文件、Outlook 联系人信息等，而且数据越多，其高效与便捷性就体现得越明显。

本章小结

1. 新建文档。创建新文档有 3 种方法：第 1 种是直接建立新的空白文档；第 2 种是通过已有模板建立文档；第 3 种是导入已存在的文档。

2. 页面布局设置。通过页面布局，我们可以对文字方向、页边距、纸张方向、纸张大小、页面颜色、页边框水印等进行设置。

3. 字符格式设置。设置字符格式遵循“先选定，后操作”的原则，字符格式设置一般包含字体、字号、字体颜色、下划线、着重号、上标、下标等内容。此外，我们还可以对字符进行更高级的设置，如字符间距等。

4. 段落格式设置。段落格式设置一般包含缩进格式、对齐方式、行距、段前间距、段后间距、项目符号和编号等内容。通过对段落格式的高级设置，还可进行换行和分页等高级设置。

5. 文档修饰。文档内容编辑完成后，我们可以通过修改标题样式、插入目录、插入形状和图表、插入图像等方法来修饰文档。

6. 保存。当文档编辑完成后，要对文档进行保存，可以直接保存，也可以另存为其他格式类型的文件，包括文件名、保存位置等内容。

思考题与练习题

操作题

(1) 利用 Word 制作海报,扫描下面的二维码下载题目要求。

(2) 利用 Word 制作邀请函,扫描下面的二维码下载题目要求。

第 5 章　电子表格软件应用

数据处理一直是计算机应用的主要领域之一，我们在日常生活中常遇到数据或数值形式的二维表格，如学生成绩单、教职工人事信息表、销售人员业绩汇总表等。电子表格简单直观，非常适合于数据的分析和处理。目前，基于各种平台或在线使用方式的电子表格处理软件的种类很多，如 Microsoft Excel、WPS 表格处理软件、App Numbers、OpenOffice Cale、Google Sheets、Zoho Sheet 等。Microsoft Excel 是微软公司 Office 办公系列软件的重要组成之一，是一款功能强大的电子表格软件。本章主要介绍 Excel 2010 软件的使用。

5.1　Excel 2010 概述

一般电子表格软件都具有 3 个基本功能：制表、计算、作统计图。其中，制表就是制作表格，是电子表格软件最基本的功能；计算是电子表格软件必不可少的一项功能，可以采用公式或函数来计算，也可以直接引用单元格的值；图形能直观地表示数据之间的关系，统计图能以多种图表的方式来表示数据，在 Excel 中，当数据改变时，统计图会自动随之变化。

Microsoft Excel 是微软公司办公软件 Microsoft Office 的套装软件之一，是一款基于 Windows 环境下专门用来编辑电子表格的应用软件。用户可以在工作表上输入并编辑数据，对数据进行各种计算、分析、统计和处理，并且可以对多张工作表的数据进行汇总计算，利用工作表数据创建出直观、形象的图表，同时，由于 Excel 和 Word 同属于 Office 套装软件，所以它们在窗口组成、格式设定、编辑操作等方面有很多相似之处。Excel 工作的基本流程大致可以分为如下几步。

（1）建立工作表

建立工作表的基本任务是将数据输入到电子表格中，我们可以通过使用模板、手工输入以及从其他文件导入的方式，将数据保存到电子表格。

（2）编辑单元格

单元格编辑是输入数据过程中所用到的一系列功能，包括填充序列、选择性粘贴等操作，使用这些功能可以提高输入效率。

（3）编辑工作表

编辑工作表是对表格中的行和列进行编辑，如行和列的移动、行高和列宽的设置等。

（4）格式化工作表

格式化工作表为了使表格根据要求展示数据，如单元格格式、表格样式等。

（5）创建图表

创建图表是将工作表中的数据以图形的形式表示出来，如饼状图、柱状图等。

（6）数据处理

数据处理是根据需要，对已有数据进行统计分析，如排序、筛选、分类汇总等。

（7）保存

完成对 Excel 文件的编辑后，可以直接保存，也可以另存为其他格式类型的文件，保存内容还包括文件名、保存位置等。

5.2　基本操作

电子表格文件的基本操作包括创建电子表格、输入数据、设置单元格、设置工作表等，熟练掌握输入技巧，可以提高我们的工作效率。

5.2.1　工作簿窗口

在学习电子表格的基本操作之前，我们首先来认识一下电子表格的窗口，详见图 5-1 空白工作簿窗口。

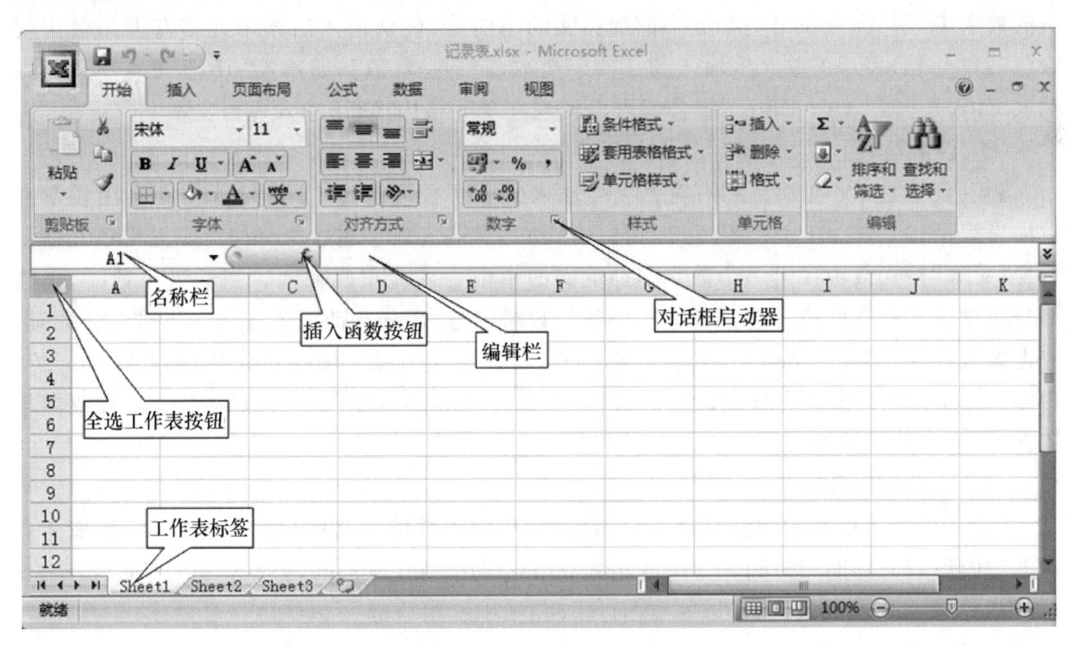

图 5-1　空白工作簿窗口

（1）名称栏

每个单元格都有名称，该名称有两部分：列号（A，B，C...）和行号（1，2，3…），如图 5-1 中的“A1”。

（2）插入函数按钮“f_x”和编辑栏

单击插入函数按钮，可以插入一个函数，具体内容将在 5.3 节中学习。编辑栏处，可以输入数据，也可以输入公式，还可以编辑函数。

（3）对话框启动器

对话框启动器在 Word 2010 中也有，单击它可以打开对应的对话框。如图 5-1 所示，单击对话框启动器可以打开“设置单元格格式”对话框。

(4) 工作表标签

Excel 2010 创建的工作簿包含多个工作表(sheet),默认为 3 张,如图 5-1 中表名分别为 Sheet1、Sheet2 和 Sheet3,保存时文件扩展名为. xlsx。工作表的名称可以修改,右击工作表名称,在快捷菜单中选择“重命名”,然后进行重新命名。

5.2.2 输入数据和设置单元格

数据可以是文本、数值,也可以是日期和时间,不同的数据有不同的输入要求。

1. 单个单元格数据的输入

先选择单元格,再直接输入数据,单元格和编辑栏中会同时显示输入的内容,可通过按 Enter 键、Tab 键或单击编辑栏上的“√”按钮 3 种方法确认输入。如果要放弃所输入的内容,按 Esc 键或者单击编辑栏上的“×”按钮即可。

(1) 文本输入

输入文本时 Excel 默认靠左对齐。若输入纯数字的文本(如身份证号、学号或者以 0 开头的数字串等),则应在第一个数字前加英文的单引号,确认输入后该单元格左上角会出现绿色三角标志,表示该单元格输入的是数字文本,而不是数值。如输入“010”,可在单元格内输入“'010”。按“Alt+Enter”组合键可以实现在单元格内换行,输入多行文本。

(2) 数值输入

输入数值时 Excel 默认靠右对齐。当输入的数字长度超过 12 位时,Excel 会用科学计数法来表示(如 1.234E+12 代表 1.234×10^{12})。当输入数字超过 15 位时,应先将单元格设置为“文本”格式或者在第一个数字前加英文的单引号才能正确输入。当输入小数时,小数部分超过单元格宽度或者超过设定的小数位数时,超过部分自动四舍五入。当输入分数时,应先输入数字“0”及一个空格,然后再输入分数,如输入“1/2”,需在单元格内输入“0 1/2”,否则 Excel 会将其识别为日期数据。另外,在进行计算时,Excel 会用实际输入的数值参与计算,而不是其显示的数值。

(3) 日期和时间输入

Excel 内置了一些常用的日期与时间格式,当输入数据与这些格式相匹配时,系统会自动将它们识别为日期和时间。常用的格式有“mm/dd”“dd-mm-yyyy”“yy/mm/dd”“hh:mm AM”等。输入当前的时间,可以按“Ctrl + Shift +;”组合键。

2. 自动填充数据

利用自动输入数据功能,我们可以方便快捷地输入等差、等比及预先定义的数据来填充序列。

(1) 记忆式输入

在输入字符串时,Excel 将输入的字符与该单元格所在列中已存在的内容进行匹配,如果用户所输入的字符与该列已存在的字符串相同,并且该字符串唯一,则该单元格中会立即显示这个已存在的字符串,如图 5-2 所示,在输入“计算机”时,后面的字符不能自动显示,因为该列中“计算机”这个字符串不是唯一的,其中“计算机工程”和“计算机科学与技术”都是以“计算机”为起始字符的。

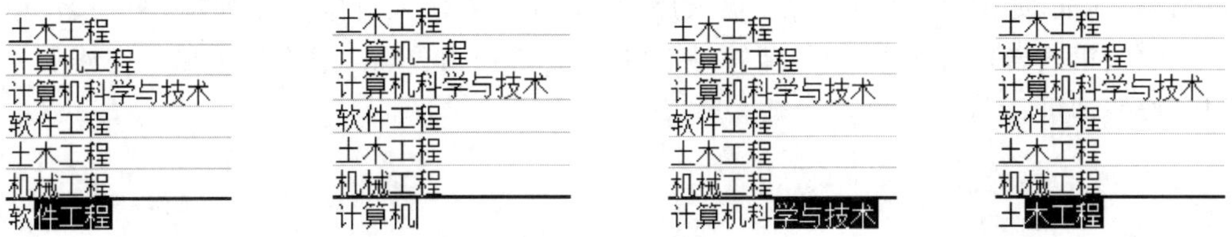

土木工程	土木工程	土木工程	土木工程
计算机工程	计算机工程	计算机工程	计算机工程
计算机科学与技术	计算机科学与技术	计算机科学与技术	计算机科学与技术
软件工程	软件工程	软件工程	软件工程
土木工程	土木工程	土木工程	土木工程
机械工程	机械工程	机械工程	机械工程
软件工程	计算机	计算机科学与技术	土木工程

图 5-2 记忆式输入示例

(2) 使用填充柄填充数据

在一个或相邻多个单元格内输入初始值,并选定这些单元格。将鼠标指针移动到选定的单元格区域右下角的填充柄处,此时鼠标指针变为实心“+”形,按下鼠标左键并拖动,将实现自动填充。

如果选定单元格区域只有 1 个单元格,那么所有填充的内容都为此单元格中的内容。例如,输入初始值为整数“1”,拖动该单元格右下角的填充柄时,自动填充的内容均为整数“1”。

如果输入的初始数据为文字,则所有填充的内容为选定区域的重复。例如,按列输入初始值“交通运输”和“软件工程”,选定这两个单元格后,拖动选定区域右下角的填充柄时,自动填充的内容均为“交通运输”和“软件工程”的重复。

如果输入初始数据为数字,且上下相邻的两个单元格是等差数列,那么系统会根据输入的数字计算出公差,并以等差数列的形式来进行填充。例如,按列输入的初始值为整数“2”和“4”,选定这两个单元格后,拖动选定区域右下角的填充柄,自动填充的内容为“6”“8”“10”,这是以 2 为公差的等差数列。

如果输入的初始数据为文字数字的混合体,那么在拖动填充柄时,文字不变,其中数字递增。例如,输入初始值“第 1 组”,拖动该单元格右下角的填充柄时,自动填充的内容为“第 2 组”“第 3 组”“第 4 组”……

在使用填充柄自动填充数据时,如果通过右键向下拖动填充柄,则会弹出快捷菜单,如图 5-3 所示,用户可以根据需要选择填充方式。通过左键拖动填充柄时,到目的位置后,松开左键,然后单击自动填充选项,再选择填充方式。

(3) 整列输入相同内容

第 1 步,选中一列由若干个单元格组成的区域;第 2 步,输入内容;第 3 步,按住“Ctrl+Enter”组合键,则所选中的单元格区域内将填充输入的内容。

(4) 按序列填充数据

先在单元格中输入内容作为种子值,单击“开始”选项卡中“编辑”组的“填充”按钮,在下拉菜单中选择“序列”命令,弹出“序列”对话框,如图 5-4 所示,然后根据需要设置相应的值,单击“确定”按钮完成按序列填充。

(5) 用户自定义填充序列

Excel 允许用户自定义填充序列,以便进行系列数据输入。例如,在填充序列中没有“第一名、第二名、第三名、第四名”序列,用户自己可以将此序列添加到自定义序列,步骤如下。单击“文件”菜单中“选项”命令,弹出“Excel 选项”对话框,在对话框左侧选择“高级”命令,在右侧找到“创建用于排序和填充序列的列表”,单击“编辑自定义列表”按钮,弹出“自定义序列”对话框，如图 5-5 所示。在“输入序列”文本框中输入自定义序列项（第一名、第二名、第三名、第四名），每输入一项，要按一次“Enter”键作为分隔。整个序列输入完毕后单击“添加”按钮即可。

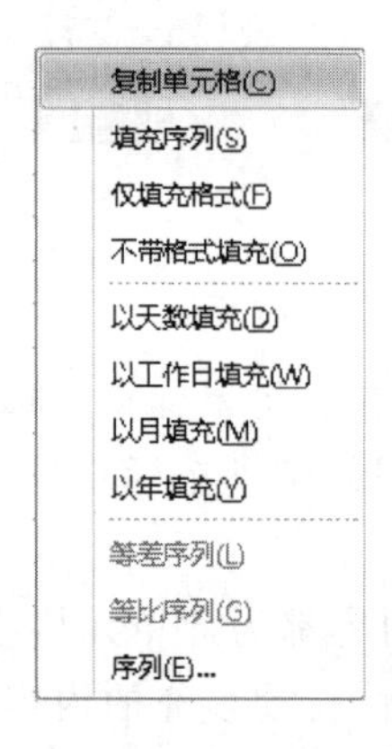

图 5-3 自动填充快捷菜单

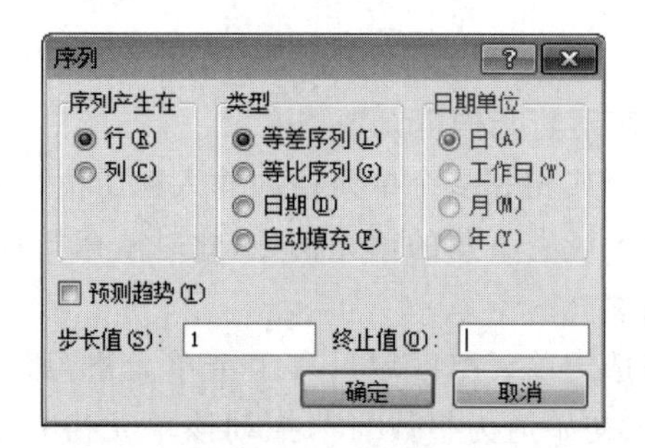

图 5-4 “序列”对话框

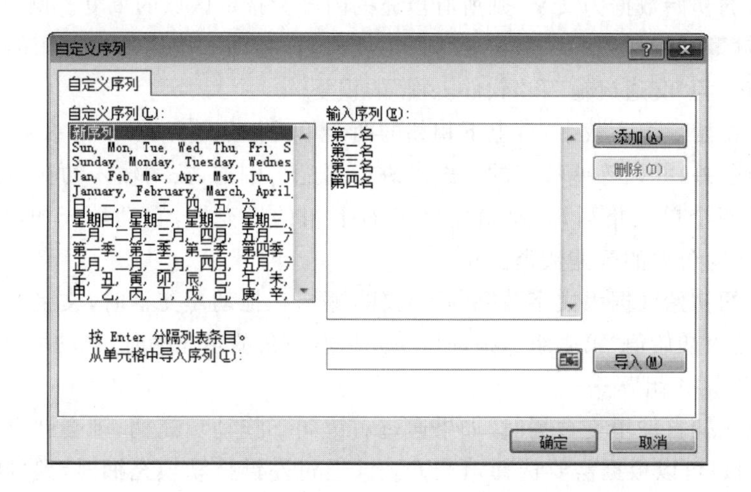

图 5-5 “自定义序列”对话框

3. 选择性粘贴

Excel 中数据内容丰富，在进行复制粘贴时，使用选择性粘贴会得到不同的效果。先选中要复制的内容，选择“复制”命令后，然后选中要粘贴的单元格区域，右击鼠标，选择“选择性粘贴”命令，弹出“选择性粘贴”对话框，如图 5-6 所示。

利用选择性粘贴，可以将复制的内容有选择地进行粘贴。例如，在“选择性粘贴”对话框中选择“格式”，则粘贴时，只粘贴被复制单元格的格式；如果选择“数值”，那么粘贴的内容则是被复制单元格所显示的数值。

利用选择性粘贴，可以将复制对象与选中的数据进行算术运算。例如，在一个单元格内输入数字“3”，复制此单元格，选中已有数据区域进行选择性粘贴，选择“加”运算，单击“确定”按钮之后，所有粘贴单元格的内容都会加 1。

利用选择性粘贴，还可以实现复制对象的转置，即行和列的互换。

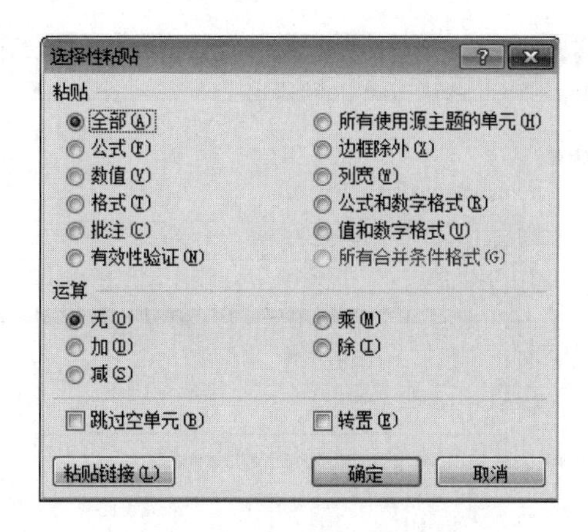

图 5-6 “选择性粘贴”对话框

4. 单元格编辑

数据输入的过程中，除输入内容外，还需设置单元格格式。

(1) 把选中的单元格复制为图片

选中需要复制成图片的单元格区域，在“开始”选项卡的“剪切板”中单击“复制”按钮后的倒三角符号，选择“复制为图片”命令，弹出“复制图片”对话框，如图 5-7 所示，然后单击“确定”，所选定区域以图片形式存于剪切板，用户可以将其粘贴到本工作表或其他应用程序文档中。

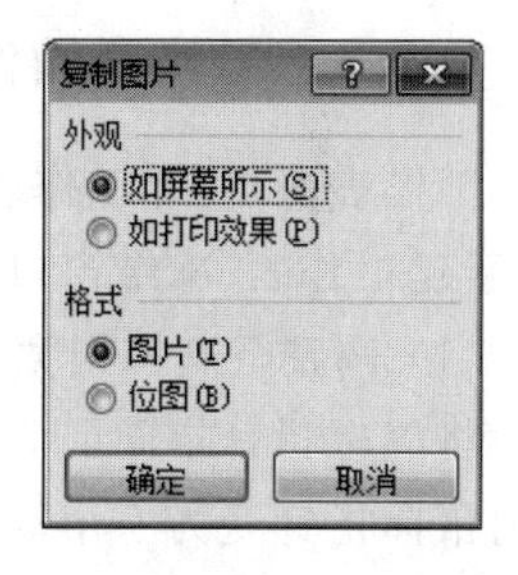

图 5-7 “复制图片”对话框

(2) 合并和拆分单元格

合并单元格时，先选中要合并的单元格，右击鼠标，在弹出的菜单中选择“设置单元格格式”，接着在弹出的“设置单元格格式”对话框中打开“对齐”选项卡，然后选择“合并单元格”，即可将所选单元格合并。

拆分单元格时，先打开“开始”选项卡，然后找到“对齐方式”组的“合并后居中”按钮，单击其右侧的倒三角，最后在展开的菜单中选择“取消单元格合并”命令即可。

(3) 单元格格式

选中要设置格式的单元格，右击鼠标，在弹出的菜单中选择“设置单元格格式”，弹出“设置单元格格式”对话框，如图 5-8 所示，在这里能够对单元格的数字、对齐、字体、边框、填充和保护进行设置。

熟练掌握输入技巧，可以提高工作效率。单元格中不同数据有不同的输入方法，有些输入方法是唯一的，如分式的输入等。

在单元格中输入日期时，不要输入“2015.5.1”这样的格式，而要输入“2015-5-1”或者“2015/5/1”这样的格式，这样才能被系统识别为正确的日期格式，否则可能被认为是文本格式，给以后的操作带来不便。

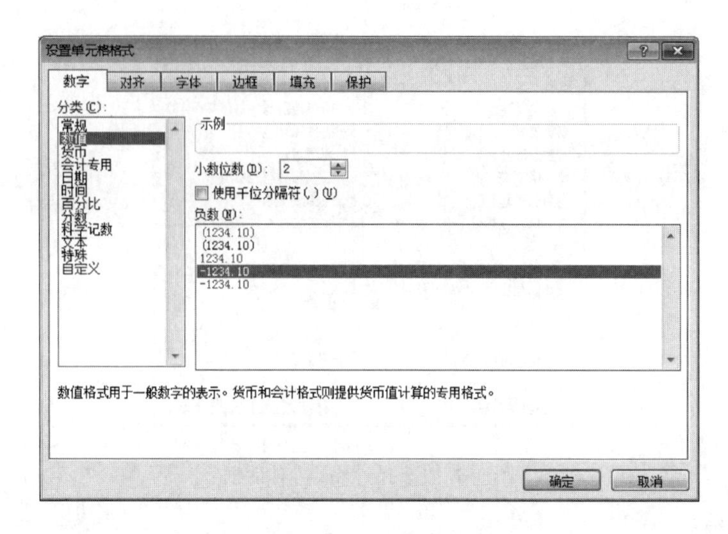

图 5-8 “设置单元格格式”对话框

5.2.3 工作表操作

工作表操作,即工作表的一些常用设置,包括调整行高和列宽、插入与删除单元格或行列、新建工作表、冻结窗口等,下面我们将对以上操作进行详细讲解。

(1) 调整行高和列宽

将鼠标指针指向要调整行高或列宽的行号或列标(可以选中多行或多列)的分隔线上,此时鼠标指针变为一个双向箭头形状,按住鼠标左键拖动分隔线至需要的行高或列宽,也可以在行号或列标的分隔线上双击鼠标,使行高或列宽变为自动适应高度或宽度。

如果需要精确设置行高或列宽,则需要选中要调整的行或列,在行号或列标处右击鼠标,在弹出的快捷菜单中选择“行高”或“列宽”命令,然后在弹出的对话框中输入具体值,单击“确定”按钮,完成设置。

(2) 插入和删除单元格、行、列

插入单元格时,首先选定插入单元格的位置,右击鼠标,在弹出的快捷菜单中选择“插入”命令,弹出“插入”对话框,如图 5-9 所示。根据需要选择相应的选项后,单击“确定”按钮即可。其中选择插入“整行”是在单元格的上方插入新行,选择插入“整列”是在单元格的左侧插入新列。

删除单元格时,首先应选定插入单元格的位置,右击鼠标,在弹出的快捷菜单中选择“删除”命令,弹出“删除”对话框,如图 5-10 所示,然后根据需要选择相应的选项,最后单击“确定”按钮即可。其中,删除“整行”或“整列”为单元格所在行或列。

如果是插入或删除整行或整列,先选中某行或几行,然后在要删除行或列的行号或列标处右击鼠标,选择“插入”或“删除”命令即可。

隐藏行或列时,先选中要隐藏的行或列,右击鼠标,然后在弹出的快捷菜单中选择“隐藏”命令即可。如果要取消隐藏,则需选中所有的行或列,右击鼠标,在快捷菜单上选择“取消隐藏”。

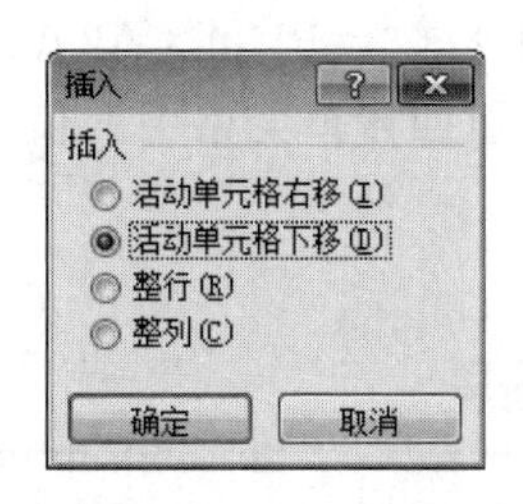

图 5-9　“插入”对话框

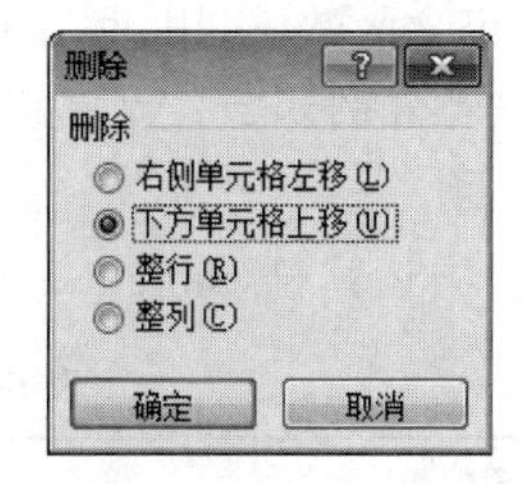

图 5-10　“删除”对话框

(3) 新建工作表

Excel 默认工作簿中有 3 个工作表，如果添加工作表，只需单击“新建工作表”按钮“ ”或者按“Shift＋F11”组合键即可。如果需要对工作表进行其他操作，如重命名、复制等，在要编辑的工作表标签上右击鼠标，弹出快捷菜单，如图 5-11 所示，然后选择相应命令进行操作即可。

(4) 冻结窗口

将光标置于要冻结的行或列上，单击“视图”选项卡中“窗口”组的“冻结窗格”按钮，出现冻结窗格菜单，如图 5-12 所示，然后选择相应项目，将相应行或列冻结。取消冻结的操作方法与冻结窗格的方法相同，只是菜单中出现的选项为“取消冻结窗格”。

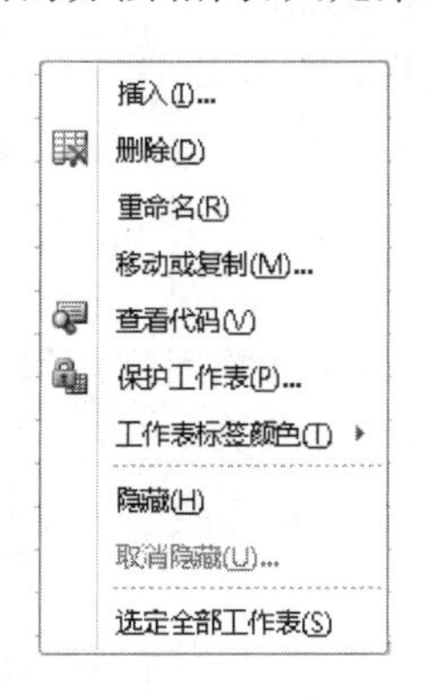

图 5-11　工作表编辑快捷菜单

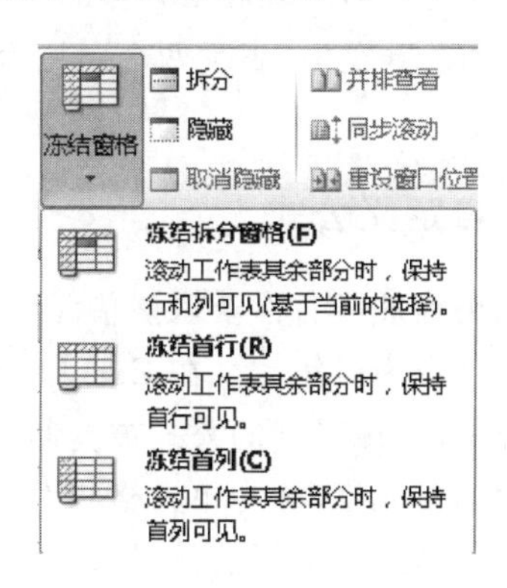

图 5-12　冻结窗格菜单

如果冻结的是首行或首列，可以直接在冻结窗格菜单中选择“冻结首行”或“冻结首列”。

若要选择多个不连续的行或列，则需按住“Ctrl”键，同时依次单击要选择的行或列单击左键进行选择。

5.3　公式和函数的应用

函数是 Excel 的核心，熟练地应用函数会使人们的工作事半功倍。公式是工作表中用于数据计算的等式，一些用函数不能完成的计算，需要通过自定义公式来完成。单元格中的公式一定要以“＝”开始，用于表明之后的内容为公式，紧随等号之后的是需要进行计算的操作数，各操作数之间以运算符分隔。在 Excel 中计算时常常需要引用单元格的数据，通常使用列标和行号组合的形式来指明单元格的位置，称为单元格地址或名称，如 A1，E7 等。

公式中可以包含函数、引用、运算符和常量。例如公式“=PI( ) * A2∧2”,其中 PI( )为返回值为 3.141 592 6 的函数;A2 是对单元格的引用,返回该单元格中的值;“^”是表示乘方的运算符,2 是常量。

Excel 包含 4 类运算符,如表 5-1 所示。

表 5-1 Excel 中的运算符

运算符类型	符号	结果
算术运算符	+ - * /^()	数值
关系运算符	> >= < <= <>	逻辑值
引用运算符	; , ! 空格	单元格区域合并
文本运算符	&	字符串

文本运算符“&”的作用是将两个字符串连接为一个字符串。如果在公式中直接输入文本,必须用英文双引号把输入的文本括起来。

区域运算符“:”用于引用区域内的全部单元格,例如,B2:D10 表示 B2 至 D10 矩形区域内的所有单元格。

联合运算符“,”用于引用多个区域内的全部单元格,例如,B2:D10 和 E3:F7 分别表示的是 B2 至 D10 的矩形区域和 E3 至 F7 的矩形区域的所有单元格。

交叉运算符“ ”(空格)表示两个引用区域共有的单元格,例如,B2:C5 C1:C4 表示的是 C2:C4 单元格。

5.3.1 自定义公式

通过单元格地址或名称获取该单元格中数据的做法称为单元格引用。编辑公式时需要引用单元格数据作为操作数。在 Excel 中有相对引用和绝对引用两种形式。

默认情况下,当编辑好的公式被复制到其他单元格中时,Excel 能够根据移动的新位置自动调节引用的单元格,称为单元格相对引用。

当把公式复制到一个新的位置时,如果要公式中的单元格地址保持不变,就需要使用绝对引用,单元格绝对引用的表示方法为“$ 列标 $ 行号”。如图 5-13 所示,总成绩列的公式中对单元格的引用是相对引用,平均成绩列中,由于除数是固定不变的,所以对 G14 单元格的引用是绝对引用。

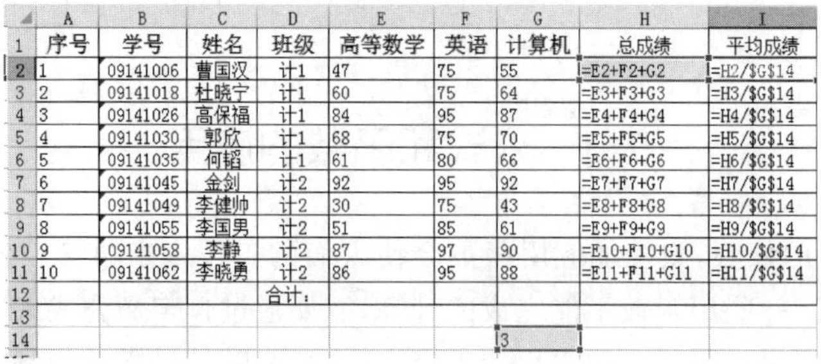

	A	B	C	D	E	F	G	H	I
1	序号	学号	姓名	班级	高等数学	英语	计算机	总成绩	平均成绩
2	1	09141006	曹国汉	计1	47	75	55	=E2+F2+G2	=H2/$G$14
3	2	09141018	杜晓宁	计1	60	75	64	=E3+F3+G3	=H3/$G$14
4	3	09141026	高保福	计1	84	95	87	=E4+F4+G4	=H4/$G$14
5	4	09141030	郭欣	计1	68	75	70	=E5+F5+G5	=H5/$G$14
6	5	09141035	何韬	计1	61	80	66	=E6+F6+G6	=H6/$G$14
7	6	09141045	金剑	计2	92	95	92	=E7+F7+G7	=H7/$G$14
8	7	09141049	李健帅	计2	30	75	43	=E8+F8+G8	=H8/$G$14
9	8	09141055	李国男	计2	51	85	61	=E9+F9+G9	=H9/$G$14
10	9	09141058	李静	计2	87	97	90	=E10+F10+G10	=H10/$G$14
11	10	09141062	李晓勇	计2	86	95	88	=E11+F11+G11	=H11/$G$14
12				合计:					
13									
14							3		

图 5-13 单元格的引用

单击“公式”选项卡中“公式审核”组中的“显示公式”按钮即可显示公式。

若需要使用自定义公式来进行计算时，则可以使用自动填充功能来实现。在编辑好的公式中，选中某一单元格地址，按 F4 键，可以将相对引用转换为绝对引用。

单元格混合引用是指在引用单元格时，行号前加“$”符号或者列标前加“$”符号的引用方法。引用时，加“$”符号的行或列不变，不加“$”符号的行或列改变。

5.3.2　函数

函数是为了方便用户对数据进行运算而预定义好的公式。Excel 2010 按功能的不同将函数划分为 11 类，分别是财务、日期与时间、数学与三角函数、统计、查找与引用、数据库、文本、逻辑、信息、工程和用户自定义。

函数引用的格式为：函数名(参数 1，参数 2，…)，其中参数可以是常数、单元格引用和其他函数。引用函数的操作步骤如下。

将光标定位与要引用函数的位置，单击“公式”选项卡下的“插入函数”按钮，弹出“插入函数”对话框，如图 5-14 所示，选择函数类别和引用函数名，例如，在使用计算平均数的函数时，需先选“常用函数”，再选择“AVERAGE”，然后单击“确定”按钮，弹出“函数参数”对话框，如图 5-15 所示。

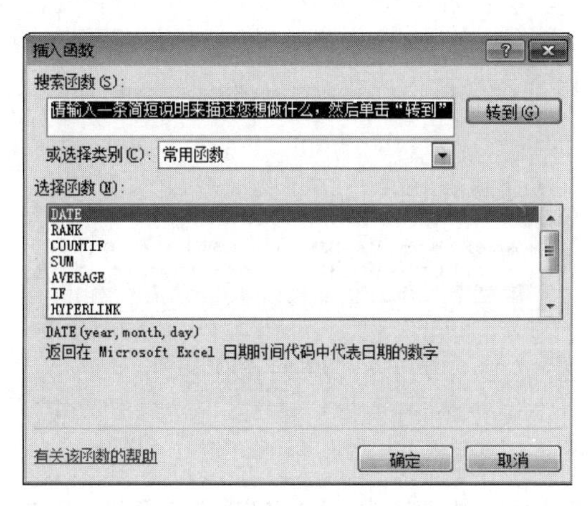

图 5-14　“插入函数”对话框

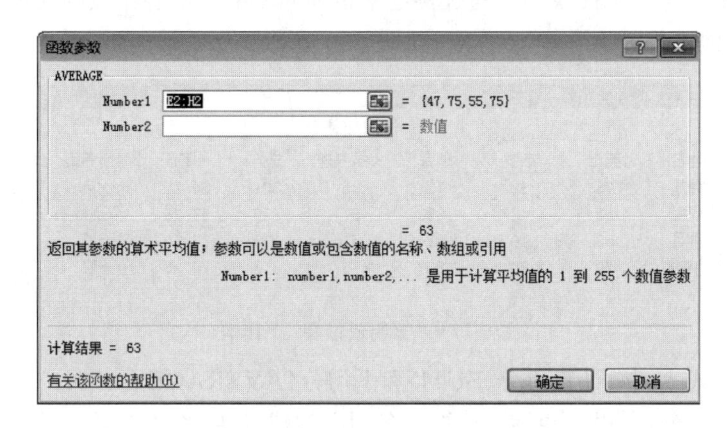

图 5-15　“函数参数”对话框

在参数栏中输入参数，即在 Number1，Number2，…中输入要参加计算的单元格、单元格区域。这一步可以直接输入，也可以用鼠标单击参数文本框后面的“折叠框”按钮“”，使“函数参数”对话框折叠起来，然后到工作表中选择引用单元格，选好之后，单击折叠后的“折叠框”按钮，恢复“函数参数”对话框，随即所选的引用单元格自动出现在参数文本框中。

当所有参数输入完成后，单击“确定”按钮，此时结果出现在单元格中，而公式出现在编辑栏中。

将光标定位于要引用函数的位置，输入等号“=”，如果知道函数名，可直接输入函数名，系统会自动出现以输入字符为首的函数，然后选择相应函数并输入相应参数，单击“确定”即可。

Excel 2010 中有 400 多个函数，如果要了解每个函数的全部解释和示例，可以在“插入函数”对话框中选择函数，单击“有关该函数的帮助”链接，打开“Excel 帮助”窗口查看相关的帮助信息，如图 5-16 所示。

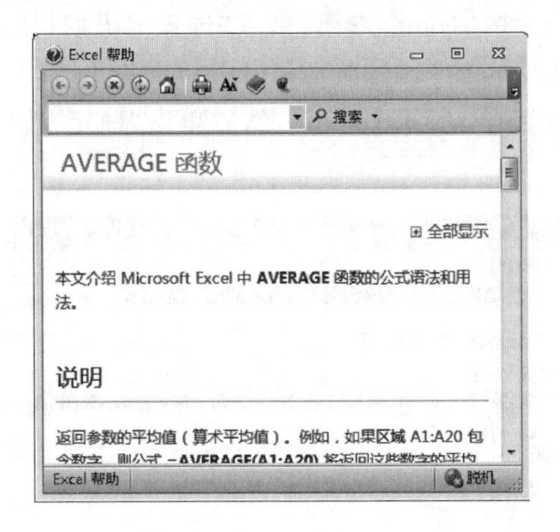

图 5-16　“Excel 帮助”窗口

5.3.3　常用函数

常用的 Excel 函数有 SUM 数学函数，COUNT 统计函数，IF 逻辑函数，MID 文本函数、TODAY 日期函数等。下面我们将通过例题来帮助同学们了解各函数的使用。

【例 1】　根据“学期成绩单”工作表，如图 5-17 所示，利用公式和函数完成以下要求。

	A	B	C	D	E	F	G	H	I
1	学期成绩单								
2	姓名	英语	高数	体育	大学物理	总分	平均分	成绩等级	成绩排名
3	菲儿	73	91	72	85	321	80.25	优良	1
4	叮当	61	42	69	57	229	57.25	不及格	4
5	可可	82	46	91	51	270	67.50	一般	3
6	小熙	70	80	85	78	313	78.25	一般	2

图 5-17　“学期成绩单”工作表

(1) 利用公式或函数计算总分(SUM)和平均分(AVERAGE)。

(2) 根据平均分，利用 IF 函数，计算每名同学的成绩等级：若平均分大于等于 80，成绩等级为“优良”；平均分在60～80分之间，成绩等级为“一般”；平均分低于60分，成绩等级为“不及格”。

(3) 在不改变原有数据顺序的情况下，利用RANK函数求出成绩排名。

SUM函数

SUM函数用以计算单元格区域中所有数值的和。

语法形式：SUM (Nnumber1, [Number2],…)

SUM函数具有下列参数：

Number1表示相加运算的第1个参数，可以是数字、单元格引用或单元格区域；

Number2,…表示相加运算的第2到第255个数值参数。

计算第一位同学的英语、高数、体育和大学物理4科成绩的总分。

【操作步骤】　将光标定位于要引用函数的位置，即F3单元格，单击“公式”选项卡中的“插入函数”按钮，弹出“插入函数”对话框，在“搜索函数(S)：”下面的文本框中输入“SUM”，然后单击“转到”按钮，在“选择函数”中自动出现并默认选择“SUM”，最后单击“确定”按钮，弹出函数参数对话框，如图5-18所示。将光标定位于“Number1”后的参数文本框，用鼠标选中B3:E3单元格区域后回车即可。

使用F3单元格的填充柄，对F4至F6单元格进行公式填充输入。

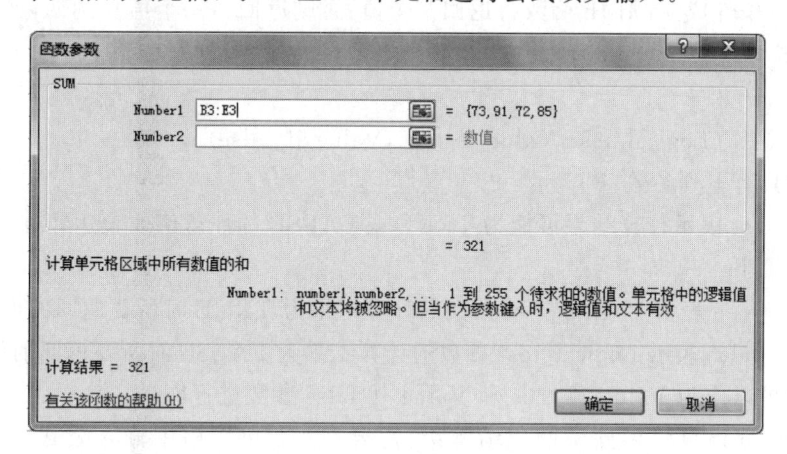

图5-18　“SUM函数参数”对话框

AVERAGE函数

AVERAGE函数用以计算单元格区域中所有数值的平均值。

语法形式：AVERAGE (Number1, [Number2],…)

AVERAGE函数具有下列参数：

Number1表示要计算平均值的第一个数字、单元格引用或单元格区域；

Number2,…表示要计算平均值的其他数字、单元格引用或单元格区域，最多可包含255个。

计算第一位同学的英语、高数、体育和大学物理4科成绩的平均分。

【操作步骤】　将光标定位于G3单元格，单击“插入函数”按钮，弹出“插入函数”对话框后，在“搜索函数(S)：”下面的文本框中输入“AVERAGE”后回车，在“选择函数”中自动出现并默认选择“AVERAGE”后回车，弹出函数参数对话框，如图5-19所示。将光标定位于

"Number1"后的参数文本框,用鼠标选中 B3:E3 单元格区域后回车即可。

使用 G3 单元格的填充柄,对 G4 至 G6 单元格进行公式填充输入。

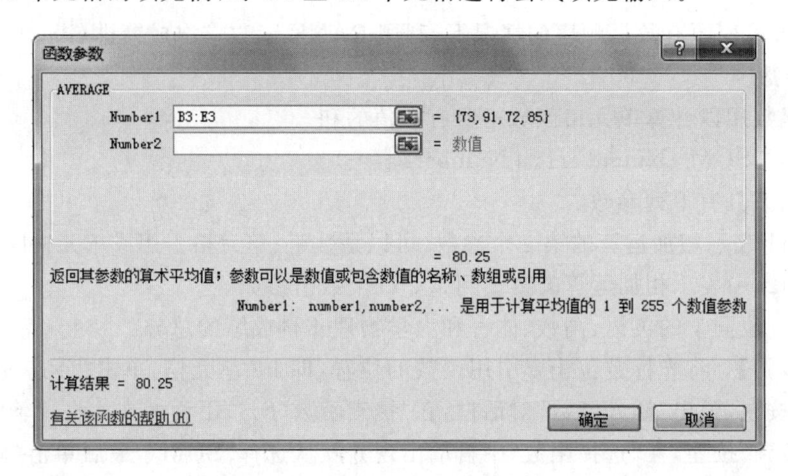

图 5-19 "AVERAGE 函数参数"对话框

IF 函数

如果指定条件成立,则 IF 函数将返回某个值;否则返回另一个值。例如,如果 A1 大于等于 60,公式=IF(A1>=60,"及格","不及格")将返回"及格",如果 A1 小于 60,则返回"不及格"。

语法形式:IF(Logical_test,Value_if_true,Value_if_false)

IF 函数具有下列参数:

Logical_test 表示计算结果可能为 TRUE 或 FALSE 的任意值或表达式,此参数可使用任何比较运算符;

Value_if_true 表示 Logical_test 参数的计算结果为 TRUE 时所要返回的值;

Value_if_false 表示 Logical_test 参数的计算结果为 FALSE 时所要返回的值。

IF 函数可以作为 Value_if_true 和 Value_if_false 参数进行嵌套。

根据平均分计算每名同学的成绩等级,需要在 H3 单元格中输入公式=IF(G3>=80,"优良",IF(G3>=60,"一般","不及格")),然后使用填充柄,对 H4 至 H6 单元格进行公式填充输入。

RANK 函数

RANK 函数用于返回一个数字在数字列表中的排位。

语法形式:RANK(Number,Ref,Order)

RANK 函数具有下列参数:

Number 表示需要找到排位的数字;

Ref 表示数字列表或对数字列表的引用;

Order 指明数字排序的方式。如果 Order 为 0 或省略,Excel 对数字按照降序排序,否则按照升序排序。

在不改变原有数据顺序的情况下,利用 RANK 函数求出成绩排名。

【操作步骤】 将光标定位于 I3 单元格,单击"插入函数"按钮,弹出"插入函数"对话框,如图 5-20 所示。根据总分进行降序排名，所以 Number 参数为单元格的引用 F3，Ref 参数为单元格绝对引用 $F$3:$F$6，Order 参数为 0。最后使用填充柄，对 I4 至 I6 单元格进行公式填充输入。

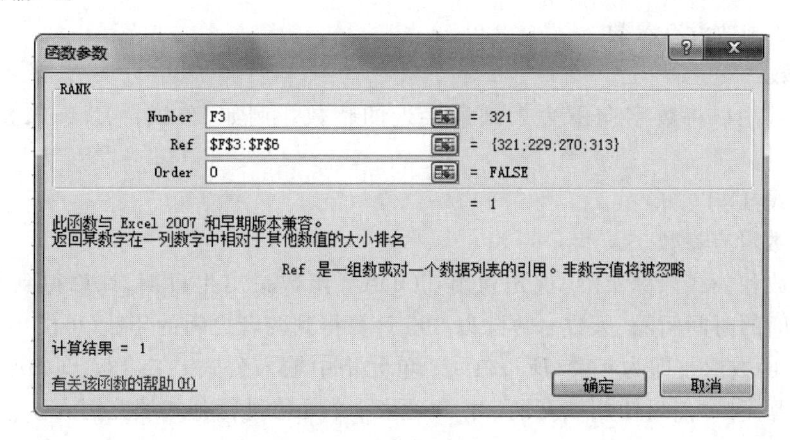

图 5-20 “RANK 函数参数”对话框

【例 2】 根据“职工信息”工作表，如图 5-21 所示，完成以下要求：

(1) 利用公式或函数输入每名员工的出生日期(****年**月**日)；

(2) 利用公式或函数输入每名员工的年龄；

(3) 利用公式或函数输入每名员工的性别；

(4) 利用 COUNTIF 函数统计男职工的总人数。

	A	B	C	D	E
1	职工信息				
2	身份证号码	出生日期	年龄	性别	男士人数
3	420103195410011235	1954年10月01日	64	男	3
4	130983198105128752X	1981年05月12日	37	男	
5	110231197612086181	1976年12月08日	42	女	
6	234815196605073415	1966年05月07日	52	男	

图 5-21 “职工信息”工作表

MID 函数

MID 函数用以返回文本字符串中从指定位置开始的特定数目的字符。

语法形式：MID(Text, Start_num, Num_chars)

MID 函数具有下列参数：

Text 包含要提取字符的文本字符串；

Start_num 表示要提取第一个字符的位置；

Num_chars 用于指定从文本中返回字符的个数。

通过公式“=MID(A3,7,4)”来计算出生年份，题目要求输出格式为“****年”，所以使用文本运算符“&”，将公式更改为=MID(A3,7,4)&"年"，同理，用于计算出生月、出生日的公式分别为 MID(A3,11,2)&"月"和 MID(A3,13,2)&"日"，因此，计算第一位员工出生日期，需要在 B3 单元格中输入公式=MID(A3,7,4)&"年"&MID(A3,11,2)&"月"&MID(A3,13,2)&"日"，然后使用填充柄，对 B4 至 B6 单元格进行公式填充输入。

TODAY 函数

TODAY 函数用以返回当前日期。

语法形式:TODAY( )

TODAY 函数没有参数。

INT 函数

INT 函数用以将数字向下舍入到最接近的整数。例如,公式=INT(3.8)的返回值为 3。

语法形式:INT( )

INT 函数没有参数。

利用函数和公式计算年龄,首先利用 TODAY 函数减出生日期,计算得到当前日期和出生日期之间的时间间隔(天数),再除以 365 计算得到两者之间的年数(可能不是整数),最后利用 INT 函数取整即为年龄,所以在 C3 单元格中输入公式=INT((TODAY()-B3)/365)即可计算年龄,然后使用填充柄,对 C4 至 C6 单元格进行公式填充输入。

MOD 函数

MOD 函数用以返回两数相除的余数,符号与除数相同。例如,公式=MOD(-3/2)返回的是-3 除以 2 的余数 1;公式=MOD(3/-2)返回的是 3 除以-2 的余数-1。

语法形式:MOD(Number, Divisor)

MOD 函数具有下列参数:

Number 表示被除数;

Divisor 表示除数。

利用公式或函数判断性别,首先利用 MID 函数获取身份证号码的倒数第二位,公式为 MID(A3,17,1),然后利用 MOD 函数计算该数值除以 2 的余数,公式为 MOD(MID(A3,17,1),2),最后根据余数的奇偶性判断性别,奇数则为男性,偶数则为女性,这一步利用 IF 函数即可实现,所以在 D3 单元格中输入公式=IF(MOD(MID(A3,17,1),2),"男","女")即可,然后使用填充柄,对 D4 至 D6 单元格进行公式填充输入。

COUNT 函数

COUNT 函数用以统计包含数字的单元格以及参数列表中数字的个数。例如,公式=COUNT(A1:A20)可以用于计算单元格区域 A1:A20 中数字的个数。

语法形式:COUNT(Value1, Value2, …)

COUNT 函数具有以下参数:

Value1 表示要计算其中数字个数的第一项、单元格引用或区域;

Value2,…表示要计算其中数字个数的其他项、单元格引用或区域,最多可包含 255 个。

COUNTIF 函数

COUNTIF 函数用以对区域中满足单个指定条件的单元格进行计数。

语法形式:COUNTIF(Range, Criteria)

COUNTIF 函数具有以下参数:

Range 表示要对其进行计数的一个或多个单元格;

Criteria 用于定义进行计数的条件,可以是数字、表达式、单元格引用或文本字符串。

统计男职工的总人数。

【操作步骤】　将光标定位于 E3 单元格，单击“插入函数”按钮，弹出“插入函数”对话框，如图 5-22 所示。Range 参数为 D3：D6，Criteria 参数为男。

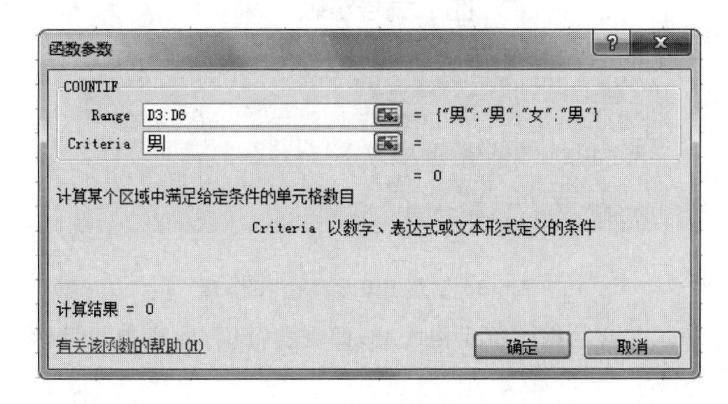

图 5-22　“COUNTIF 函数参数”对话框

【例 3】　请根据“订单明细”工作表（如图 5-23 所示）和“图书编号对照”工作表（如图 5-24 所示），完成以下要求。

（1）根据图书编号，请在“订单明细”工作表的“单价”列中，使用 VLOOKUP 函数完成图书单价的自动填充。“单价”和“图书编号”的对应关系在“图书编号对照”工作表中。

（2）在“订单明细”工作表的“小计”列中，计算出每笔订单的销售额。

（3）根据“订单明细”工作表中的销售数据，统计隆华书店《软件工程》图书的总销售额，并将其填写在“订单明细”工作表的 H3 单元格中。

	A	B	C	D	E	F	G
1				订单明细			
2	日期	书店名称	图书编号	图书名称	单价	销量（本）	小计
3	2011年1月	博达书店	BK-83023	《C语言程序设计》	42	5	210
4	2011年1月	鼎盛书店	BK-83023	《C语言程序设计》	42	32	1344
5	2011年1月	隆华书店	BK-83021	《网络技术》	43	43	1849
6	2011年3月	博达书店	BK-83024	《数据库原理》	37	41	1517
7	2011年3月	鼎盛书店	BK-83024	《数据库原理》	37	3	111
8	2011年3月	隆华书店	BK-83025	《Java语言程序设计》	39	40	1560
9	2011年5月	博达书店	BK-83022	《软件工程》	40	21	840
10	2011年5月	鼎盛书店	BK-83021	《网络技术》	43	3	129
11	2011年5月	隆华书店	BK-83021	《网络技术》	43	44	1892
12	2011年7月	博达书店	BK-83025	《Java语言程序设计》	39	1	39
13	2011年7月	鼎盛书店	BK-83022	《软件工程》	40	31	1240
14	2011年7月	隆华书店	BK-83022	《软件工程》	40	22	880
15	2011年9月	博达书店	BK-83025	《Java语言程序设计》	39	43	1677
16	2011年9月	鼎盛书店	BK-83023	《C语言程序设计》	42	43	1806
17	2011年9月	隆华书店	BK-83022	《软件工程》	40	19	760
18	2011年11月	博达书店	BK-83021	《网络技术》	43	12	516
19	2011年11月	隆华书店	BK-83024	《数据库原理》	37	39	1443
20	2011年11月	鼎盛书店	BK-83025	《Java语言程序设计》	39	30	1170

图 5-23　“订单明细”工作表

VLOOKUP 函数

VLOOKUP 函数用以搜索某个单元格区域的第一列，然后返回该区域相同行上任何单元格中的值。例如，可以根据身份证号码，使用 VLOOKUP 函数返回其姓名。

语法形式：VLOOKUP(Lookup_value，Table_array，Col_index_num，Range_lookup)

VLOOKUP 函数具有以下参数：

Lookup_value 表示在表格或区域的第一列中搜索的值，即查找目标；

图书编号对照		
图书编号	图书名称	定价
BK-83023	《C语言程序设计》	¥ 42.00
BK-83025	《Java语言程序设计》	¥ 39.00
BK-83021	《网络技术》	¥ 43.00
BK-83024	《数据库原理》	¥ 37.00
BK-83022	《软件工程》	¥ 40.00

图 5-24 “图书编号对照”工作表

Table_array 表示包含数据的单元格区域，即查找范围，注意查找目标一定要在该区域的第一列；

Col_index_num 表示返回匹配值的列号；

Range_lookup 表示精确查找或模糊查找。

如果 Range_lookup 为 TRUE、1 或被省略，则表示精确查找；如果 Range_lookup 为 FALSE 或 0，则表示模糊查找。

根据图书编号，使用 VLOOKUP 函数完成图书单价的自动填充。将光标定位于 E3 单元格，弹出 VLOOKUP 函数参数对话框，如图 5-25 所示。查找目标为“图书编号”，所以 Lookup_value 参数为 C3 单元格；“单价”和“图书编号”的对应关系在“图书编号对照”工作表中，所以查找范围为“图书编号对照”工作表，即 Table_array 参数为“图书编号对照”工作表；需要返回图书“单价”，“单价”在“图书编号对照”工作表中是第 3 列，所以 Col_index_num 参数为 3；进行模糊查找即可，所以 Range_lookup 参数为 0。

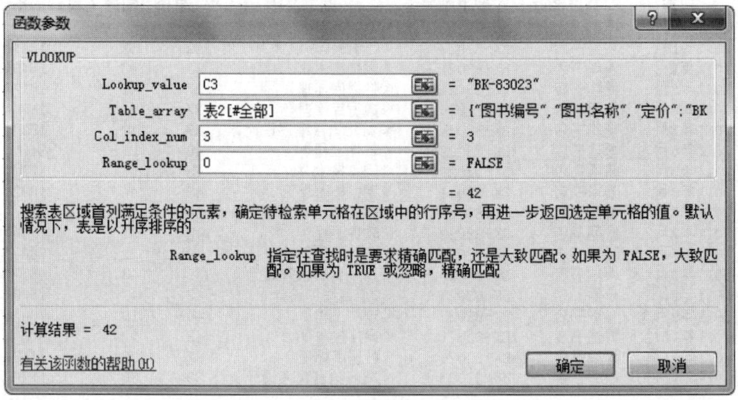

函数参数

VLOOKUP

Lookup_value C3 = "BK-83023"

Table_array 表2[#全部] = {"图书编号","图书名称","定价";"BK

Col_index_num 3 = 3

Range_lookup 0 = FALSE

= 42

搜索表区域首列满足条件的元素，确定待检索单元格在区域中的行序号，再进一步返回选定单元格的值。默认情况下，表是以升序排序的

Range_lookup 指定在查找时是要求精确匹配，还是大致匹配。如果为 FALSE，大致匹配。如果为 TRUE 或忽略，精确匹配

计算结果 = 42

有关该函数的帮助(H) 确定 取消

图 5-25 “VLOOKUP 函数参数”对话框

SUMIF 函数

SUMIF 函数用以对区域中满足单个指定条件的数值求和。例如，公式＝SUMIF(B2:B10,">5")返回 B2 至 B10 单元格区域中大于 5 的数值之和。

语法形式：SUMIF(Range，Criteria，Sum_range)

SUMIF 函数具有以下参数：

Range 表示进行计算的单元格区域；

Criteria 表示条件,可以是数字、表达式或文本形式;

Sum_range 若被省略,Excel 会对在 Range 参数中指定的单元格区域求和。

SUMIFS 函数

SUMIFS 函数用以对区域中满足一组或多个条件的数值求和。

语法形式:SUMIFS(Sum_range, Criteria_range1, Criteria1, Criteria_range2, Criteria2,…)

SUMIFS 函数具有以下参数:

Sum_range 表示进行计算的单元格区域;

Criteria_range1 表示第一个关联条件的区域;

Criteria1 表示第一个条件,可以是数字、表达式、单元格引用或文本,Criteria_range1 参数和 Criteria1 参数是一个组合;

Criteria_range2, Criteria2, …表示附加的区域及其关联条件。

利用 SUMIFS 函数统计隆华书店《软件工程》图书的总销售额,将光标定位于 H3 单元格,弹出 SUMIFS 函数参数对话框,如图 5-26 所示。需要对"小计"列求和,所以 Sum_range 参数为 G3:G20;第一个条件为隆华书店,其所在的列为"书店名称",所以 Criteria_range1 参数为 B3:B20,Criteria1 参数为隆华书店;第二个条件为《软件工程》,其所在的列为"图书名称",所以 Criteria_range2 参数为 D3:D20,Criteria2 参数为《软件工程》。

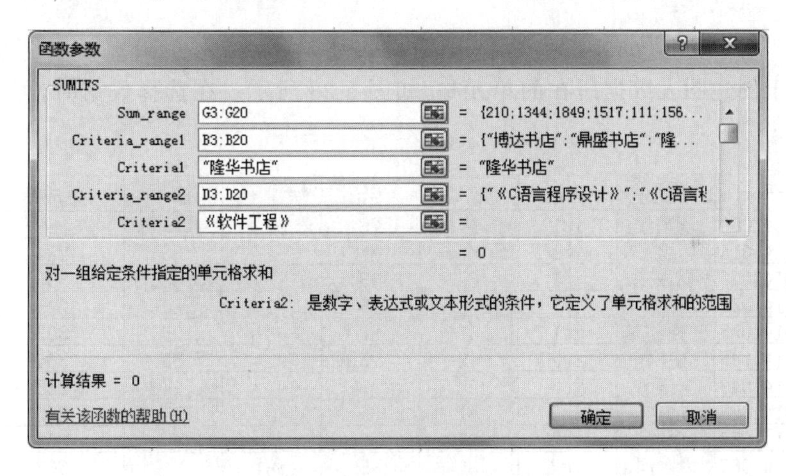

图 5-26　"SUMIFS 函数参数"对话框

5.4　插入图表

图表将数据以图形的形式显示出来,使用户更容易理解大量数据以及不同数据系列之间的关系。图表具有较好的视觉效果,方便用户查看数据的差异、图案和预测趋势。Excel 中的图表一般包括下面几个部分。

(1) 图表区:包括整个图表及其全部元素。

(2) 绘图区:在二维图表中,绘图区指通过轴来界定的区域,包括所有数据系列。在三维图表中,绘图区同样是通过轴来界定的区域,包括所有数据系列、分类名、刻度线标志和坐标轴标题。

（3）图例：图例是用来标识图表中的数据系列或分类制定的图案或颜色。

（4）数据系列：在图表中绘制的相关数据点。

（5）坐标轴：界定图表绘图区的线条，用作度量的参照框架，y 轴通常为垂直坐标轴并包含数据，x 轴通常为水平坐标轴并包含分类。

（6）坐标轴标题：可以用来标识数据系列中数据点详细信息的数据标签。

（7）图表标题：说明性文本，用来说明图表内容。

Excel 支持多种类型的图表，可以供用户来展示数据。下面以具体实例来讲解创建图表、编辑图表的方法。例如，有如图 5-27 所示的表格，请为其中各科成绩创建柱形图。

序号	学号	姓名	班级	高等数学	英语	计算机	体育	总成绩	平均成绩
1	09141006	曹国汉	计1	47	75	55	75	252	63
2	09141018	杜晓宁	计1	60	75	64	85	284	71
3	09141026	高保福	计1	84	95	87	93	359	90
4	09141030	郭欣	计1	68	75	70	80	293	73
5	09141035	何韬	计1	61	80	66	95	302	76
6	09141045	金剑	计2	92	95	92	85	364	91
7	09141049	李健帅	计2	30	75	43	95	243	61
8	09141055	李国男	计2	51	85	61	75	272	68
9	09141058	李静	计2	87	97	90	95	369	92
10	09141062	李晓勇	计2	86	95	88	93	362	90

图 5-27　数据源

选定用于创建图表数据所在的单元格，如图 5-28 所示。在选择数据时，可以不用选择连续的区域。

序号	学号	姓名	班级	高等数学	英语	计算机	体育	总成绩	平均成绩
1	09141006	曹国汉	计1	47	75	55	75	252	63
2	09141018	杜晓宁	计1	60	75	64	85	284	71
3	09141026	高保福	计1	84	95	87	93	359	90
4	09141030	郭欣	计1	68	75	70	80	293	73
5	09141035	何韬	计1	61	80	66	95	302	76
6	09141045	金剑	计2	92	95	92	85	364	91
7	09141049	李健帅	计2	30	75	43	95	243	61
8	09141055	李国男	计2	51	85	61	75	272	68
9	09141058	李静	计2	87	97	90	95	369	92
10	09141062	李晓勇	计2	86	95	88	93	362	90

图 5-28　选择创建图表数据

① 插入图表。打开“插入”选项卡，从“图表”组中选择“柱形图”，或者单击“图表”组右下方的按钮，打开“插入图表”对话框，从中选择图表类型，如图 5-29 所示。打开“柱形图”，选择二维柱形图的“簇状柱形图”，单击“确定”按钮，即出现相应图表。

② 添加图表标题。插入图表后，自动显示“图表工具”，并增加了“设计”“布局”和“格式”选项卡。在“布局”选项卡上的“标签”组中，单击“图表标题”，选择“图表上方”命令，如图 5-30 所示，然后在图表中显示的“图表标题”文本框中输入所需文本。

③ 设置文本的格式。打开“开始”选项卡，单击“字体”组中对应的设置按钮，与 Word 中的操作基本相同。若要设置整个标题的格式，则可以右击标题，在弹出的快捷菜单中选择“设置图表标题格式”命令，弹出“设置图表标题格式”对话框，如图 5-31 所示，然后选择所需

的格式设置。

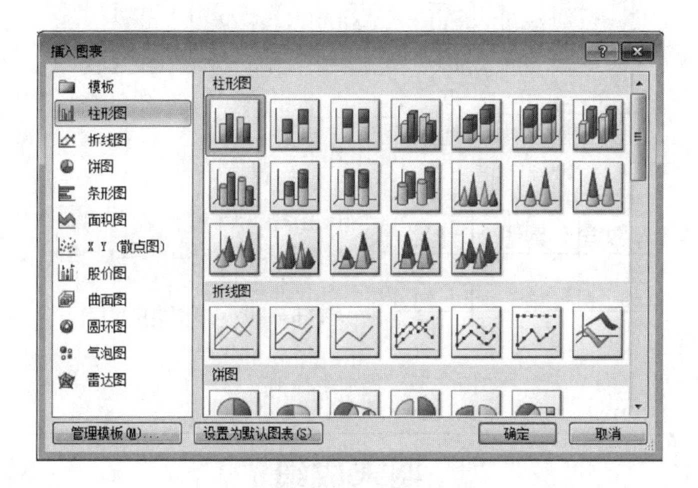

图 5-29　“插入图表”对话框

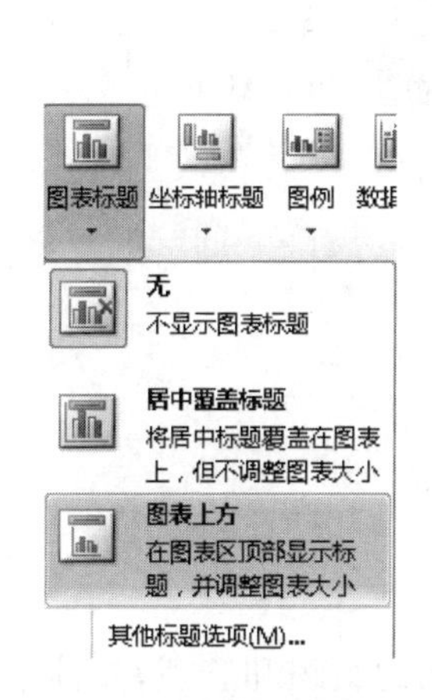

图 5-30　设置图表标题

图 5-31　“设置图表标题格式”对话框

图表中所有项目的格式都可以通过右击选项，选择各选项的格式设置，然后在弹出的选项格式对话框中进行格式的设置。

④ 添加坐标轴标题。在“布局”选项卡上的“标签”组中，单击“坐标轴标题”，添加图表标题，如图 5-32 所示。选择“主要横坐标轴标题”次级菜单中的“坐标轴下方标题”，在横坐标下方的文本框中输入文字。

对于图表，除上述设置之外，还可以添加图例、数据标签、模拟运算符、坐标轴、网格线等，部分设置完成后的结果如图 5-33 所示。

创建图表前必须保证工作表中有数据。

图表是为了生动形象地反映数据，想要制作图表，必须有和图表相对应的数据。虽然图表的类型有很多种，但并不是每种类型都适合用于表达当前的数据信息，同学们要结合自己的数据选择合适的图表类型，例图和百分比图，适合使用饼状图。

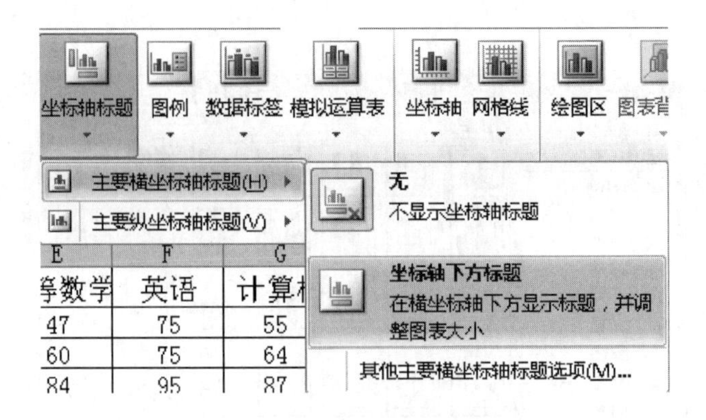

图 5-32　添加坐标轴标题

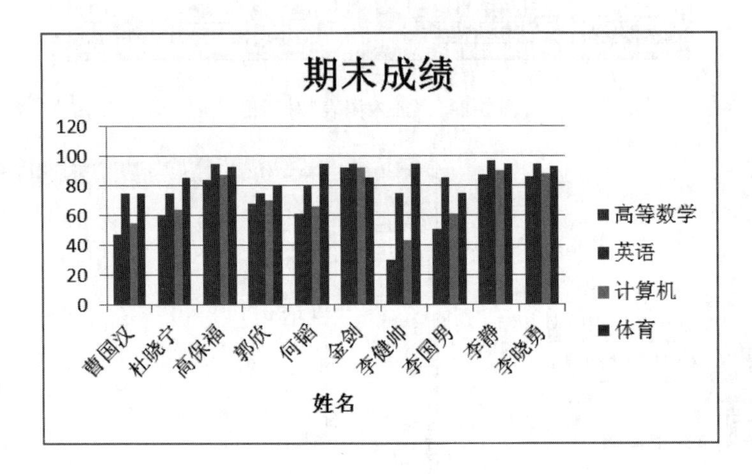

图 5-33　期末成绩柱形图

5.5　数据处理

Excel 有强大的数据处理能力，很容易实现对大量数据的组织和管理，如排序、筛选、分类汇总及制作数据透视表等。

5.5.1　排序

如果要对数据进行简单排序，可以单击要排序的那一列中有数据的任一单元格，然后单击“数据”选项卡中“排序和筛选”组中的“升序”按钮“A↓Z”或“降序”按钮“Z↓A”，数据表会将当前列数据进行升序或降序排列。

如果选择了整列数据后再单击“简单排序”按钮，就会出现“排序提醒”对话框，如图 5-34 所示。若选择“扩展选定区域”选项后按“排序”按钮，那么其他列的数据和排序列数据会一起变化；若选择“以当前选定区域排序”选项后按“排序”按钮，那么其他数据列不变，只有选定的排序列会发生变化。

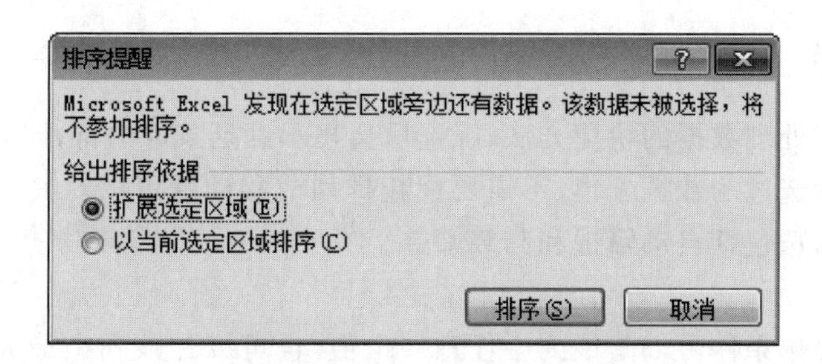

图 5-34　“排序提醒”对话框

如果在排序时，以两列以上的数据作为参考，例如，希望按班级对学生平均成绩进行排序。此时需要使用组合排序方法。

首先单击数据区域的任一单元格，然后单击“数据”选项卡中“排序和筛选”组中的“排序”按钮“”，弹出“排序”对话框，如图 5-35 所示，接着添加主要关键字“班级”，将排序方式设为“升序”，然后单击“添加条件”，在新条件中将次要关键字选择为“平均成绩”，将排序方式设为“降序”，最后单击“确定”按钮，完成排序。

图 5-35　“排序”对话框

在 Excel 中，默认情况是按照汉字拼音进行来排序，如果希望按照笔画排序，则需在“排序”对话框中，单击“选项”按钮，然后在打开的“排序选项”对话框中进行设置，如图 5-36 所示。

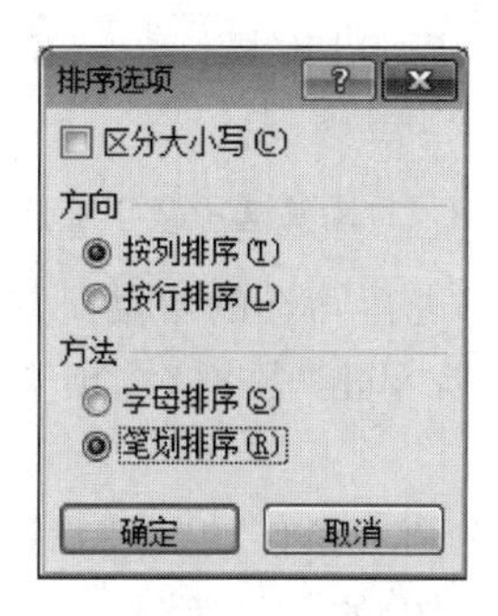

图 5-36　“排序选项”对话框

5.5.2 筛选

筛选是查找和处理数据的快捷方法,筛选后会显示满足条件的行,同时隐藏那些不满足条件的行。对于筛选过的数据子集,不需要重新排列或移动就可以对其进行复制、编辑、设置格式等操作。筛选包括自动筛选和高级筛选。

(1) 自动筛选

自动筛选的筛选条件可以是该列中任意一个值,也可以是该列中最大几项或最小几项记录,还可以是自定义的某一数值范围内的记录。

选中要筛选的数据中的任一单元格,单击"数据"选项卡中"排序和筛选"组中的"筛选"按钮,在各列数据第一行的单元格右方均会显示一个向下的箭头,单击"班级"列的箭头,选择"计 1",即可选出所有班级是"计 1"的数据,如图 5-37 所示。

序号	学号	姓名	班级	高等数	英语	计算机	体育	总成绩	平均成
1	09141006	曹国汉	计1	47	75	55	75	252	63
2	09141018	杜晓宁	计1	60	75	64	85	284	71
3	09141026	高保福	计1	84	95	87	93	359	90
4	09141030	郭欣	计1	68	75	70	80	293	73
5	09141035	何韬	计1	61	80	66	95	302	76

图 5-37　按"班级"列自动筛选结果

对于数字类型内容的自动筛选,经常需要设置相应条件,例如,筛选出平均成绩为"优秀"的数据。单击第一行单元格右侧箭头,打开相应的下拉菜单,然后单击"数字筛选"命令,如图 5-38 所示,选择相应条件,在弹出的对话框设置约束值,最后单击"确定"按钮即可。

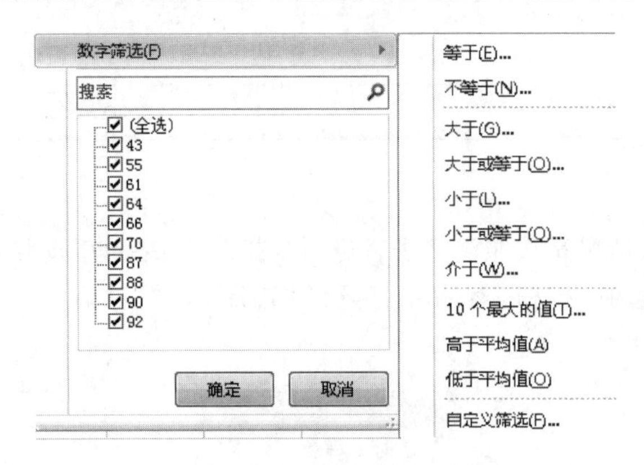

图 5-38　自动筛选中数字筛选条件

取消自动筛选的方法:单击已经进行筛选的自动筛选箭头,在弹出的菜单中单击"全选按钮"命令,即可取消该列的筛选。若单击"数据"选项卡中"排序和筛选"组中的"筛选"按钮,则可取消全部筛选。

Excel 自动筛选只能实现单列中两个条件的"或"筛选,如图 5-39 所示,不支持单列中三个及三个以上条件的"或"筛选及多列中的"或"筛选。如果要实现多个条件的筛选,可以使用高级筛选功能。

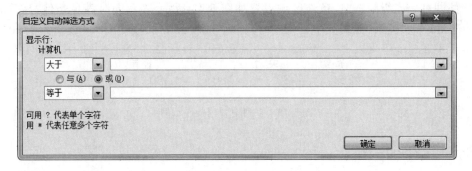

图 5-39　“自定义自动筛选方式”对话框

(2) 高级筛选

高级筛选的步骤是:先设置筛选条件区域,然后选择数据区域,最后进行筛选。

首先将要筛选的标题写于空白单元格中,筛选条件依次列于标题之下即可,例如,选择所有姓名是“郭欣”或“金剑”或“国庆”的条件区域,如图 5-40 所示。然后将光标置于数据区内,单击“数据”选项卡中“排序和筛选”组中的“高级”按钮,弹出“高级筛选”对话框,如图 5-41 所示。在该对话框中选择“列表区域”和“条件区域”,如果需要去除重复记录,可选中“选择不重复的记录”复选框,最后单击“确定”按钮,完成筛选。

姓名
郭欣
金剑
国庆

图 5-40　单列中“或”条件示例

图 5-41　“高级筛选”对话框

对于多列“或”条件的建立,如图 5-42 所示,筛选条件是:“高等数学”成绩大于 85 分,或者“英语”成绩大于 80 分,或者“计算机”成绩大于 80 分,或者“体育”成绩大于 80 分。

高数	英语	计算机	体育
>85			
	>80		
		>80	
			>80

图 5-42　多列中“或”条件示例

若需取消高级筛选,则单击“数据”选项卡中“排序和筛选”组中的“清除”按钮即可。

自动筛选和高级筛选都能实现多列“与”条件的筛选。自动筛选时,依次设置每一列的筛选条件即可。高级筛选时，条件区域设置如图 5-43 所示，表示同时满足条件“高等数学”成绩大于 85 分、“英语”成绩大于 80 分、“计算机”成绩大于 80 分、“体育”成绩大于 80 分。

高数	英语	计算机	体育
>85	>80	>80	>80

图 5-43　多列中“与”条件示例

5.5.3　分类汇总

分类汇总功能可以对指定字段的数据执行求和、计数或者求平均值等自动运算操作。在执行分类汇总之前，应先对指定字段的数据进行排序，排序可将指定字段中相同的数据组合归类在一起，汇总是分别对各种类别的数据进行计算。

选择工作表上任一有数据的单元格，单击“数据”选项卡中“分级显示”组中的“分类汇总”按钮，打开“分类汇总”对话框，将分类字段设为“班级”，将汇总方式设为“平均值”，将选定汇总项设为“高等数学”“英语”“计算机”“体育”“平均成绩”，如图 5-44 所示，最后单击“确定”按钮。结果如图 5-45 所示。

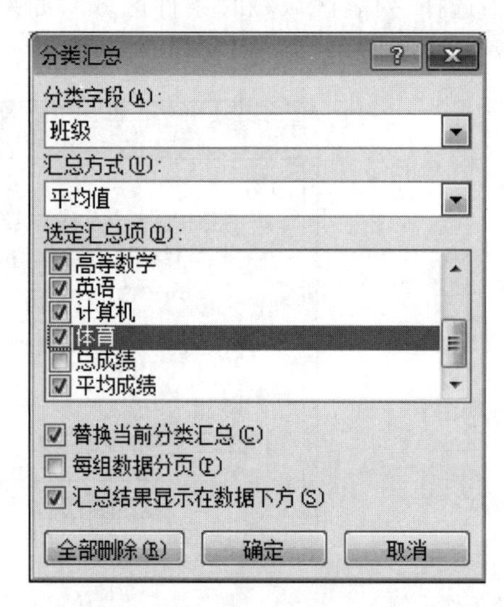

图 5-44　“分类汇总”对话框

序号	学号	姓名	班级	高等数学	英语	计算机	体育	总成绩	平均成绩
1	09141006	曹国汉	计1	47	75	55	75	252	63
2	09141018	杜晓宁	计1	60	75	64	85	284	71
3	09141026	高保福	计1	84	95	87	93	359	90
4	09141030	郭欣	计1	68	75	70	80	293	73
5	09141035	何韬	计1	61	80	66	95	302	76
			计1 平均值	64	80	68.4	85.6		75
6	09141045	金剑	计2	92	95	93	85	365	91
7	09141049	李健	计2	30	75	43	95	243	61
8	09141055	李国	计2	51	85	61	75	272	68
9	09141058	李静	计2	87	97	90	95	369	92
10	09141062	李晓勇	计2	86	95	88	93	362	91
			计2 平均值	69.2	89.4	75	88.6		81
			总平均值	66.6	84.7	71.7	87.1		78

图 5-45　分类汇总结果示例

取消分类汇总的方法是单击“分类汇总”对话框中的“全部删除”按钮。

注意:分类汇总之前,必须对数据按照分类字段进行排序操作。

5.5.4　条件格式

使用条件格式,可以设定某个条件成立后才呈现预先设定的单元格格式,包括字体颜色、底纹样式等。

对成绩表设置条件格式,如果成绩小于60分,则字体红色加粗,单元格填充色为黄色。选择要设置条件格式的数据区域,单击“开始”选项卡中“样式”组中的“条件格式”按钮,将弹出“条件格式”下拉菜单,如图5-46所示。

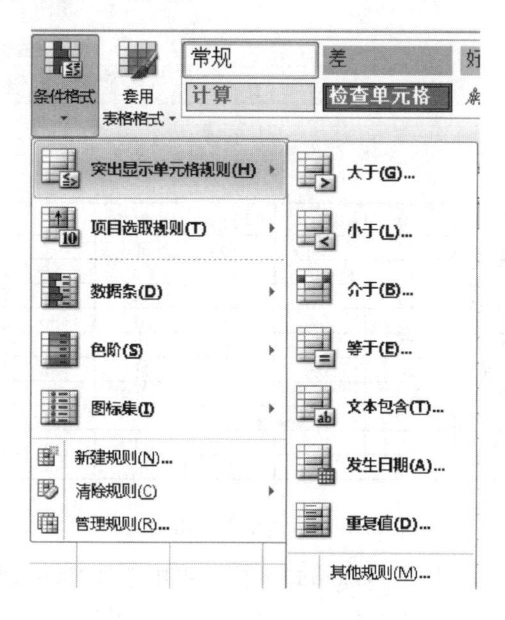

图5-46　“条件格式”下拉菜单

单击“突出显示单元格规则”次级菜单中的“小于…”命令,弹出“小于”对话框,如图5-47所示。

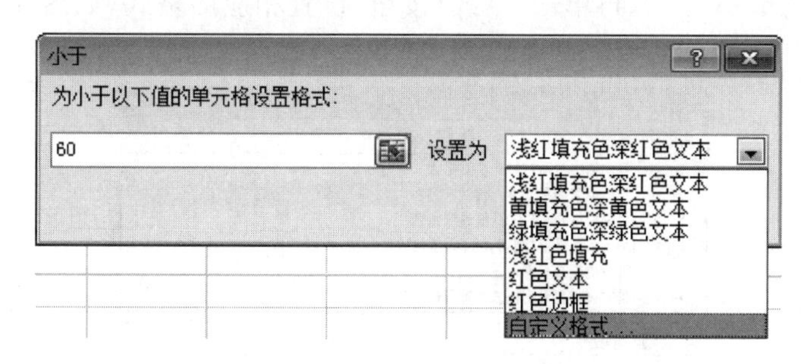

图5-47　“小于”对话框

将条件区域设置为“60”,在“设置为”下拉文本框中选择“自定义格式…”,弹出“设置单元格格式”对话框,如图5-48所示,然后根据要求设置相应格式,在“字体”标签下,将“字形”设置为“加粗”,将“颜色”设置为“红色”,在“填充”标签下,将“背景色”设置为“黄色”,依次单击“确定”按钮即可。所得效果如图5-49所示。

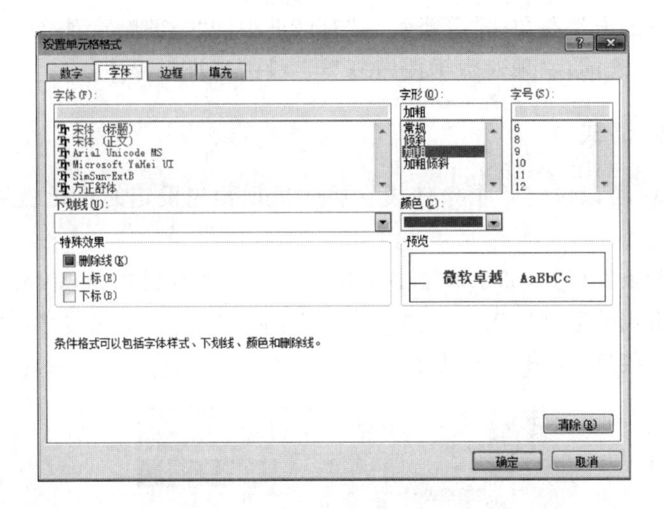

图 5-48 “设置单元格格式”对话框

序号	学号	姓名	班级	高等数学	英语	计算机	体育	总成绩	平均成绩
1	09141006	曹国汉	计1	47	75	55	75	252	63
2	09141018	杜晓宁	计1	60	75	64	85	284	71
3	09141026	高保福	计1	84	95	87	93	359	90
4	09141030	郭欣	计1	68	75	70	80	293	73
5	09141035	何韬	计1	61	80	66	95	302	76
6	09141045	金剑	计2	92	95	92	85	364	91
7	09141049	李健帅	计2	30	75	43	95	243	61
8	09141055	李国男	计2	51	85	61	75	272	68
9	09141058	李静	计2	87	97	90	95	369	92
10	09141062	李晓勇	计2	86	95	88	93	362	90

图 5-49 应用单条件格式示例

如果要清除条件格式，可以在清除格式下拉菜单中选择“清除规则”，然后根据自己的需要选择相应规则即可。

如果设置多个条件格式，则需单击条件格式下拉菜单中的“新建规则”命令，弹出“新建格式规则”对话框，选择规则类型为“只为包含以下内容的单元格设置格式”，在编辑规则说明中设置单元格的值小于 60，再单击“格式”按钮，设置相应的格式，如图 5-50 所示，最后单击“确定”按钮即可。

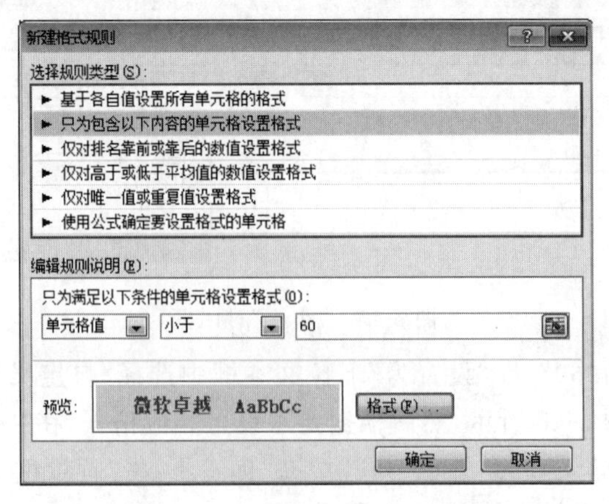

图 5-50 “新建格式规则”对话框

管理自定义规则,单击条件格式下拉菜单中的“管理规则”命令,弹出“条件格式规则管理器”对话框,如图 5-51 所示。新建规则已经存在于管理器中。

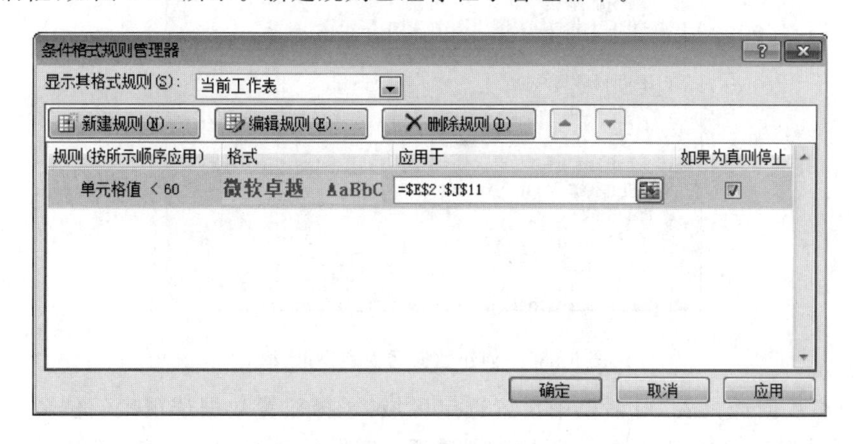

图 5-51 “条件格式规则管理器”对话框

保留已存在的规则,单击“新建规则”按钮,弹出如图 5-50 所示的“新建格式规则”对话框,设置 60～70 分之间的条件格式为绿色加粗字体,确定后添加到规则管理器中。依次新建格式规则,将 70～80 分之间的条件格式设为蓝色加粗字体,80～90 分之间的条件格式设为黑色加粗字体,90 分以上的条件格式设为红色加粗字体、浅绿色底纹。设置完成后的结果如图 5-52 所示。

序号	学号	姓名	班级	高等数学	英语	计算机	体育	总成绩	平均成绩
1	09141006	曹国汉	计1	47	75	55	75	252	63
2	09141018	杜晓宁	计1	60	75	64	85	284	71
3	09141026	高保福	计1	84	95	87	93	359	90
4	09141030	郭欣	计1	68	75	70	80	293	73
5	09141035	何韬	计1	61	80	66	95	302	76
6	09141045	金剑	计2	92	95	92	85	364	91
7	09141049	李健帅	计2	30	75	43	95	243	61
8	09141055	李国男	计2	51	85	61	75	272	68
9	09141058	李静	计2	87	97	90	95	369	92
10	09141062	李晓勇	计2	86	95	88	93	362	90

图 5-52 应用多条件格式示例

工作表的一个或多个单元格具有条件格式,便于快速找到它们以便复制、更改或删除条件格式。这时可以使用“定位条件”命令只查找具有特定条件格式的单元格,或者查找所有具有条件格式的单元格。这两个功能都位于“开始”选项卡中“编辑”组的“查找和选择”下拉菜单中。

5.5.5 数据透视表

数据透视表是交互式报表,可用于大量数据的快速合并和比较。对于汇总、分析、浏览和呈现汇总数据非常有用。

下面以成绩单为原始数据制作数据透视表,具体步骤如下。

在“插入”选项卡下的“表格”组中,单击“数据透视表”按钮,弹出“创建数据透视表”对话框,如图 5-53 所示。

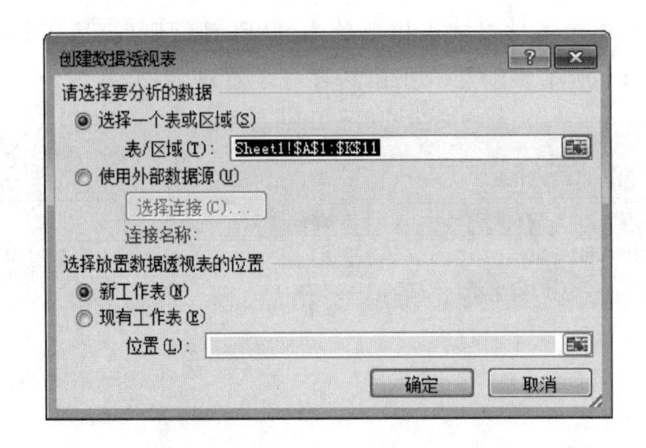

图 5-53 “创建数据透视表”对话框

在“创建数据透视表”对话框中设置选定区域，选择放置数据透视表的位置为“新工作表”，然后单击“确定”按钮，切换到添加数据透视表字段的界面，如图 5-54 所示。

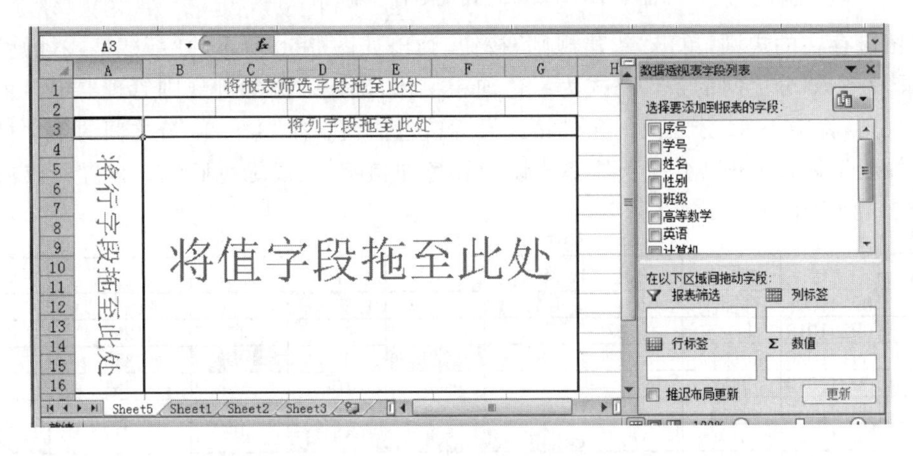

图 5-54 添加数据透视表字段的界面

将“数据透视表字段列表”对话框中的“班级”和“学号”拖动到行字段，将“高等数学”移动到值字段处，将“性别”移动到列字段处，如图 5-55 所示。

	A	B	C	D	E
1	将报表筛选字段拖至此处				
2					
3	平均值项		性别		
4	班级	学号	男	女	总计
5	⊟计1	09141006	47		47
6		09141018		60	60
7		09141026	84		84
8		09141030		68	68
9		09141035	61		61
10	计1 汇总		64	64	64
11	⊟计2	09141045	92		92
12		09141049	30		30
13		09141055	51		51
14		09141058		87	87
15		09141062	86		86
16	计2 汇总		64.75	87	69.2
17	总计		64.42857143	71.66666667	66.6

数据透视表字段列表
选择要添加到报表的字段: 序号 学号 姓名 性别 班级 高等数学 英语 计算机
在以下区域间拖动字段: 报表筛选 列标签 性别 行标签 班级 学号 数值 平均值项:...

图 5-55 设置数据透视表字段

双击数据透视表中行字段的“班级”，在打开的“字段设置”对话框中选中“无”单选按钮，如图 5-56 所示。单击“确定”按钮，不显示数据透视表中的汇总项，如图 5-57 所示。

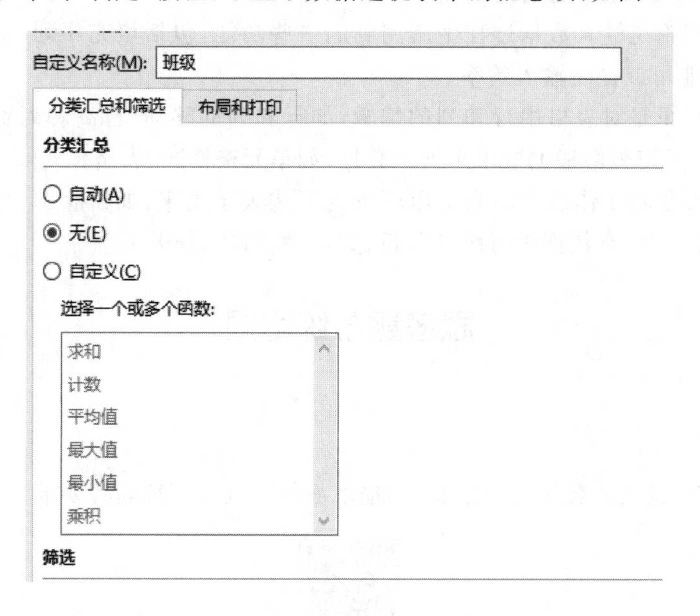

图 5-56　“字段设置”对话框

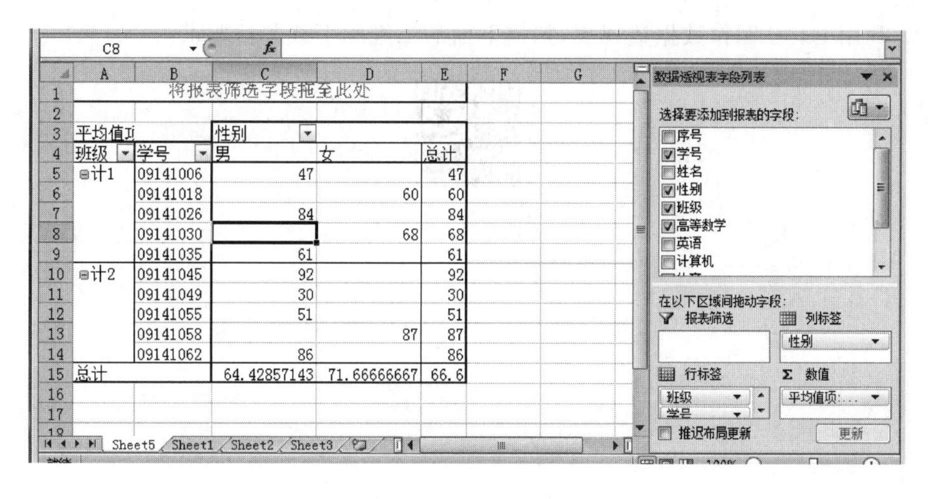

	A	B	C	D	E
1	将报表筛选字段拖至此处				
2					
3	平均值项		性别		
4	班级	学号	男	女	总计
5	⊟计1	09141006	47		47
6		09141018		60	60
7		09141026	84		84
8		09141030		68	68
9		09141035	61		61
10	⊟计2	09141045	92		92
11		09141049	30		30
12		09141055	51		51
13		09141058		87	87
14		09141062	86		86
15	总计		64.42857143	71.66666667	66.6

图 5-57　数据透视表

默认情况下，非数值字段添加到“行标签”区域，数值字段添加到“数值”区域，日期和时间等字段则添加到“列标签”区域。

本章小结

1. 一般电子表格软件都具有 3 个基本功能：制表、计算、统计图。制作表格，是电子表格软件最基本的功能；计算，是电子表格软件必不可少的一项功能，可以采用公式或函数进行计算，也可以直接引用单元格的值；图形，能直观地表示数据之间的关系，统计图能以多种图表的方式来表示数据，当数据改变时，统计图会自动随之变化。

2. 建立工作表的基本任务是将数据输入到电子表格,可以通过模板、手工输入以及从其他文件导入的方式,将数据保存到电子表格中。

3. 单元格编辑是输入数据过程中所用到的一些功能,包括填充序列、选择性粘贴等操作,使用这些功能可以提高输入效率。

4. 工作表编辑是对表格中行和列的编辑,如行和列的移动、行高和列宽的设置等。格式化工作表是为了使表格根据要求来展示数据,如单元格格式、表格样式等。

5. 创建图表是将工作表中的数据以图形的形式表示出来,如饼状图、柱状图等。数据处理是根据需要,对已有数据进行统计分析,如排序、筛选、分类汇总等。

思考题与练习题

操作题

(1) 利用 Excel 实现数据分类汇总,扫描下面的二维码下载题目要求。

(2) 利用 Excel 制作数据透视表,扫描下面的二维码下载题目要求。

第6章　演示文稿软件应用

许多场合，需要将文字或数据报告以一种图、文、声、像并茂的方式向公众呈现出来，通过简洁、形象生动的电子文稿（幻灯片）演示，来表达自己的观点，传递信息，进行学术交流、教学和产品展示等。Microsoft PowerPoint 是微软公司 Office 办公系列软件的重要组成之一，本章主要介绍 PowerPoint 2010 软件的使用方法。

6.1　PowerPoint 2010 概述

PowerPoint 2010 是 Microsoft Office 2010 的一个套装软件，利用它可以轻松地制作出集文字、图形、图像、声音、视频及动画于一体的多媒体演示文稿，同时，由于 PowerPoint 和 Word 同属于 Office 套装软件，所以它们在窗口组成、格式设定、编辑操作等方面有很多相似之处。

（1）演示文稿的内容

在演示文稿中一般用文字来展示的是报告的标题与要点。一方面可以方便听者做记录，另一方面，通过文稿的文字内容便于表达报告的内容进程以及报告中的关键信息。在制作演示文稿时，图片、动画、图表都是一些很好的内容表现形式，能给予听众很好的感官刺激，但并不一定要将所有内容都做成图片或者动画。每种表达方式都有其局限性，要清楚它们的特点才能用好素材。在多媒体中，文本、图形、图像适合传递静态信息，动画、音频、视频适合传递过程性的信息。

（2）演示文稿的设计原则

整体性原则。幻灯片整体效果的好坏，取决于幻灯片制作的系统、幻灯片色彩的配置等。幻灯片一般以提纲的形式出现。制作幻灯片时要将文字进行提炼，起到强化要点、简练文字、突出重点的效果。

主题性原则。在设计幻灯片时，要注意突出主题，通过合理的布局有效地表现内容。在每张幻灯片内都应注意构图的合理性，可使用黄金分割构图，使幻灯片画面尽量均衡与对称。从可视性方面考虑，还应当明确每张幻灯片的主题所在，利用多种对比方法来为主题服务。

规范性原则。幻灯片的制作要规范，特别是在文字的处理上，力求在字体、字号的搭配上做到合理、美观。

以少胜多原则。一般比较合理的做法是，播放时屏幕上大致留出三分之一左右的空白，特别是在底部应该留较多的空白。这样安排的原因是，首先，这样的布局比较符合观众看演示文档的心态和习惯，如果幻灯片上的文字太多，那么听众要用比较长的时间看完内容；其次，这样有利于建立演讲者和听众间的交流。幻灯片上文字过多的另一个缺点是，会使演讲者的“念”比听众的“看”慢得多，容易造成听众的长时间等待，同时还会导致演讲者长时间背对听众，破坏了演讲者和听众之间的交流氛围。

醒目原则。一般可以通过加强色彩的对比度来达到使屏幕信息醒目的目的。

完整性原则。尽可能把一个完整的概念放到一张幻灯片上，不到万不得已时不要跨越几张幻灯片。如果同一概念的内容分散到多个幻灯片，在切换幻灯片时，可能导致听众的思绪被打断。

一致性原则。演示文稿的所有幻灯片的背景、标题大小、颜色、布局等应尽量保持一致。

(3) 演示文稿的制作步骤

制作演示文稿大致分如下几步。

① 准备素材。这一步主要是准备演示文稿中所需要的图片、声音、动画等文件。

② 确定方案。对演示文稿的整个架构做一个设计。

③ 初步制作。将文本、图片等对象输入或插入到相应的幻灯片中。

④ 装饰处理。设置幻灯片中相关对象的要素，包括字体、大小、动画等，对幻灯片进行装饰处理。

⑤ 预演播放。设置播放过程中的一些要素，然后播放查看效果，满意后正式输出播放。

6.2 制作演示文稿

使用 PowerPoint 制作演示文稿，通常包括创建新演示文稿、设置幻灯片主题和版式、插入图形、设置动画等几步。本节通过一系列的实例，简要介绍使用 PowerPoint 2010 制作演示文稿的步骤。

6.2.1 创建演示文稿

下面以创建如图 6-1 所示的演示文稿为例，详细讲解演示文稿的创建，具体步骤如下。

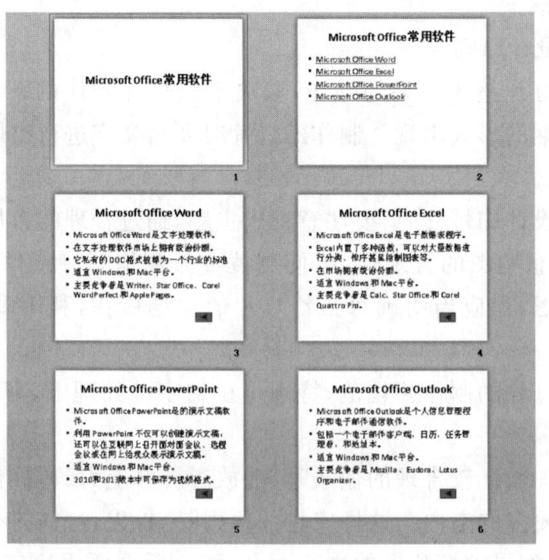

图 6-1　演示文稿示例

(1) 启动 PowerPoint 软件，系统将打开一个“标题幻灯片”版式的空白演示文稿，在“单击此处添加标题”处输入如下内容：Microsoft Office 常用软件。

(2) 在指定位置插入新幻灯片。

在普通视图下，编辑区左侧为幻灯片大纲，右侧为幻灯片编辑区。在大纲区域中，单击任意两个幻灯片之间的空白区域，将显示一条实心横线，此处为新幻灯片的插入点。

使用下面插入幻灯片的方法，在原来的基础上插入 5 张新幻灯片，其版式为“标题和内容”。

① 选定插入点位置，单击“开始”选项卡中“幻灯片”组的“新建幻灯片”，或按“Ctrl＋M”组合键，插入新幻灯片。

② 选中幻灯片大纲中的一张幻灯片，按“回车”就可以在其后面插入新幻灯片。

③ 选定插入点位置，右击鼠标，在弹出的快捷菜单中选择“新建幻灯片”。

(3) 在新插入的幻灯片中输入相应内容。

第 2 张幻灯片，标题为：Microsoft Office 常用软件。

内容为：

- Microsoft Office Word
- Microsoft Office Excel
- Microsoft Office PowerPoint
- Microsoft Office Outlook

第 3 张幻灯片，标题为：Microsoft Office Word。

内容为：

- Microsoft Office Word 是文字处理软件。
- 在文字处理软件领域上拥有占统治地位的市场份额。
- 它私有的 DOC 格式被尊为一个行业的标准
- 适用于 Windows 和 Mac 平台。
- 主要竞争者是 Writer、StarOffice、Corel WordPerfect 和 Apple Pages。

第 4 张幻灯片，标题为：Microsoft Office Excel。

内容为：

- Microsoft Office Excel 是电子数据表软件。
- Excel 内置了多种函数，可以对大量数据进行分类、排序甚至绘制图表等。
- 在电子表格软件领域拥有占统治地位的市场份额。
- 适用于 Windows 和 Mac 平台。
- 主要竞争者是 Calc、StarOffice 和 Corel Quattro Pro。

第 5 张幻灯片，标题为：Microsoft Office PowerPoint。

内容为：

- Microsoft Office PowerPoint 是演示文稿软件。
- 利用 PowerPoint 不仅可以创建演示文稿，还可以在互联网上召开远程会议或在网上给观众展示演示文稿。
- 适用于 Windows 和 Mac 平台。
- 在 2010 版和 2013 版中可将演示文稿保存为视频格式。

第 6 张幻灯片，标题为：Microsoft Office Outlook。

内容为：

- Microsoft Office Outlook 是个人信息管理软件和电子邮件通信软件。
- 包括一个电子邮件客户端，日历，任务管理者和地址本。
- 适用于 Windows 和 Mac 平台。
- 主要竞争者是 Mozilla 、Eudora、Lotus Organizer。

(4) 为幻灯片中的对象加入链接

在第 2 张幻灯片中选择“Microsoft Office Word”，右击鼠标，在弹出的快捷菜单中选择“超链接”，随即弹出“插入超链接”对话框，如图 6-2 所示。在“插入超链接”对话框中，单击“链接到”中的“本文档中的位置”选项，然后在右边的“请选择文档中的位置”中选择“3. Microsoft Office Word”幻灯片，单击“确定”按钮，完成超链接设置。放映幻灯片时，通过单击第 2 张幻灯片的“Microsoft Office Word”链接，程序会自动跳到第 3 张幻灯片。按同样的方法设置第 2 张幻灯片中余下文字的超链接。

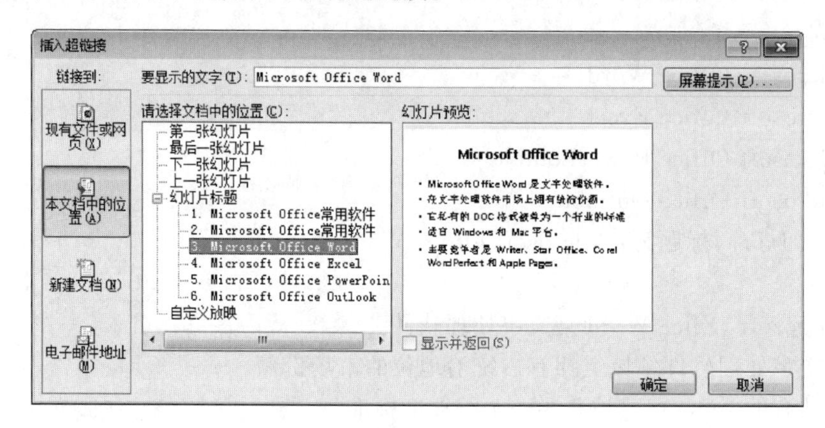

图 6-2 “插入超链接”对话框

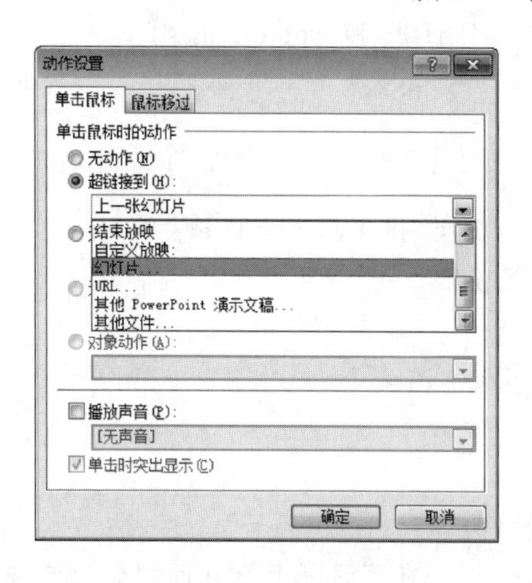

图 6-3 “动作设置”对话框

(5) 在第 3、4、5、6 张幻灯片中添加动作按钮，将第 3 张幻灯片设置为当前幻灯片，单击“插入”选项卡中“插图”组中的“形状”按钮，在弹出下拉列表中单击“动作按钮：后退或前一项”，这时鼠标变为“+”形状，在当前幻灯片右下角的合适位置按住鼠标左键并拖动鼠标，画一个矩形框，然后释放鼠标左键，在当前位置将出现一个按钮，同时弹出“动作设置”对话框，如图 6-3 所示，在“单击鼠标”选项卡中选中“超链接到”，然后在下拉列表中选中“幻灯片…”命令，弹出“超链接到幻灯片”对话框，如图 6-4 所示，选中第 2 张幻灯片，依次单击“确定”按钮，完成动作设置。按同样的方法依次设置余下幻灯片的动作按钮。

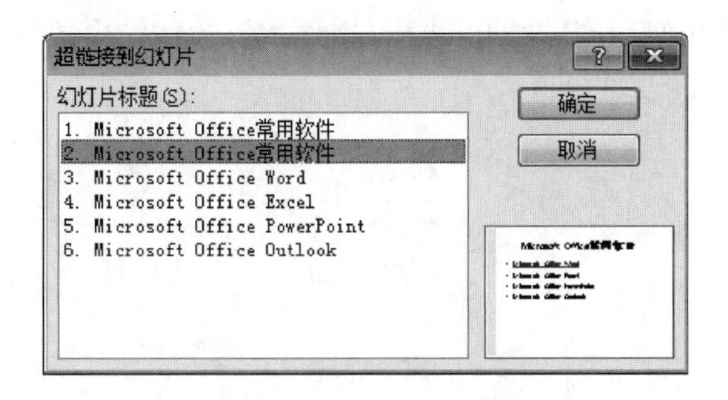

图 6-4　“超链接到幻灯片”对话框

(6) 在幻灯片中插入页眉和页脚。单击“插入”选项卡中“文本”组的“页眉和页脚”项，弹出“页眉和页脚”对话框，如图 6-5 所示，在当前选项卡中设置幻灯片页面中显示的“日期和时间”“幻灯片编号”和“页脚”，单击“应用”按钮即可在当前幻灯片中显示这些信息，单击“全部应用”按钮则将此设置应用到该演示文稿的所有幻灯片页面中。在“备注和讲义”选项卡中设置在备注页中显示的“日期和时间”“页面”“页脚”和“页码”，这些设置信息在打印“带备注页的幻灯片”时会显示出来。

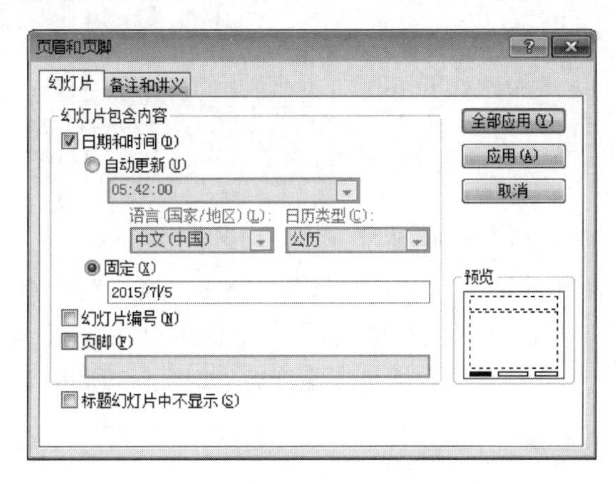

图 6-5　“页眉和页脚”对话框

(7) 放映演示文稿，查看效果。按 F5 从头进行播放，按“Shift+ F5”组合键从当前幻灯片开始播放。如果不再修改，保存即可。

(8) 打印幻灯片。PowerPoint 提供了多种打印幻灯片的方式，单击“文件”选项卡中的“打印”命令，在“设置”项中可以选择打印方式，若选择打印“讲义”，则排版方式是 6 张水平放置的幻灯片。

在 PowerPoint 中设置动作按钮和设置超链接的效果相同。设置超链接的对象可以是文本、图片、图形等内容，通过超链接实现幻灯片之间的跳转、网页或文件的链接等。

6.2.2　设置幻灯片背景

一个 PPT 要吸引人，不仅需要内容充实，主题明确，还需要外表美观。一个好看的背景能使 PPT 焕然一新。那么如何设置 PPT 的背景？怎么制作 PPT 背景图片呢？

(1) 在打开的 PPT 文档中，右击任意一张幻灯片的页面空白处，选择“设置背景格式”，如图 6-6 所示，或者单击“设计”选项卡，选择右边的“背景样式”中的“设置背景格式”如图 6-7 所示。

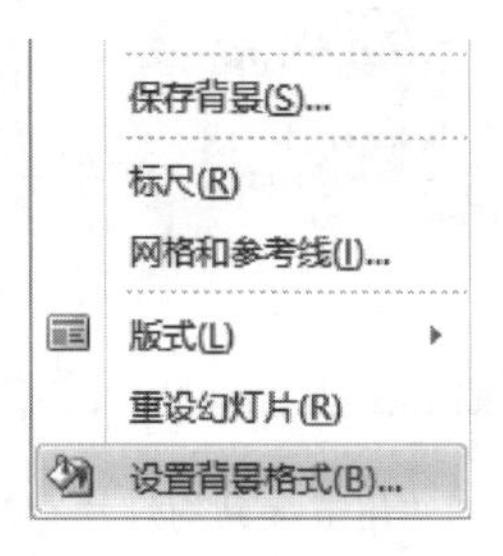

图 6-6　设置背景格式

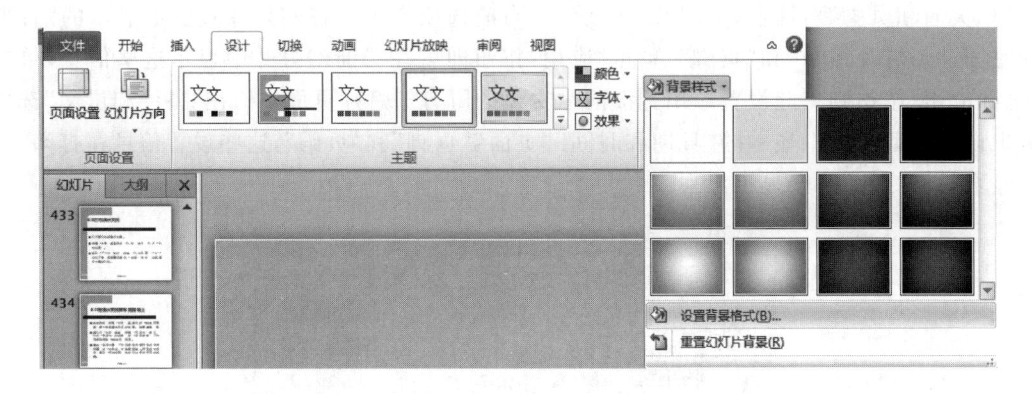

图 6-7　在“设计”选项卡中设置背景格式

(2) 在弹出的“设置背景格式”窗口中，选择左侧的“填充”，有“纯色填充”“渐变填充”“图片或纹理填充”“图案填充”4 种填充模式，用户不仅可以在 PPT 幻灯片中插入自己喜爱的图片背景，还可以将 PPT 背景设为纯色或渐变色，如图 6-8 所示。

图 6-8　“设置背景格式”选项卡

(3) 插入背景图片。选择“图片或纹理填充”,在“插入自”有两个按钮:一个是自“文件”,如图 6-9 所示,用户可选择本机电脑存储的 PPT 背景图片;一个是自“剪切画”,用户可搜索来自“office. com”提供的背景图片(需联网)。

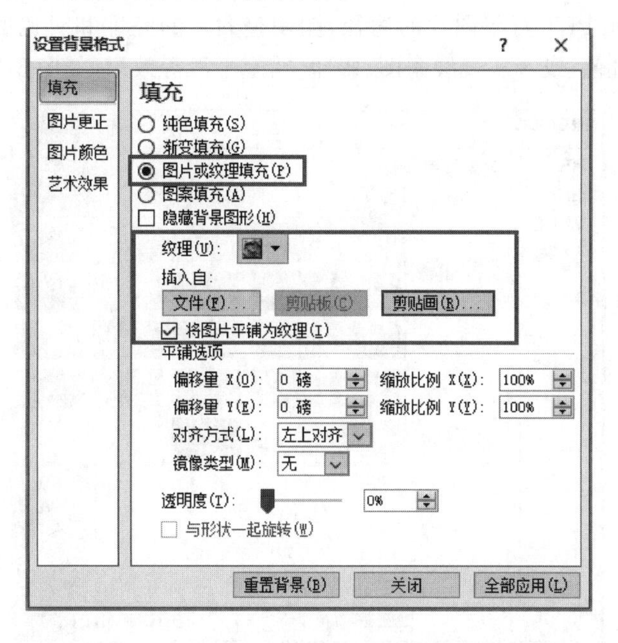

图 6-9　图片或纹理填充

(4) 单击“文件”按钮,弹出对话框“插入图片”,选择好图片的存放路径,然后单击“插入”即可插入准备好的图片。

(5) 回到“设置背景格式”窗口中,可以对插入图片做相关设置,如平铺偏移量、图片透明度等,如图 6-10 所示。

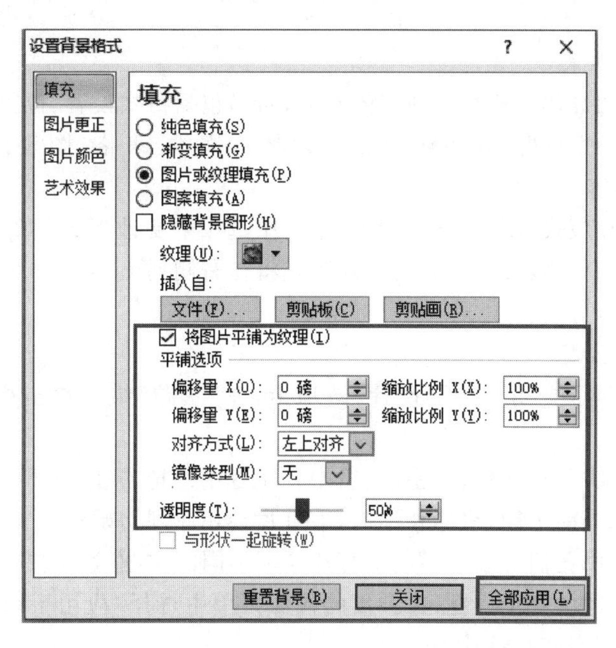

图 6-10　平铺选项和图片透明度设置

上述步骤只是为当前幻灯片插入了PPT背景图片，如果想要全部幻灯片都应用同一张PPT背景图片，那么需单击“设置背景格式”窗口右下角的“全部应用”按钮。

(6) 在PowerPoint 2010版本中，“设置背景格式”窗口有“图片更正”“图片颜色”以及“艺术效果”3种美化PPT背景图片的途径，能调整图片的亮度和对比度，更改颜色的饱和度和色调，能重新着色，或者实现线条图、影印、蜡笔平滑等效果，如图6-11所示。

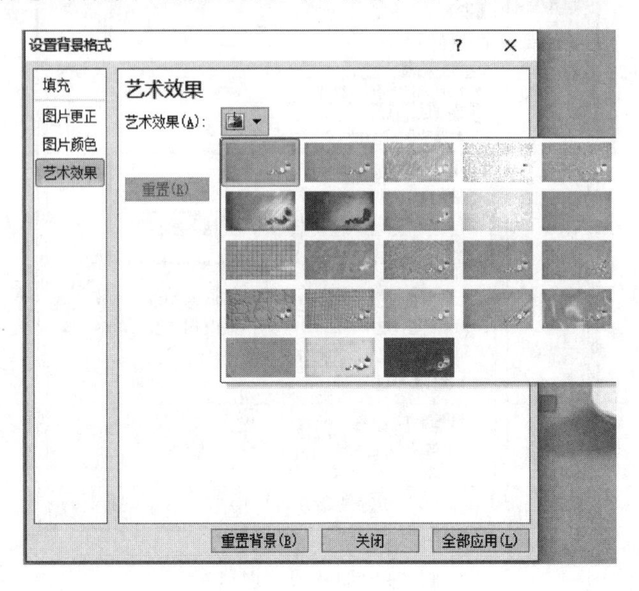

图6-11　背景图片美化

6.2.3　设置幻灯片版式和主题

幻灯片版式是指各个对象元素的排列分布，也就是俗称的排版。主题指的是PPT的整体风格。

1. 设置幻灯片版式

幻灯片版式是幻灯片上所显示内容的布局，布局包括格式设置、位置和占位符。占位符是幻灯片中带有虚线的框，在占位符中可以插入文本、表格、图表、图片、影片、声音、SmartArt图形等内容。

如果改变幻灯片版式，则需在幻灯片缩略图中选中要更改版式的幻灯片，右击鼠标，在弹出的快捷菜单中选择“版式”，所有幻灯片版式将在右侧列出，如图6-12所示，然后选择要应用的版式，单击即可。

2. 设置幻灯片主题

使用主题修饰演示文稿，打开“设计”选项卡，在“主题”组中单击相应的主题即可，如图6-13所示。

在选择主题时，将鼠标停留在“主题”组中各主题的缩略图上，随即会显示主题的名称，同时，幻灯片会应用当前主题，鼠标移出后，幻灯片会还原到初始状态。

在PowerPoint中我们可以对不同幻灯片应用不同的主题，选中要应用某一主题的幻灯片，右击“主题”组中的某一个主题，在弹出的快捷菜单中选择“应用于选定的幻灯片”命令，即可将该主题应用到当前幻灯片。

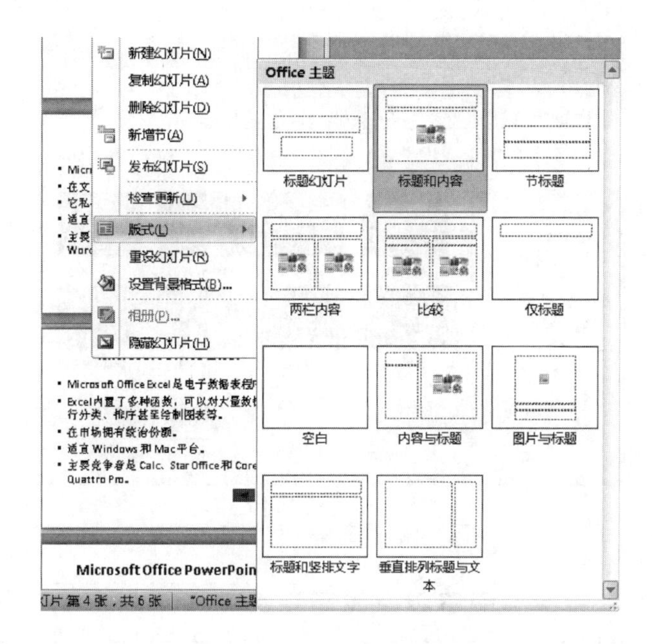

图 6-12 设置幻灯片版式

图 6-13 主题选项

应用某一个主题后，我们可以对主题的颜色、字体和效果进行设置。单击“主题”组右侧的“颜色”“字体”或“效果”，将打开对应的设置列表框，然后在其中选择要设置的效果，即可将此设置应用到主题中。

通过应用主题和设置幻灯片版式可以制作出丰富多彩的演示文稿，每一种主题都包括主题颜色、主题字体和主题效果。创建演示文稿时，我们可以先选定主题，再制作幻灯片；也可先制作幻灯片，再应用主题。

6.2.4 插入多媒体文件

有时为了使 PPT 的内容更丰富多彩，我们可以在演示文稿中插入多媒体文件，包括图片、音频、视频和 SmartArt 图形，并对所插入的文件进行编辑。

1. 在幻灯片中插入图片

将要插入图片的幻灯片设置为当前幻灯片，单击“插入”选项卡中“图像”组的“图片”，弹出“插入图片”对话框，如图 6-14 所示，然后双击要插入的图片，或者选中该图片后，单击“插入”按钮即可。在幻灯片中，可通过拖动图片或者拖动周围句柄的方式来调整插入图片的位置和大小。

当我们选中图片时，菜单中会显示“格式”选项卡，如图 6-15 所示，在此可以设置图片格式。

其中，单击“调整”组的“更正”项不仅可以设置图片的“锐化和柔滑”效果，还可以调整图片的“亮度和对比度”；单击“颜色”项可以调整图片的饱和度、色调，以及设置重新着色效果

图 6-14 “插入图片”对话框

图 6-15 “格式”选项卡

和透明色等；单击“艺术效果”项可以为图片设置相应的艺术效果。

单击“图片样式”组中的任意一种样式，可以将该样式应用到选中的图片中，同时也可以为图片设置“图片边框”“图片效果”和“图片版式”等。

在“排列”组中，我们可以设置图片的层次关系。在“大小”组中，我们可以设置图片大小，对图片进行裁剪等。PowerPoint 中“格式”选项卡的功能与 Word 和 Excel 中“格式”选项卡的功能相同。

2. *在幻灯片中插入音频*

在当前幻灯片插入音频，单击“插入”选项卡中“媒体”组的“音频”按钮，弹出“插入音频”对话框，选中需要的音频文件，然后单击“插入”按钮，或者直接双击此音频文件，即可将该音频文件插入到幻灯片中，同时在幻灯片页面中会出现音频播放图标，单击该图标下的“播放/暂停”按钮可以预览声音的播放效果，如图 6-16 所示。

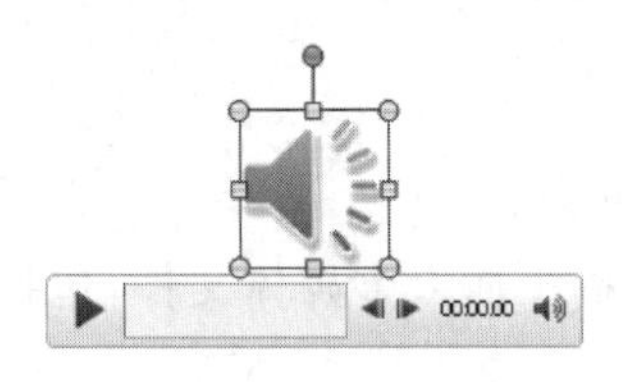

图 6-16 音频播放图标

如果希望在演示文稿的各页幻灯片放映中播放声音，需要对插入的音频文件进行设置，方法是选中在幻灯片插入的音频图标，然后通过“音频工具”下的“播放”选项卡进行设置，如图 6-17 所示。

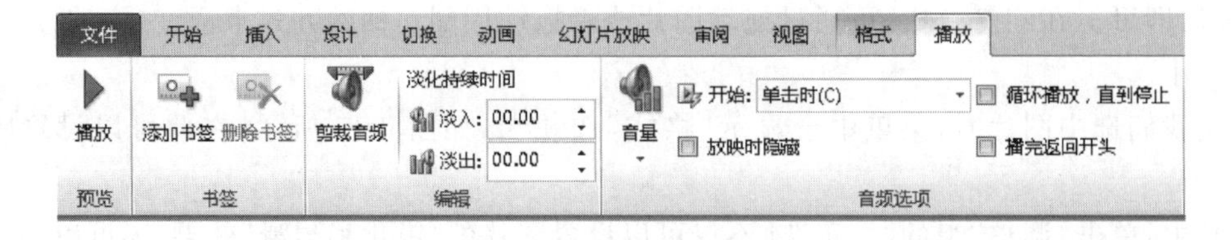

图 6-17 “播放”选项卡

在“书签”组中，可以在音频文件中添加书签和删除书签，插入书签的目的是可以快速定位音频文件的位置。单击音频图标下的“播放/暂停”按钮可播放或暂停音频，当需要保存书签时，单击“添加书签”按钮，此时播放进度上会增加一个圆点作为书签。

在“编辑”组中，通过“剪裁音频”截取插入声音中的一段音频进行播放，通过设置“淡入”和“淡出”时间可以调节音频的播放效果。

在“音频选项”组的“开始”下拉列表中选择播放音频的方式，其中包括“单击时”“自动”和“跨幻灯片播放”3 种方式，通常默认为“单击时”播放声音。如果选择“自动”，则会在幻灯片放映时自动播放音频。如果选择“跨幻灯片播放”，则会使音频播放延续到后续幻灯片中。若选中“放映时隐藏”复选框，则在放映时将隐藏幻灯片中插入的音频图标。“循环播放，直到停止”复选框能解决音频文件持续时间短的情况，选中这个复选框可以使音频文件在整个幻灯片放映中循环播放。

3. 在幻灯片中插入视频

选中要插入视频的幻灯片，单击“插入”选项卡“媒体”组的“视频”按钮，弹出“插入视频文件”对话框，找到要插入的视频文件并选中它，然后单击“插入”按钮或者双击该视频文件即可插入视频，与此同时，幻灯片页面中会出现视频图标，单击该图标下的“播放”按钮可以播放插入的视频，如图 6-18 所示。

图 6-18　播放视频

对插入的视频进行设置需要在“视频工具”的“格式”选项卡中进行，如图 6-19 所示。如果要设置视频效果，则需先选中要设置效果的视频，然后在“视频工具”的“格式”选项卡中找到“视频样式”，单击其中的一种样式，将此样式应用到视频，也可以单击“视频形状”“视频边框”和“视频效果”，在打开的下拉列表中进行视频效果的设置。

图 6-19　“视频工具”的“格式”选项卡

视频的编辑方法与音频的编辑方法类似，下面简要介绍裁剪视频的方法。选中要裁剪的视频，在“播放”选项卡的“编辑”组中，单击“剪裁视频”按钮，弹出“剪裁视频”对话框，如图 6-20 所示，拖动视频播放条左侧的绿色标记设置视频的新起始位置，拖动视频播放条右侧的红色标记设置视频的新结束位置，也可直接设置开始播放时间和结束播放时间。设置完成后,可以单击“播放”按钮进行预览。最后单击“确定”按钮,结束视频剪裁。

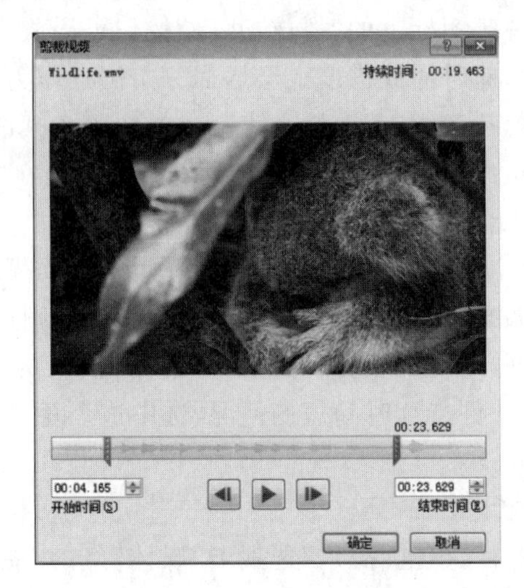

图 6-20 “剪裁视频”对话框

3. 在幻灯片中插入 SmartArt 图形

众多演示文稿处理软件提供了类似“组织结构图”这样的图示功能,帮助演示者通过绘制相应图形和添加文本,来理清文稿内容的逻辑关系,使要表达的内容更加清晰、直观、准确。PowerPoint 中通过 SmartArt 图形来完成这个功能,操作步骤如下。

(1) 在演示文稿中插入 SmartArt 图形。单击“插入”选项卡中“插图”组中的“SmartArt”按钮,弹出“选择 SmartArt 图形”对话框,如图 6-21 所示。根据要表达信息的类型和特征,在该对话框中选择一种 SmartArt 图形,单击“确定”按钮即可将该图形插入到幻灯片中。

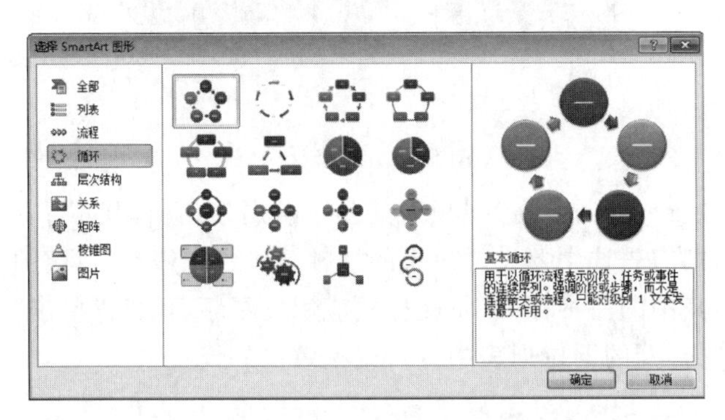

图 6-21 “选择 SmartArt 图形”对话框

(2) 在 SmartArt 图形中添加文本。选中插入的 SmartArt 图形,单击“在此处键入文字”对话框中的“[文本]”,然后输入相应内容即可,如图 6-22 所示。

(3) 在 SmartArt 图形中添加或删除形状。单击 SmartArt 图形中最接近添加位置的现有形状,在“SmartArt 工具”的“设计”选项卡中,单击“创建图形”组中的“添加形状”后的箭头,若在所选形状之后插入形状,则单击“在后面添加形状”命令,若在所选形状之前插入图形,则单击“在前面添加形状”命令。若要从 SmartArt 图形中删除形状,则首先要选中要删除的形状，然后按 Delete 键即可。若选中 SmartArt 图形的边框，然后按 Delete 键，则删除整个 SmartArt 图形。

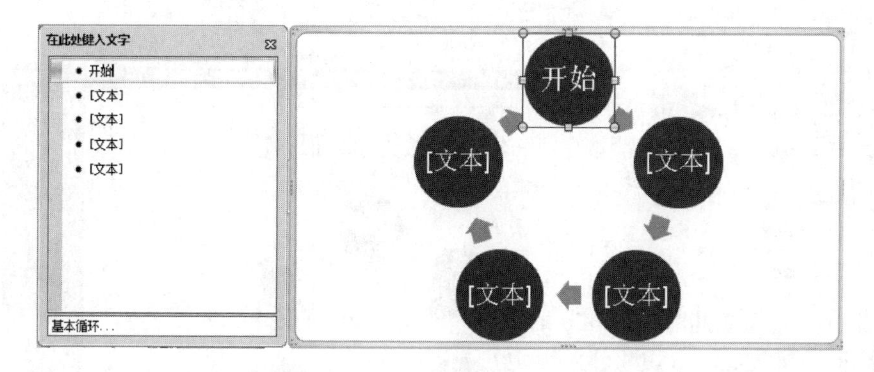

图 6-22　在 SmartArt 图形中添加文本

（4）更改整个 SmartArt 图形的颜色。选中要修改颜色的 SmartArt 图形，在“SmartArt 工具”的“设计”选项卡中，单击“SmartArt 样式”组中的“更改颜色”，如图 6-23 所示，打开颜色下列列表，单击其中的任何一种颜色，即可将该颜色应用于选中的 SmartArt 图形上。

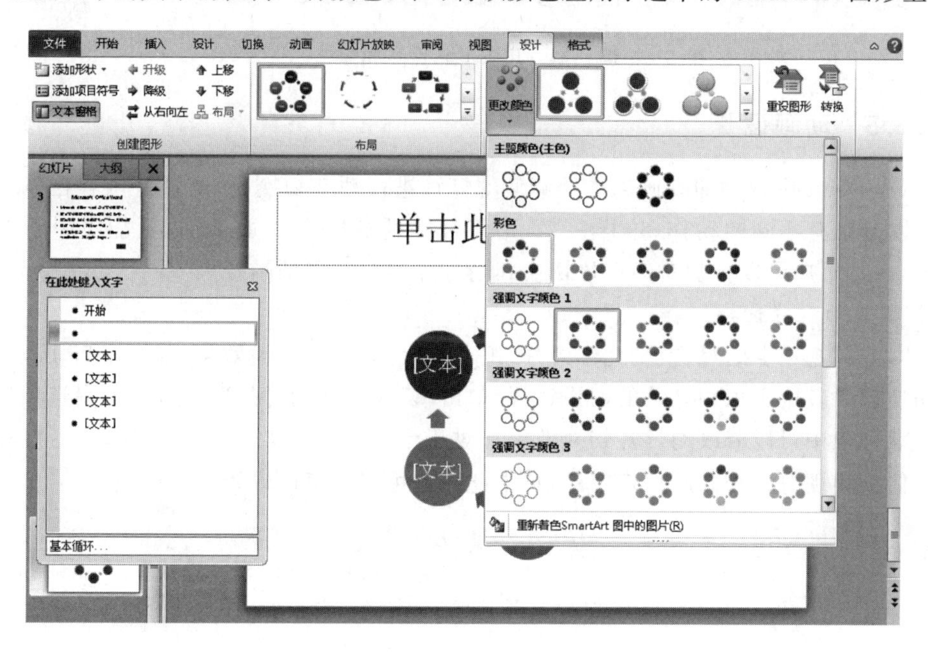

图 6-23　更改 SmartArt 图形颜色

（5）更改形状的填充颜色。选中要更改颜色的形状，在“SmartArt 工具”的“格式”选项卡中，单击“形状样式”组中的“形状填充”，打开调色板，在其中单击某一颜色，即可将此颜色填充到所选中的形状。另外，在“形状样式”组中也可以设置形状轮廓和形状效果，如图 6-24 所示。

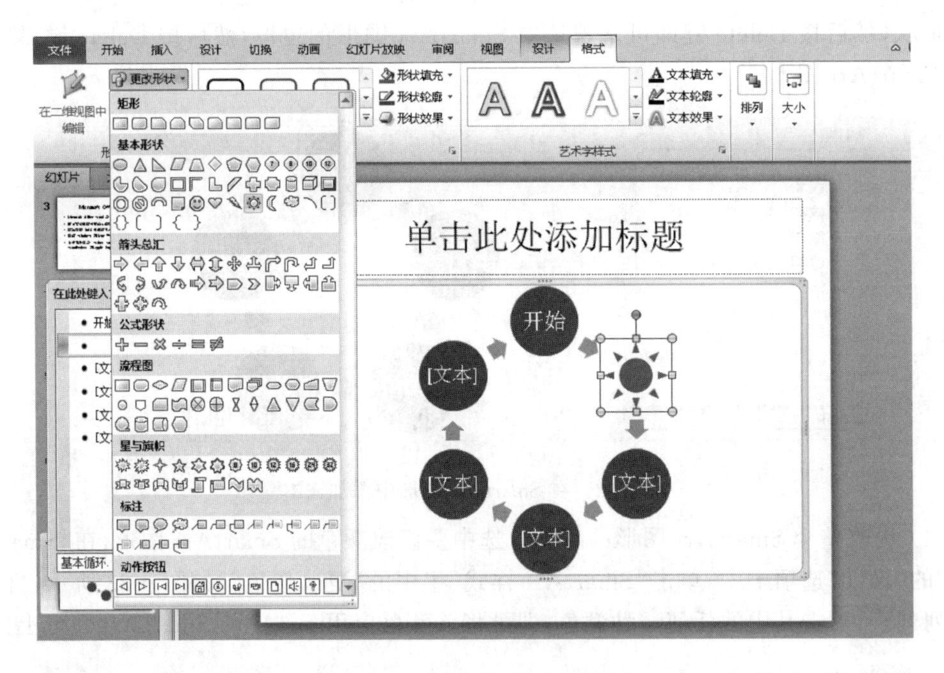

图 6-24　更改形状样式和颜色

6.2.5　动画设置

PowerPoint 中提供的动画功能能够使幻灯片进行动态切换，使幻灯片内容在显示和消失时可以分别有不同的动作，这样一来，幻灯片在播放时会更加生动，更能吸引听众。在 PowerPoint，用户可以分别对幻灯片切换和幻灯片内容应用动画效果。

1. 设置幻灯片切换

在“切换”选项卡的“切换到此幻灯片”组，单击任意一种切换效果，如图 6-25 所示，即可将该切换效果应用于该幻灯片的切换过程，单击“切换到此幻灯片”组中的“效果选项”，在打开的下拉列表中可以修改幻灯片切换效果。对于已设置切换效果的幻灯片，在幻灯片缩略图的左侧会出现“播放动画”按钮“☆”，单击此按钮可以预览已设置的切换效果。

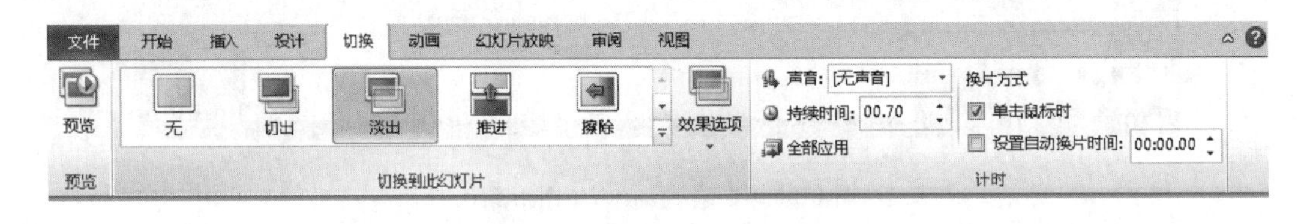

图 6-25　“幻灯片切换”选项卡

通过“切换”选项卡的“计时”组可以设置幻灯片切换的声音效果及幻灯片切换的持续时间，单击“全部应用”可将设置的幻灯片切换效果应用到该演示文稿的所有幻灯片切换过程中。在“计时”组中也可以设置幻灯片切换方式。

2. 设置动画

对幻灯片内的对象添加动画效果和设置幻灯片切换方式，能使演示文稿的放映不再单调。

（1）添加动画。在第 1 页幻灯片中选中“Microsoft Office 常用软件”标题框，在“动画”选项卡中单击“动画”组中“动画效果”后面的按钮，或单击“动画”选项卡中“高级动画”组中的“添加动画”，打开动画效果下拉列表，如图 6-26 所示，单击其中的“更多进入效果”命令，打开“添加进入效果”对话框，如图 6-27 所示，选择“擦除”效果后单击“确定”按钮，即可将动画效果应用于选定的对象上。对于已有动画的幻灯片，在幻灯片缩略图的左侧会出现“播放动画”按钮“☆”，单击此按钮可以预览已设置的动画。

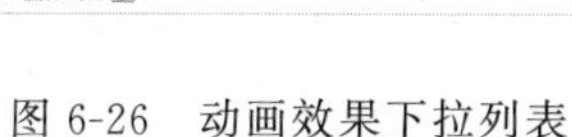
图 6-26 动画效果下拉列表

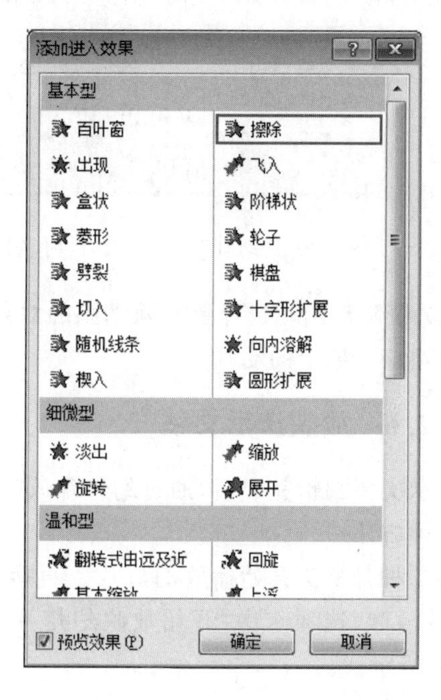

图 6-27 “添加进入效果”对话框

（2）对动画效果进行设置。选中已设置动画的对象，即“Microsoft Office 常用软件”标题框，在“动画”选项卡中单击“动画”组中的“效果选项”，在打开的下拉列表中选择效果，也可以单击“高级动画”组中的“动画窗格”按钮，打开“动画窗格”，如图 6-28 所示，在动画窗格上右击要设置效果的动画对象，然后单击弹出的快捷菜单中的“效果选项”命令，打开效果对话框对动画进行设置，在“擦除”效果对话框中可以设置动画的方向，以及播放动画的声音效果等，如图 6-29 所示。

图 6-28 动画窗格

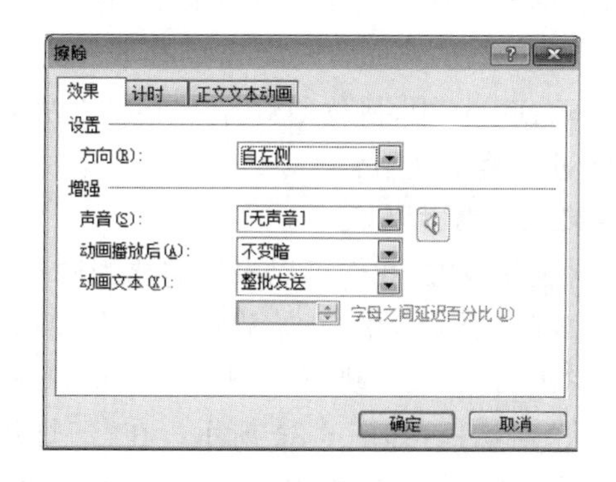

图 6-29 “擦除”效果对话框

在“动画”选项卡的“计时”组中可以设置动画的开始方式、持续时间，以及延迟开始的时间，如图 6-30 所示。在幻灯片中选中已经设置动画的某个对象，通过单击“计时”组中的“向前移动”或“向后移动”可以调整该对象动画的播放顺序。

在 PowerPoint 中，可以使用“动画刷”快速地将动画从一个对象复制到另一个对象。在使用动画刷时，首先选择要复制的对象，然后在“动画”选项卡的“高级动画”组中单击“动画刷”按钮，如图 6-31 所示，此时光标变为带刷子的指针，最后在幻灯片上单击目标对象即可。

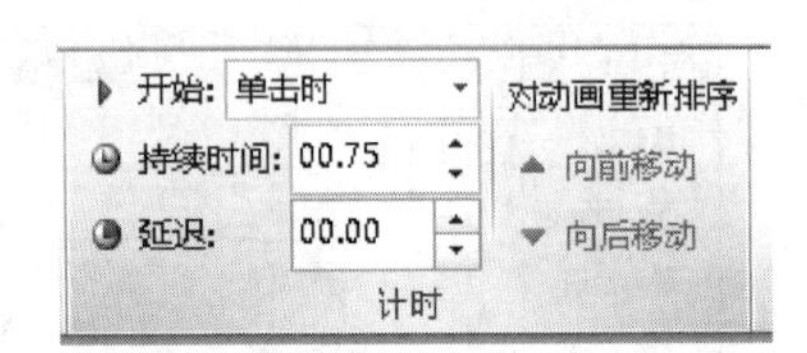

图 6-30 “动画”选项卡的“计时”组

图 6-31 “动画”选项卡的“高级动画”组

(3) 删除动画。选择要删除动画的对象，然后在“动画”选项卡的“动画”组中，单击“无”即可删除该对象上的动画。

6.2.6 放映演示文稿

演示文稿编辑完成后，通过幻灯片放映才可以将其播放给观众。播放幻灯片经常使用以下 2 种方法。

第 1 种是从头开始播放幻灯片。直接按 F5 键就可以从头开始播放，也可以通过单击“幻灯片放映”选项卡中“开始放映幻灯片”组中的“从头开始”按钮来从头播放幻灯片，如图 6-32 所示。

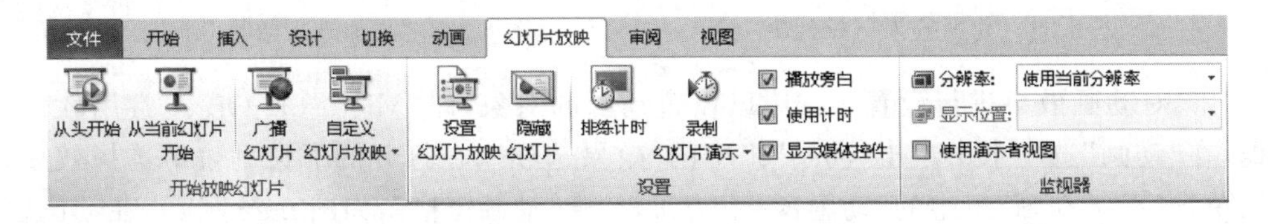

图 6-32 “幻灯片放映”选项卡

第 2 种是从当前幻灯片开始播放。按“Shift+ F5”组合键即可从当前幻灯片开始播放，也可以通过单击“幻灯片放映”选项卡中“开始放映幻灯片”组中的“从当前幻灯片开始”来实现，还可以直接单击 PowerPoint 窗口右下方的“幻灯片放映”按钮“”。

在 PowerPoint 中，播放幻灯片除上述方法外，还有自定义幻灯片放映、排练计时等方式，下面将进行简单介绍。

1. 自定义幻灯片放映

通过自定义放映，我们可以根据需要为同一个演示文稿设置多种不同的放映组合。单击“幻灯片放映”选项卡中“开始放映幻灯片”组中的“自定义幻灯片放映”，然后打开“自定义放映…”，弹出“自定义放映”对话框，如图 6-33 所示，再单击其中的“新建”按钮，弹出“定义自定义放映”对话框，如图 6-34 所示。在“幻灯片放映名称”后的文本框中输入自定义放映的名称，然后从“在演示文稿中的幻灯片”列表中选择需要放映的幻灯片后单击“添加”按钮，将要放映的幻灯片添加到“在自定义放映中的幻灯片”列表中，如果不需要播放此幻灯片，可以在“在自定义放映中的幻灯片”列表中选中该幻灯片，然后单击“删除”按钮即可。选中在“在自定义放映中的幻灯片”列表中的幻灯片，单击“向上”“向下”按钮，可以调整自定义放映中幻灯片放映的先后顺序，单击“确定”按钮完成对自定义放映的设置，并返回到“自定义放映”对话框中，在该对话框中将显示新建的幻灯片放映。在“自定义放映”对话框中，用户可以整体编辑或删除自定义放映，也可以单击“放映”按钮播放自定义的幻灯片。

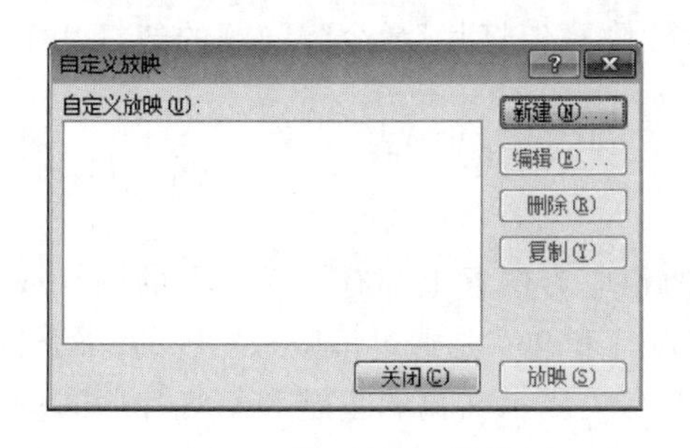

图 6-33　“自定义放映”对话框

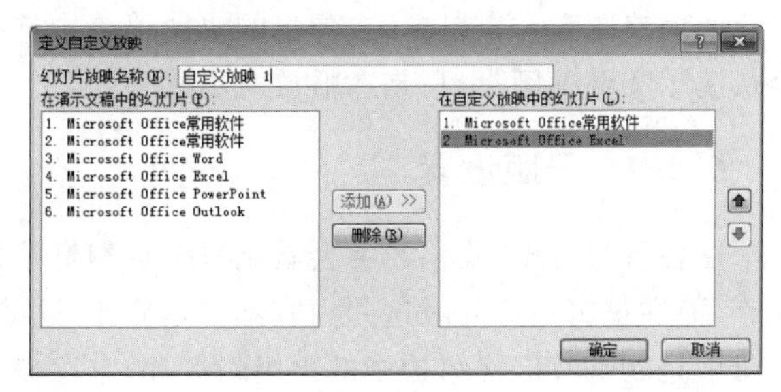

图 6-34　“定义自定义放映”对话框

2. 排练计时

启动排练计时。启动排练计时时会进入幻灯片放映状态，并记录放映每张幻灯片所用的时间，保存这些放映计时，方便在以后的自动放映中使用。单击“幻灯片放映”选项卡中“设置”组的“排练计时”按钮，进入幻灯片播放状态，同时在屏幕左上角会出现“录制”对话框，显示当前幻灯片放映的持续时间和放映至当前幻灯片所用的时间。播放完演示文稿中的最后一页幻灯片后，会弹出提示对话框，如图 6-35 所示，里面包含幻灯片放映的总时间，用户可以选择是否保留此次排练计时。

图 6-35　播放完演示文稿提示对话框

关闭幻灯片排练计时。在“幻灯片放映”选项卡的“设置”组中，单击“设置幻灯片放映”，然后打开“设置放映方式”对话框，如图 6-36 所示，在“换片方式”中选择“手动”即可。

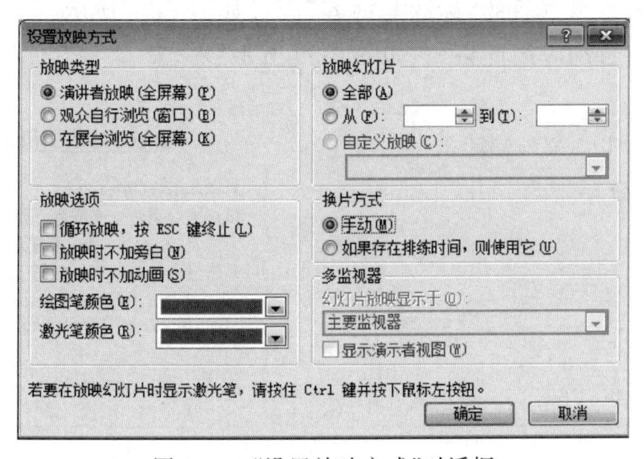

图 6-36　“设置放映方式”对话框

关闭排练计时并不会将其从幻灯片中删除，随时都可以再次打开这些排练时间，在“幻灯片放映”选项卡的“设置”组中，单击“设置幻灯片放映”，打开“设置放映方式”对话框，在“换片方式”中将“手动”改为“如果存在排练时间，则使用它”即可。

隐藏幻灯片是指在放映时不放映该幻灯片。设置隐藏幻灯片时，先将光标定位在要隐藏的幻灯片上，然后单击“幻灯片放映”选项卡“设置”组中的“隐藏幻灯片”即可，也可以在幻灯片的缩略图上右击鼠标，在弹出的快捷菜单中选择“隐藏幻灯片”命令。隐藏的幻灯片不会从演示文稿中删除，只是在播放时不放映。

6.2.7　母版设置

在各种报告中，我们经常会看到每一页幻灯片的相应为位置上都有一模一样的图片或文字，而在编辑幻灯片时这些内容不能够修改，这些图片和文字是通过母版来实现的。幻灯片母版是幻灯片层次结构中的顶级幻灯片，它存储着有关演示文稿的主题和幻灯片版式的所有信息，包括背景、颜色、字体、效果、占位符大小和位置，每个演示文稿至少包含一个幻灯片母版。用户可以编辑幻灯片母版或对应的版式，而不必在多张幻灯片上重复输入或处理相同的信息。重新设计并保存的母版，对后续插入的新幻灯片的样式同样有效。

在“视图”选项卡下打开母版编辑视图，如图 6-37 所示，单击“母版视图”组中的“幻灯片母版”按钮，PowerPoint 界面将切换为幻灯片母版编辑视图。

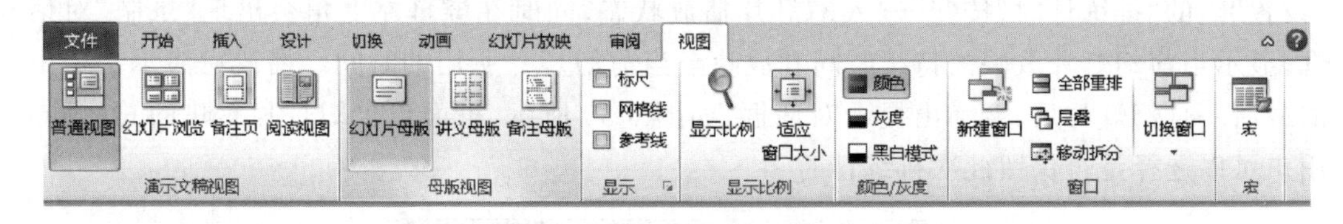

图 6-37　“视图”选项卡

1. 修改现有母版

母版内容格式的设置方法与幻灯片内容格式的设置方法相同。在幻灯片母版编辑视图下，将“标题与内容”版式作为当前的显示内容。单击母版中标题的内容“单击此处编辑母版标题样式”，然后打开“开始”选项卡，在“字体”组内进行文字设置，如设置下划线等。对于文本样式，则需要选中要编辑的内容，如更改“第二级”文本的格式，应先选中“第二级”，然后再设置字体和段落格式。修改后的“标题与内容”版式如图 6-38 所示，关闭模板视图后，与其版式对应的幻灯片将自动应用此格式，如图 6-39 所示。

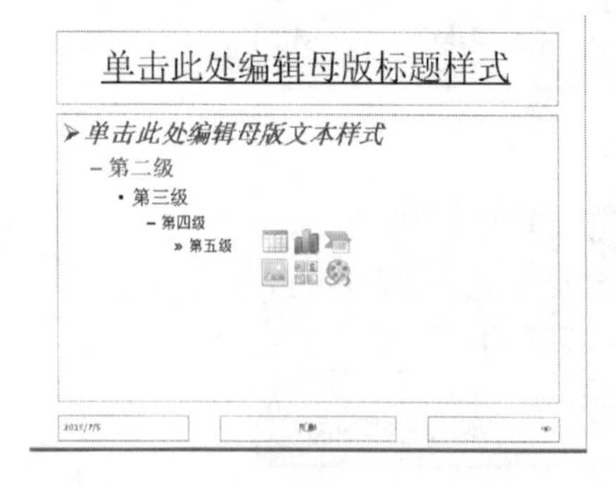

图 6-38　修改后的“标题与内容”版式

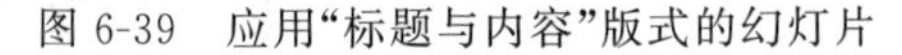

图 6-39　应用“标题与内容”版式的幻灯片

对现有模板进行格式设置时，除了对可以文字和段落进行设置，还可以插入图片，所添加的图片将出现在所有相应版式的幻灯片中。

除了对上述内容的编辑之外，在母版中还可以设置幻灯片切换，以及插入动画、音频或视频等。同学们在使用时，只需对幻灯片设置相应版式就可以使用新的母版。

2. 创建新版式

PowerPoint 自带版式有限，可能满足不了用户的需求，这时就需要自定义版式。具体步骤如下。

(1) 在“幻灯片母版”选项卡的“编辑母版”组中单击“插入版式”按钮，在左侧增加 1 个版式，该版式内包含标题和页脚，我们可在“幻灯片母版”选项卡的“母版版式”组中取消勾选标题和页脚前的复选框。

(2) 在“幻灯片母版”选项卡的“母版版式”组中单击“插入占位符”按钮，出现能够使用的占位符列表，如图 6-40 所示，选中其中一类占位符，光标随即变成“+”形状，在新模板空白处拖拽鼠标调节占位符的位置和大小，如图 6-41 所示。

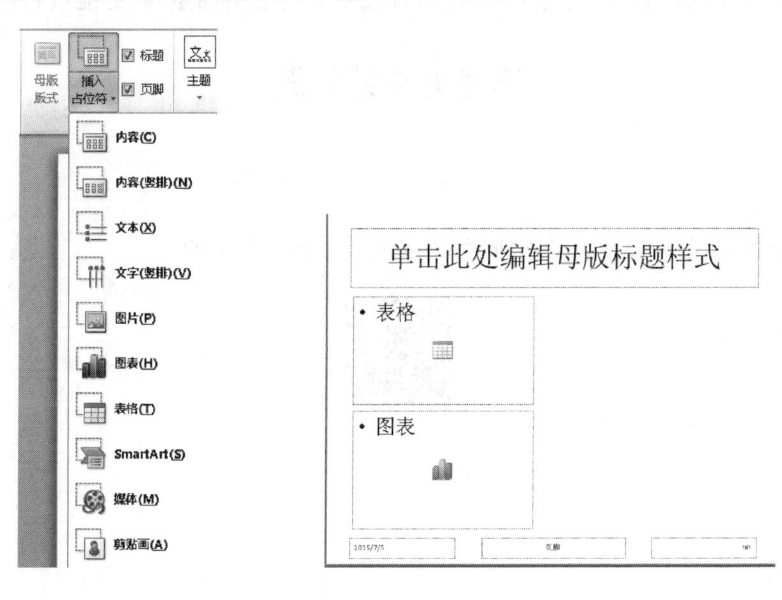

图 6-40　占位符列表　　　　图 6-41　新建版式

(3) 更改新版式中其他内容的格式，如文字、段落、图片等。

(4) 重命名新建版式。在新建版式上右击鼠标，在弹出快捷菜单中选择“重命名版式”，弹出“重命名版式”对话框，然后在对应文本框内输入新版式的名称，单击“重命名”按钮即可。

在完成上述设置后，关闭母版视图，在“开始”选项卡的“幻灯片”组中的“版式”中，将出现重命名后的版式。

注意，对版式所做出的修改只在应用了此版式的幻灯片上体现。

本 章 小 结

1. 使用 PowerPoint 制作演示文稿，通常包括创建新演示文稿、设置幻灯片主题和版式、插入图形、设置动画等几步。

2. 设置幻灯片背景。在打开的PPT文档中，右击任意PPT幻灯片页面的空白处，选择“设置背景格式”。

3. 幻灯片版式是幻灯片上所显示内容的布局，布局内容包括格式、位置和占位符。占位符是幻灯片中带有虚线的框，在占位符中可以插入文本、表格、图表、图片、影片、声音、SmartArt图形等内容。

4. 将要插入图片的幻灯片设置为当前幻灯片，单击“插入”选项卡中“图像”组的“图片”，弹出“插入图片”对话框。

5. 在当前幻灯片中插入音频。单击“插入”选项卡中“媒体”组的“音频”按钮，弹出“插入音频”对话框，选择需要的音频文件，单击“插入”按钮或者双击此音频文件，即可将该音频文件插入到幻灯片中。

6. PowerPoint中提供的动画功能能够使幻灯片动态地切换，使幻灯片的内容在显示和消失时可以有不同的动作，这样一来，幻灯片在播放时会更加生动，更能吸引听众。

思考题与练习题

操作题

扫描下面的二维码下载文档，按照文档要求制作精美的PPT。

第7章 计算机网络

计算机网络也称计算机通信网，是计算机技术与通信技术高度发展、紧密结合的产物。计算机网络起源于20世纪70年代，经过几十年的高速发展，计算机网络已经无处不在，对人们的日常生活、工作甚至思想都产生了较大的影响。

本章主要介绍计算机网络的基础知识，以及计算机网络的应用，如信息检索、邮件、在线学习等。

7.1 网络概述

计算机网络已成为人们日常生活和工作中不可或缺的一部分，它的发展水平已成为衡量一个国家科技水平和社会信息化程度的标准之一。

7.1.1 计算机网络的定义

迄今为止，人们对计算机网络并没有一个统一的定义，而且随着网络技术的发展，人们对网络的定义也随之发生变化。

从资源共享的角度来看，计算机网络是指能够以相互共享资源的方式互连起来的独立的计算机系统的集合。通过将物理上分散的若干计算机有机连接起来，可达到资源共享和协同工作的目的。

从用户角度来看，计算机网络是指能为用户自动管理资源的网络操作系统，由它来自动调度用户所需的资源，整个网络像一个大的计算机系统，对用户是透明的。

从广义角度来看，计算机网络是指将地理位置不同的具有独立功能的多台计算机及其外部设备，通过通信线路连接起来，在网络操作系统、网络管理软件及网络通信协议的管理和协调下，实现资源共享和信息传递的计算机系统。

7.1.2 计算机网络的发展史

1997年，在美国拉斯维加斯全球计算机技术博览会上，微软公司总裁比尔·盖茨先生发表了演说。在演说中他所强调的“网络才是计算机”的精辟论点充分体现了信息社会中计算机网络的重要地位。计算机网络技术的发展已成为当今世界高新技术发展的核心之一，它的发展历程是曲折的，计算机网络的发展可分为以下几个阶段。

1. 第1阶段——萌芽阶段(主机-终端网络)

在20世纪50年代以前，因为计算机主机相当昂贵，而通信线路和通信设备相对便宜，为了共享计算机主机资源和综合处理信息，形成了第一代以单主机为中心的联机终端系统，如图7-1所示，称为面向终端的计算机网络。

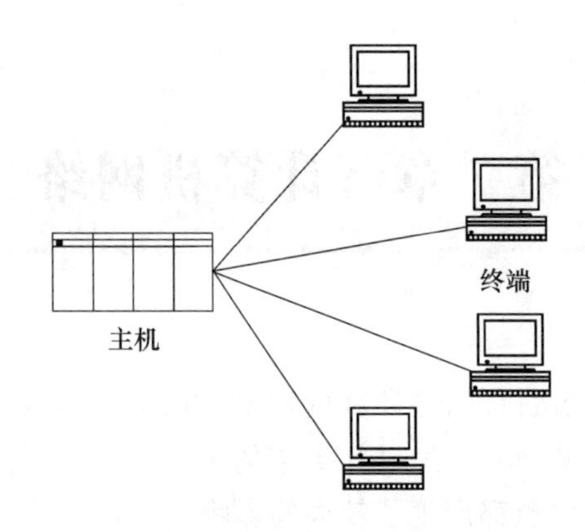

图 7-1　面向终端的计算机网络

终端是一台计算机的外部设备,包括显示器和键盘,无 CPU 和内存。终端只承担输入和输出的功能,向主机发送数据和处理请求,主机运算后将处理结果发回给终端进行显示,终端用户的数据存储在主机系统中。这样的通信系统已具备网络的雏形。

2. 第 2 阶段——形成阶段(主机-主机通信网络)

随着计算机网络技术的发展,到 20 世纪 60 年代中期,计算机网络不再局限于单计算机网络,许多单计算机网络相互连接形成了一个由多台主机相连的计算机网络。典型代表是美国国防部高级研究计划局协助开发的 ARPANET,这是一种连接整个美国国防部研究机构的网络。它是由美国高级研究规划署(ARPA)提供资金,于 1969 年创建的,如图 7-2 所示。ARPANET 网络中主机之间不是直接用线路相连的,而是由接口报文处理机(IMP)转接后互联的。

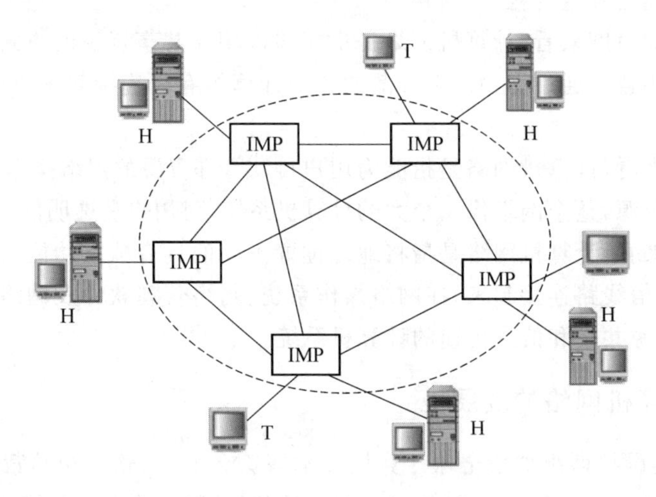

图 7-2　ARPANET 网络结构

IMP 和它们之间互连的通信线路一起负责主机间的通信任务,构成了通信子网。与通信子网互连的主机组成资源子网,承担程序的执行。在这个时期,网络被定义为"以相互共享资源为目的互连起来的具有独立功能的计算机集合体",由此形成了计算机网络的基本概念。

3. 第3阶段——成熟阶段(开放式的标准化计算机网络)

20世纪70年代末至90年代的第三代计算机网络是具有统一网络体系结构并遵守国际标准的开放式和标准化网络。ARPANET兴起后,计算机网络迅猛发展,各大计算机公司相继推出了自己的网络体系结构及实现这些结构的软硬件产品。由于没有统一的标准,不同厂商的产品之间的互联很难实现,人们迫切需要一种开放性的标准化网络环境,两种国际通用的重要的体系结构就这样应运而生了,即TCP/IP体系结构和OSI体系结构。

TCP/IP体系结构是用于计算机通信的一组协议,通常称它为TCP/IP协议族。它是20世纪70年代中期美国国防部为其ARPANET广域网开发的网络体系结构和协议标准。从协议分层模型方面来讲,TCP/IP体系结构由网络接口层、网络层、传输层和应用层组成。OSI体系结构(开放式系统互联)是由国际标准化组织制定的,它把网络通信的工作分为7层,每一层负责一项具体的工作,然后把数据传送到下一层。

4. 第4阶段——高速网络技术阶段(新一代计算机网络)

20世纪90年代至今,由于局域网技术发展逐渐成熟,出现光纤及高速网络技术、多媒体网络技术和智能网络技术,整个网络就像一个对用户透明的大型计算机系统。以Internet(因特网)为代表的互联网,经历了3个发展阶段。

(1) 从单一的APRANET发展为互联网

1969年美国国防部创建的第一个分组交换网ARPANET(简称ARPA)最初只是一个单独的分组交换网(不是互联网),但到了20世纪70年代中期,人们已认识到不可能仅使用一个单独的网络来满足所有的通信问题。于是ARPA开始研究多种网络(如分组无线电信网)互联的技术,这就导致后来互联网的出现。这样的互联网就是现在因特网的雏形。

(2) 建成三级结构的因特网

1986年美国国家科学基金会(National Science Foundation,NSF)建立了国家科学基金网NSFNET。它是一个三级计算机网络,分为主干网、地区网和校园网(或企业网)。这种三级计算机网络覆盖了全美国主要的大学和研究所,并且成为因特网的主要组成部分。1991年,美国政府决定将因特网的主干网转交给私人公司来经营,并开始对接入因特网的单位进行收费。1993年因特网主干网的速率提高到45 Mbit/s。

(3) 建立多层次ISP结构的因特网

从1993年开始,由美国政府资助的NSFNET逐渐被若干个商用的因特网主干网替代,政府机构不再负责因特网的运营。因特网服务提供者(Internet Service Provider,ISP)就是一个进行商业活动的公司,因此ISP又常译为因特网服务提供商。根据提供服务的覆盖面积大小以及所拥有的IP地址数目的不同,ISP分为不同的层次:主干ISP、地区ISP、本地ISP。主干ISP由几个专门的公司创建而成,服务面积最大(一般都能覆盖到国家范围)并且拥有高速主干网。地区ISP是较小的ISP,位于等级的第二层,数据传输率也低一些。本地ISP给用户提供直接的服务。三层ISP结构的因特网如图7-3所示。

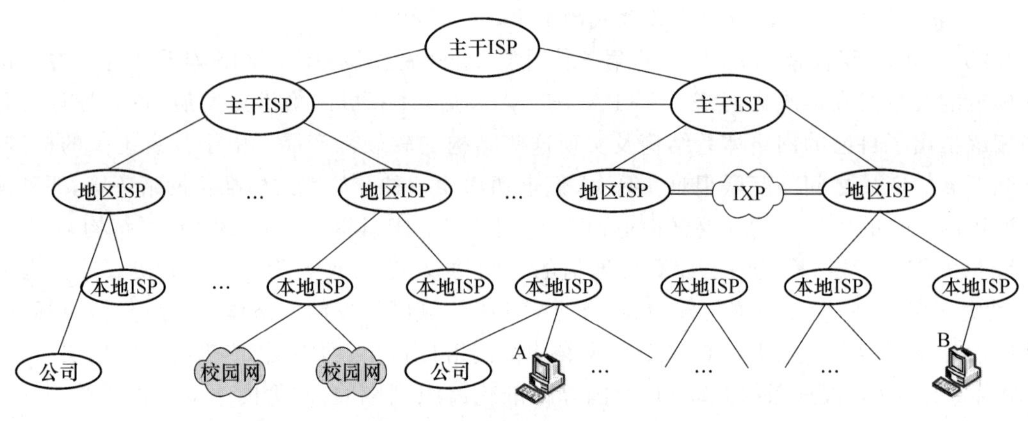

图 7-3　三层 ISP 结构的因特网

7.1.3　计算机网络的分类

计算机网络可以按照不同的特点进行分类，如可按照网络的规模、网络的拓扑结构等进行分类。

按照网络的规模(覆盖地理范围)由小到大，计算机网络可以分为局域网、城域网、广域网和互联网 4 种。局域网一般来说只能覆盖一个较小区域，城域网用于不同地区的网络互联。网络划分并没有严格意义上的地理范围的区分，只能是一个定性的概念。

(1) 局域网(local area network，LAN)

局域网是最常见、应用最广的一种网络，它在计算机数量配置上没有太多的限制，少的可以只有两台，多的可达几百台。局域网一般覆盖范围在几米至 10 km 以内，如图 7-4 所示。

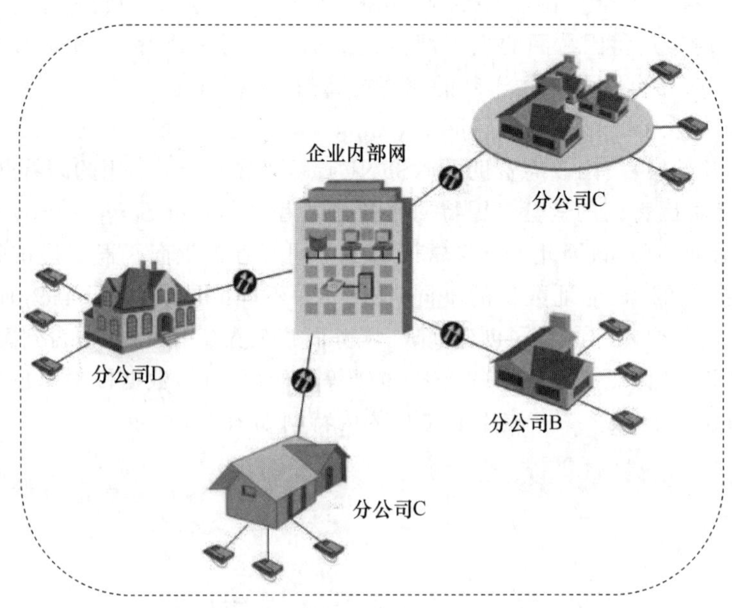

图 7-4　局域网

局域网的特点有连接范围窄、用户数量少、配置容易和连接速率高(10 Mbit/s～10 Gbit/s)等。主要的 LAN 有以太网(Ethernet)、令牌环网(Token Ring)、光纤分布式接口网(FDDI)、异步传输模式网(ATM)以及最新的无线局域网(WLAN)等。

(2) 城域网(metropolitan area network,MAN)

城域网主要覆盖一个城市,提供城市范围内多个企事业单位、学校等局域网的互联,规模介于局域网和广域网之间,网络覆盖范围在 10～100 km,如图 7-5 所示。

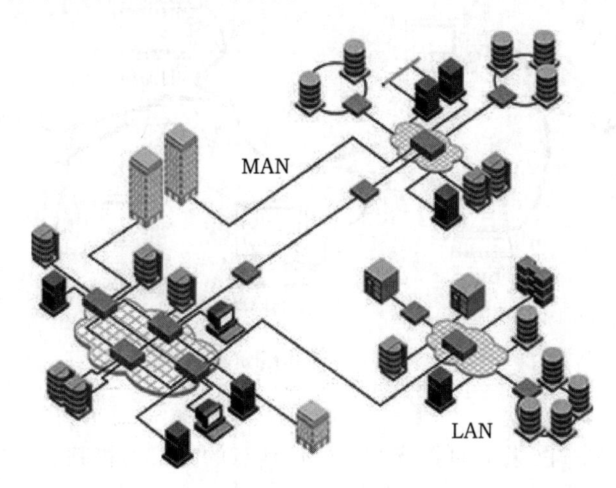

图 7-5 城域网

(3) 广域网(wide area network,WAN)

广域网也称为远程网,其覆盖的范围比城域网(MAN)更广,能覆盖一个地区、一个国家甚至多个国家,地理跨度可达几十到几千千米,如图 7-6 所示。广域网所连接的用户多,而总出口带宽有限,所以用户的终端连接速率一般较低,传输速率为 9.6 kbit/s～45 Mbit/s。

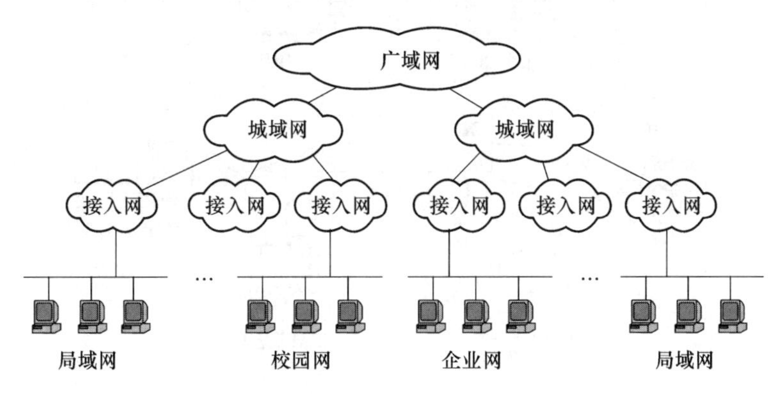

图 7-6 广域网

(4) 因特网

在网络技术不断更新的今天,用网络互连设备将各种类型的广域网、城域网和局域网互连起来,形成了因特网。它是世界上发展速度最快、应用最广和规模最大的公共计算机信息网络系统。

计算机网络拓扑通过通信线路与网络节点之间的几何关系,表示网络结构,反映网络中各实体间的关系。网络按照拓扑结构分为:总线形、星形、环形、树形和网状网络。

（1）总线形网络

总线形拓扑结构利用一根总线（如同轴电缆等）连接各计算机节点，各节点共享传输介质，如图 7-7 所示。总线形网络特点主要是结构简单、易于实现、易于扩展且可靠性较好，但是容易出现网络冲突。总线形拓扑结构适用于计算机数目相对较少的局域网络，通常网络的传输速率为 100 Mbit/s，主要适用于家庭、宿舍等网络规模较小的场所。

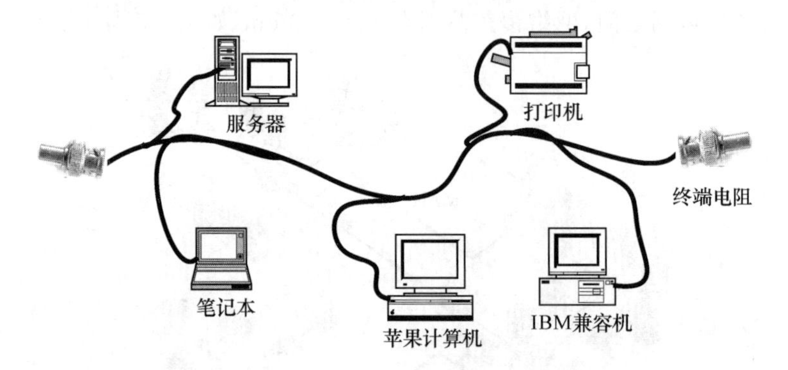

图 7-7　总线形网络

（2）星形网络

在星形拓扑结构中，网络中的各节点通过点到点的方式连接到一个中央节点（又称中央转接站，一般是集线器或交换机）上，由该中央节点向目的节点传送信息，如图 7-8 所示。由于网络中央节点可与多机连接，一般网络环境都被设计成星形拓扑结构，它是被广泛使用的网络拓扑设计之一。星形网络结构简单、易于实现、便于管理，但是网络中心节点的故障可能造成全网瘫痪。

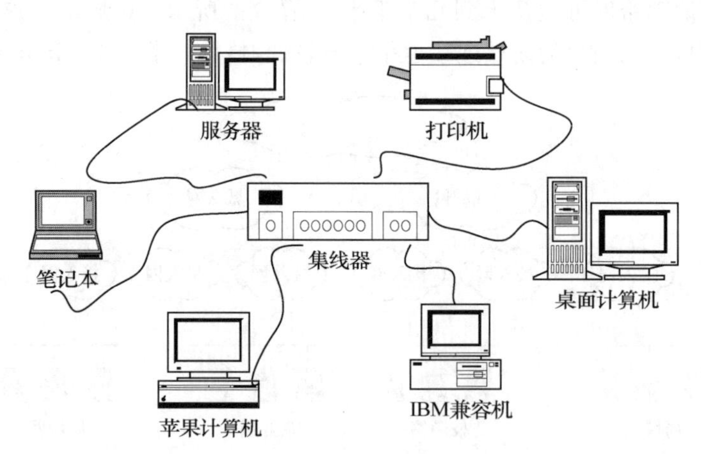

图 7-8　星形网络

（3）环形网络

环形拓扑是由公共电缆组成的一个封闭的环，各节点直接连到环上，信息沿着环按一定的方向从一个节点传送到另一个节点，如图 7-9 所示。环形网络结构简单、传输延时确定，但网络可靠性差且不易于维护，环路上任何一点出现故障都会造成网络瘫痪。

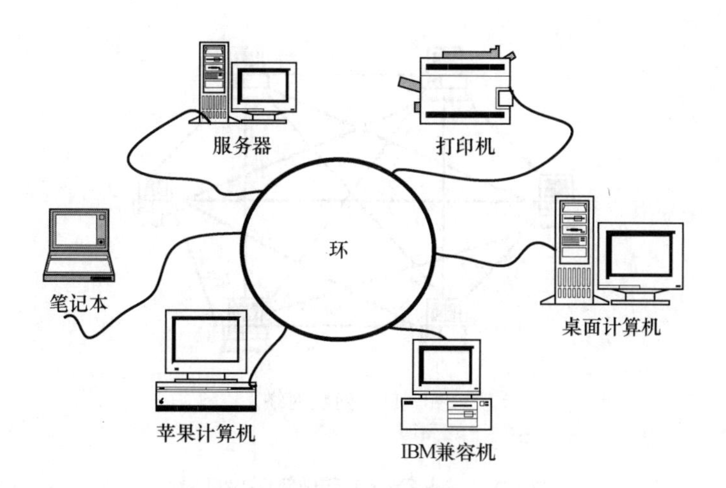

图 7-9　环形网络

（4）树形网络

树形拓扑的网络节点呈树状排列，如图 7-10 所示。它实际上是星形拓扑的发展和补充，节点按层次进行连接，信息交换主要在上、下节点之间进行。树形拓扑具有较强的可折叠性，非常适用于构建网络主干，这种拓扑结构的网络一般采用光纤作为网络主干，常用于军事单位、政府单位等层次分明的网络结构中。

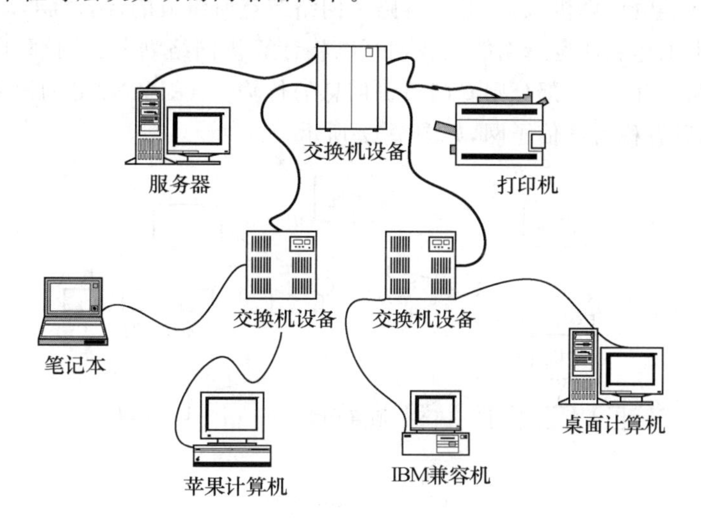

图 7-10　树形网络

（5）网状网络

通常在网状拓扑结构中，各节点通过传输线互连起来，并且每一个节点至少与其他两个节点相连，如图 7-11 所示。由于网络中任意两节点间都有直接的通道相连，故通信速度快、可靠性高，但建网投资大、灵活性差。网状网络主要应用在节点少、对可靠性要求较高的军事或工业控制场合。

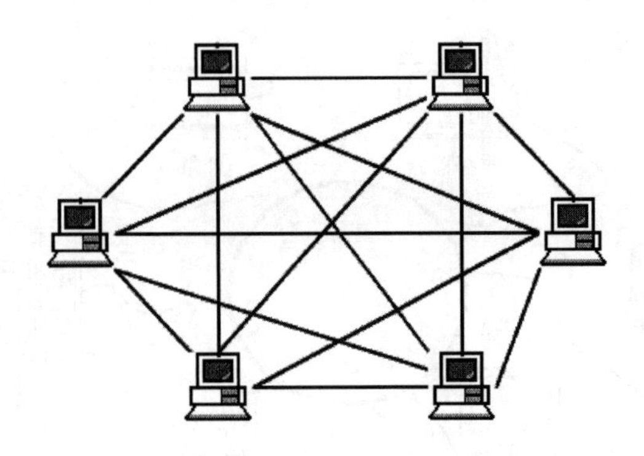

图 7-11　网状网络

7.2　计算机网络的组成

从逻辑功能上讲,计算机网络由资源子网和通信子网两部分构成;从物理组成上讲,计算机网络由硬件和软件组成。

7.2.1　逻辑组成

计算机网络是由计算机系统、通信链路和网络节点所组成的计算机群,承担着数据处理和数据通信两类工作。从逻辑功能上我们可以将计算机网络划分为两部分:一部分是对数据信息的收集和处理;另一部分则专门负责信息的传输。ARPANET 的研究者们把前者称为资源子网,把后者称为通信子网,如图 7-12 所示。

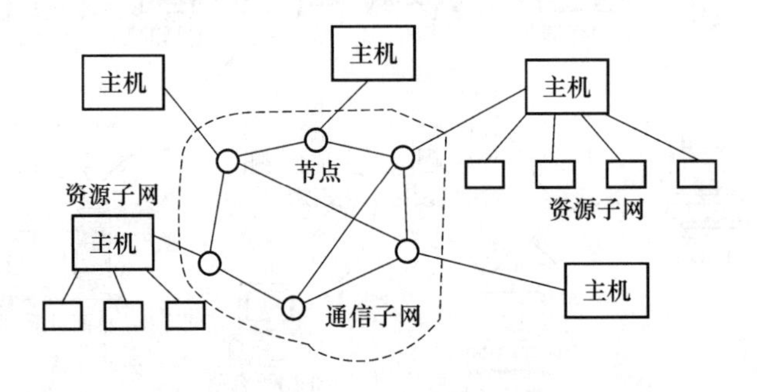

图 7-12　网络的组成

资源子网主要是对信息进行加工和处理,接受本地用户和网络用户所提交的任务,最终完成信息的处理。它包括用于访问网络和处理数据的硬件、软件设施,主要有主计算机系统、终端控制器和终端、计算机外部设备,以及相关的软件资源和可共享的信息资源(如公共数据库)等。

通信子网提供网络通信功能,主要负责计算机网络内部信息流的传递、交换和控制,以及信号变换和通信过程中有关工作的处理,间接服务于用户。它主要包括网络节点、通信链路和信号转换设备等硬件设施。

7.2.2　物理组成

从物理组成上讲，计算机网络是由网络硬件和网络软件组成的。网络硬件是计算机网络的物理实现，网络软件是技术支持，两者相互作用，共同完成网络功能。网络硬件通常包括计算机(在网络中称为主机)、通信链路、网络接入设备和网络互连设备。

1. 通信链路

通信链路是把主机和网络设备互连起来的传输信道，常用的有双绞线、同轴电缆、光纤，以及微波和卫星等。

(1) 双绞线(twisted-pair)

双绞线是现在最普通的传输介质，它是由两根具有绝缘保护层的铜线组成的。把两根绝缘的铜导线按一定密度互相绞在一起，每一根导线在传输中辐射出来的电波会被另一根线发出来的电波抵消，能有效降低信号干扰的程度。双绞线电缆中一般包含4对双绞线，如图7-13所示。双绞线在传输距离、信道宽度和数据传输速度等方面均受到一定限制，但价格较为低廉。

(2) 同轴电缆(coaxial cable)

同轴电缆以单根铜导线为内芯，外裹一层绝缘材料，外覆密集网状导体，最外面是一层保护性塑料，如图7-14所示。金属屏蔽层能将磁场反射回中心导体，同时也使中心导体免受外界干扰，故同轴电缆与双绞线相比，具有更高的带宽和更好的噪声抑制特性。

图7-13　双绞线

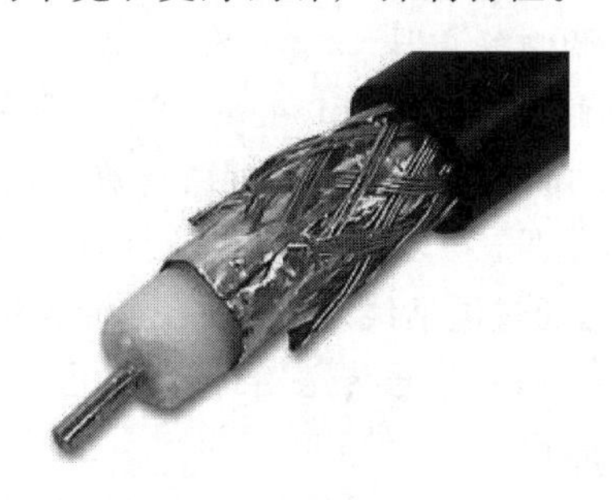

图7-14　同轴电缆

同轴电缆从用途上分为基带同轴电缆和宽带同轴电缆。基带电缆仅用于数字传输，数据传输率可达10 Mbit/s。宽带电缆主要用来传输影像信号，多用于连接安防监控摄像头和终端。

(3) 光导纤维

光导纤维(简称光纤，又称光缆)是一种由玻璃或塑料制成的纤维，利用内部全反射原理来传导光束。光缆一般由缆芯、加强钢丝、填充物和护套等几部分组成，另外根据需要还有防水层、缓冲层、绝缘金属导线等构件，如图7-15所示。光缆有极宽的频带且功率损耗小、传输距离长(2 km以上)、传输率高(可达数千兆比特每秒)、抗干扰性强(不会受到电子监听)等特点，是构建安全性网络的理想选择。

(4) 微波传输和卫星传输

微波传输和卫星传输都属于无线通信，均以空气为传输介质，以电磁波为传输载体，连网方式较为灵活，适合应用在不易布线、覆盖面积大的地方，通过一些硬件的支持，可实现点对点或点对多点的数据、语音通信。

2. 网络接入设备

网络接入设备用于把主机接入网络，主要有网卡、调制解调器和路由器等。

(1) 网卡

网卡也称网络适配器、网络接口卡(network interface card，NIC)，如图 7-16 所示。网卡是一块插入微机 I/O 槽中的集成电路卡，是连接计算机和传输介质的接口。它不仅能实现局域网和传输介质之间的物理连接和电信号匹配，还涉及帧的发送与接收、帧的封装与拆封、介质访问控制、数据编码与解码以及数据缓存等功能。

图 7-15　光导纤维

图 7-16　网卡

(2) 调制解调器

调制解调器也叫 Modem，俗称“猫”，如图 7-17 所示。它是一个通过电话拨号接入 Internet 的必备硬件设备。通常计算机内部使用的是数字信号，而通过电话线路传输的信号是模拟信号。当计算机发送信息时，调制解调器将数字信号转换成可以用电话线传输的模拟信号，通过电话线发送出去；当计算机接收信息时，调制解调器把电话线上传来的模拟信号转换成数字信号传送给计算机，供其接收和处理。

(3) 路由器

路由器(Router)是连接因特网中各局域网、广域网的设备，它会根据信道的情况自动选择和设定路由，以最佳路径，按先后顺序发送信号。路由器分为本地路由器和远程路由器：本地路由器是用来连接网络传输介质的，如光纤、同轴电缆、双绞线；远程路由器是用来连接远程传输介质的。随着无线网络的快速发展，一般的家用路由器都支持无线网络功能，如图 7-18所示。无线路由器的信号范围半径可达到 300 m，能支持 15～30 个设备同时在线使用。

图 7-17　普通调制解调器

图 7-18　家用无线路由器

7.3 无线网络

随着笔记本电脑、智能手机以及其他便携电子产品的普及，有线网络逐渐不能满足人们的需要，无线网络由此应运而生。所谓无线网络，就是将无线电波作为信息传输媒介而构成的无线局域网(wireless local area network，WLAN)。

7.3.1 无线网络发展史

无线网络的运用最早是在第二次世界大战上，当时利用无线电信号传输资料。谁也不会想到几十年以后，这项技术改变了人类生活。

1971 年，夏威夷大学的研究员开创了第一个基于封包式技术的无线电通信网络，1979 年，瑞士 IBM Ruesehlikon 实验室的 Gfeller，首先提出了无线局域网的概念，他采用红外线作为传输媒体，用以解决生产车间里布线困难的问题，避免了大型机器的电磁干扰，但是由于网络传输速率小于 1 Mbit/s 而没有投入使用。

1985 年，美国联邦通信委员会(Federal Communications Commission，FCC)颁布的电波法规为无线局域网的发展扫清了道路。它为无线局域网系统分配了两种频段：一种是专用频段，这个频段避开了比较拥挤的用于蜂窝电话和个人通信服务的 1-ZGHZ 频段，而采用更高频率；另一种是免许可证的频段，主要是 ISM 频段。

20 世纪 80 年代末期，IEEE(Institute of Electrical and Electronics Engineers，电气和电子工程师协会)开始了无线局域网的标准化工作，负责制定无线局域网物理层及媒体访问控制(MAC)协议标准。1997 年 6 月 26 日，IEEE802.11 标准制定完成，并于 1997 年 11 月 26 日颁布。1999 年 9 月 IEEE 又提出了 IEEE802.11a 和 IEEE802.11b 标准。IEEE802.11 系列简介如表 7-1 所示。

表 7-1 IEEE802.11 系列

IEEE 标识号	频率/GHz	速度	覆盖范围
IEEE802.11b	2.4	5(Mbit/s)	30～90 m
IEEE802.11a	5	27(Mbit/s)	8～24 m
IEEE802.11g	2.4	27(Mbit/s)	30～45 m
IEEE802.11n	2.4/5	144(Mbit/s)	30～45 m
IEEE802.11y	3.6～3.7	27(Mbit/s)	4.8 km
IEEE802.11ac	5.8	1(Gbit/s)	
IEEE802.11ad	60	10(Gbit/s)	

2003 年以来，随着无线网络热度的飙升及以太网络的全面普及，Wi-Fi、CDMA/GPRS、蓝牙等技术不断出现在公众的眼前，无线网络成为 IT 市场中新的热点。

7.3.2 Wi-Fi 技术

主流的无线网络有通过移动通信网实现的无线网络(如 5G、4G 和 3G)和 Wi-Fi 两种方式,Wi-Fi 是目前最流行的无线局域网技术。

Wi-Fi(wireless fidelity),是一种可以将个人电脑、手机等终端以无线方式互相连接起来的技术,是 WLAN 的重要组成部分。它是一种短程无限传输技术,主要采用 IEEE802.11b 协议,通过无线路由把有线网络信号转换成无线信号。

20 世纪 90 年代,澳洲国家级研究机构 CSIRO(Commonwealth Scientific and Industrial Research Organization,联邦科学与工业研究组织)教授 John O'Sullivan 带领学生发明了 Wi-Fi 无线网络技术。IEEE 802.11a/b 让 Wi-Fi 开始普及,802.11g 让 Wi-Fi 走向成熟,智能手机推动了 802.11n 的诞生,802.11ac/ad 让 Wi-Fi 速度进入 G 时代。Wi-Fi 之所以能够迅猛发展,主要由于它具有三大优势。

(1) 覆盖范围广。Wi-Fi 的覆盖半径可达 100 m,适合办公室及单位楼层内部使用。

(2) 传输速度快,可靠性高。Wi-Fi 的传输带宽最高达 11 Mbit/s,在信号较弱或有干扰的情况下,带宽可调整为 5.5 Mbit/s、2 Mbit/s 和 1 Mbit/s,带宽的自动调整,有效地保障了网络的稳定性和可靠性。

(3) 无须布线。Wi-Fi 最主要的优势在于不需要布线,可以不受布线条件的限制,因此非常适合移动办公用户的需要,具有广阔的市场前景。

7.3.3 5G 网络

G 指的是 generation,也就是"代"的意思。1G 就是第一代移动通信网络,2G、3G、4G、5G 分别指第二、三、四、五代移动通信网络。每代移动通信网络的传输速率、实现技术等都是不同的,如图 7-19 所示。5G 网络的传输速率可达每秒 10 Gbit,一部 1G 超高画质电影可在 3 秒之内完成下载。

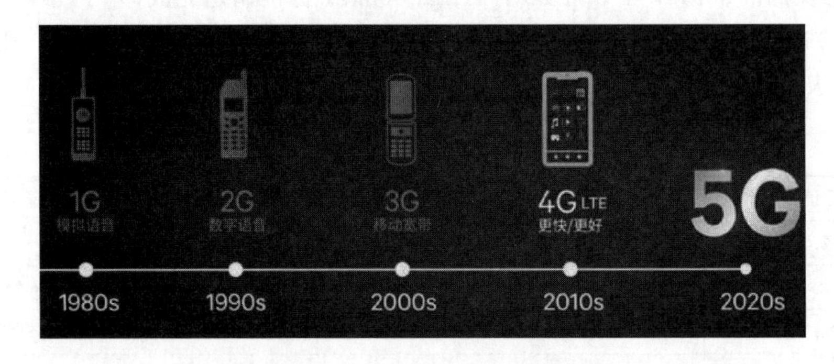

图 7-19 1G~5G 网络的发展史

1G 网络模拟了蜂窝移动通信,同时采用了 FDMA(frequency division multiple access,频分多址)技术,允许用户在通话期间自由移动,在相邻基站之间实现无缝传输通话。所谓的蜂窝移动通信,是把移动电话的服务区分为一个个六边形的小子区,在每个子区设一个基站,形成酷似"蜂窝"的结构,如图 7-20 所示。FDMA 技术是把总带宽分割成多个正交频道,每个用户占一个频道。1G 是最早期的移动电话系统,主要提供语音通信服务。

2G 网络采用了 TDMA(time division multiple access,时分多址)和 CDMA(code division multiple access,码分多址)技术,抗干扰能力大大提高,主要提供电话和短信业务,但传输速率低、网络不稳定、维护成本高。

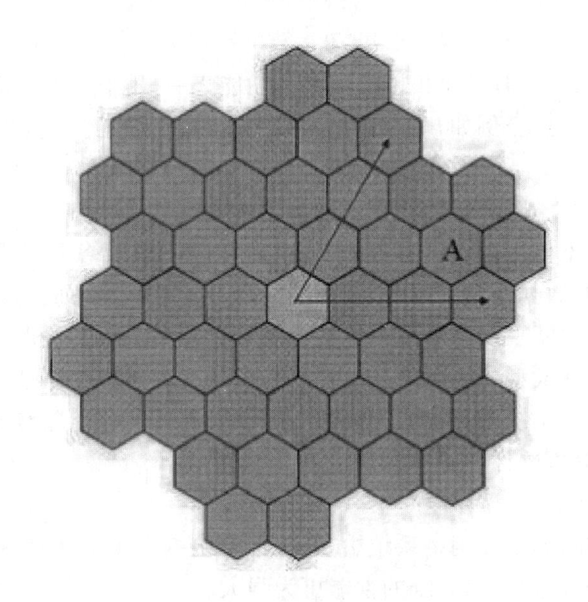

图 7-20　蜂窝移动通信

3G 网络，在数据传输中使用了分组交换技术、更高阶的调制技术和编码技术，使得数据传输速率进一步提升。它提供网页浏览、音乐等基本业务。

到了 4G 时代，用户能够以 100 Mbit/s 的速率下载资源，上传资源的速率也能达到 20 Mbit/s。4G 利用 OFDM（正交多任务分频技术）实现了数字音讯广播等方面的无线通信增值服务。

5G 网络的主要目标是让终端用户始终处于联网状态。5G 网络将来支持的设备远远不止是智能手机，它还能支持智能手表、健身腕带、智能家庭设备等。5G 网络将是 4G 网络的真正升级版。在《中国电信 5G 技术白皮书》中，对于 5G 网络的演进有着准确的描述："5G 网络演进所遵循的一个重要前提就是 4G 和 5G 网络将长期共存。5G 和 4G、Wi-Fi 等现有网络共同满足多场景需求，实现室内外网络协同。"表 7-2 说明了各代网络的主要区别。

表 7-2　1G～5G 网络的区别

网络	信号	速率理论值/(bit · s^{-1})	技术
1G	模拟	2.4 K	FDMA
2G	数字	64 K	TDMA、CDMA
3G	数字	2 M	WCDMA、SCDMA
4G	数字	100 M	OFDM、IMT-Advanced
5G	数字	10 G	IMT-2020

7.4　网络功能

网络是信息传输、接收、共享的虚拟平台，通过它把各个点、面、体的信息联系到一起，从而实现这些资源的共享。计算机网络不仅使计算机的作用范围超越了地理位置的限制，还大大加强了计算机的信息处理能力。网络功能包括数据通信、共享资源和分布式信息处理。

1. 数据通信

数据通信即数据传送，是计算机网络的基本功能之一，用来在计算机与计算机或终端与计算机之间传送各种信息。例如，可以通过网络服务器交换信息和文件、发送电子邮件、在线视频、协同工作等。

2. 共享资源

网络上的计算机不仅可以使用自身的资源，还可以共享网络上的资源。共享资源包括硬件资源、软件资源和数据信息资源等，资源的共享是计算机网络最具有吸引力的功能。其中硬件资源共享是指在共享网络系统中连接各种硬件设备，如打印机、大容量磁盘等；软件资源共享通常是将一些大型应用软件安装在软件资源中心的服务器上；数据信息资源共享是指共享在网络计算机系统中存放的大量数据库和文件。共享资源增强了网络上计算机的处理能力，提高了计算机软件和硬件的利用率。

3. 分布式信息处理

分布式信息处理指的是在网络系统中，若干台在结构上独立的计算机可以互相协作完成一个复杂任务的处理，使整个系统的性能更为强大。

总之，计算机网络可以充分发挥计算机的作用，帮助人们跨越时间和空间的障碍，提高工作效率。

7.5 网络安全

网络改变了人们的生活方式，如网购、手机支付等。当用户使用电子支付时，会担心自己银行卡里的钱被盗。故如何保障网络安全成为一个亟待解决的问题。

所谓保障网络安全是指保护网络系统的硬件、软件及其系统中的数据，使之免受偶然的或者恶意的破坏、盗用和篡改等，保证网络系统的正常运行和网络服务不被中断。

7.5.1 网络安全大事件

2018 年 1 月，史上最大的 CPU 漏洞——英特尔 CPU 漏洞 Meltdown 和 Spectre。该漏洞允许黑客窃取计算机内的全部内存内容，包括移动设备、个人计算机，以及在所谓的云计算机网络中运行的服务器，几乎全球所有的计算设备都受影响。

2018 年 2 月，Flash 0Day 漏洞(CVE-2018-4878)。攻击者构造特殊的 Flash 链接，当用户用浏览器/邮件/Office 访问此 Flash 链接时，会被远程代码执行。

2018 年 4 月，Weblogic 反序列化漏洞(CVE-2018-2628)。通过该漏洞，攻击者可以在未授权的情况下远程执行代码。攻击者只需要发送精心构造的 T3 协议数据，就可以获取目标服务器的权限。

2018 年 5 月，江苏淮安警方成功侦破一起“黑客”非法入侵快递公司后台窃取客户信息牟利的案件，抓获犯罪嫌疑人 13 名，缴获非法获取的公民信息近 1 亿条。

2018 年 11 月 30 日，万豪酒店发布公告称，旗下喜达屋酒店遭第三方非法入侵，导致在 2018 年 9 月 10 日前预订喜达屋酒店的 5 亿名客人的信息被泄露，这些数据包括姓名、邮寄地址、电话号码、电子邮件地址、护照号码和出生日期等。

2018 年 12 月，微信、支付宝遭遇“勒索病毒”攻击，如图 7-21 所示。该病毒采用“供应链感染"的方式进行传播，通过论坛传播植入病毒的"易语言"编程软件，进而植入各开发者开发的软件，传播勒索病毒。

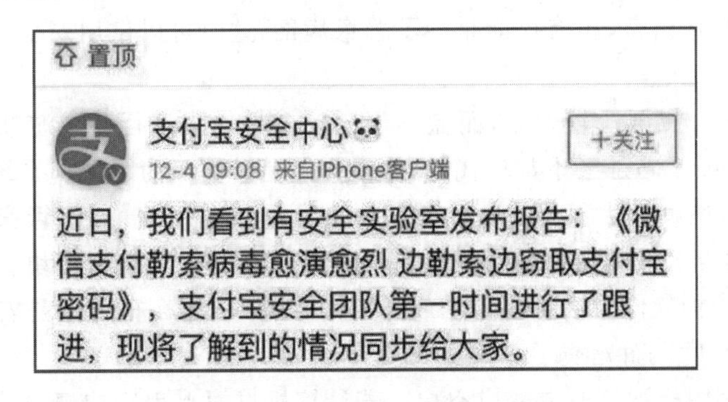

图 7-21　支付宝遭遇"勒索病毒"攻击

互联网安全问题为什么这么严重？安全问题是怎么产生的？综合技术和管理等多方面的因素，我们可将原因归纳为互联网的开放性、自身的脆弱性、攻击的普遍性。

(1) 网络的开放性

Internet 对任何一个具有网络连接和 ISP 账号的用户都是开放的，它本身并没有能力保证网络上所传输信息的安全性，因此 Internet 是不安全的。

(2) 自身的脆弱性

互联网的脆弱性体现在设计、实现和维护等各个环节。互联网的开放性也决定了网络信息系统先天的脆弱性。

(3) 攻击的普遍性

随着互联网的发展，攻击者对互联网攻击的手段也越来越简单、越来越普遍。目前攻击工具的功能越来越强，对攻击者知识水平的要求越来越低，因此攻击者也更为普遍。

7.5.2　计算机病毒

计算机病毒(computer virus)是在计算机程序中插入的具有破坏功能，能影响计算机使用并能自我复制的一组计算机指令或者程序代码。病毒程序通常隐匿于一些可执行程序之中，具有破坏性、传染性和潜伏性。它们能把自身附着在各种类型的文件上，当文件被复制或从一个用户传到另一个用户时，它们就随同文件一起蔓延开来，如图 7-22 所示。

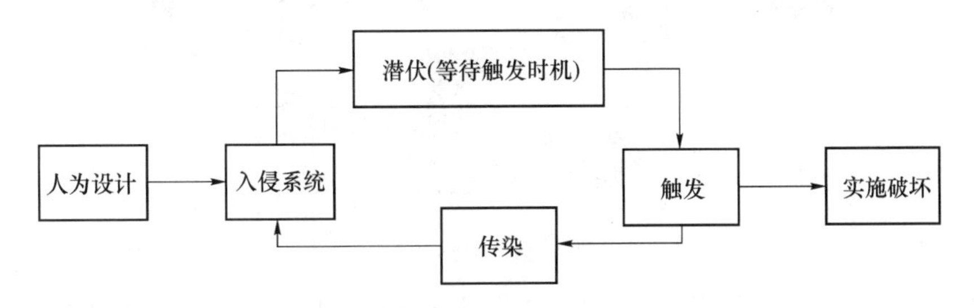

图 7-22　病毒传播过程

当计算机中病毒后，主要表现出如下症状。

(1) 运行速度缓慢，CPU 占用率异常高。计算机的运行速度远远慢于往常的使用速度或 CPU 占用率突然增高。

(2) 系统语言更改为其他语言。计算机系统语言默认是简体中文,如果开机后发现系统语言被修改为其他语言,很有可能是中了恶意病毒,这时可以试用安全防护软件扫描清除病毒。

(3) 蓝屏黑屏。黑屏比较少见,而蓝屏却比较多见。在运行某个游戏或某个软件时计算机突然蓝屏,蓝屏代码是某条常见代码,这很可能是计算机为了保护系统自动强行重启。

(4) 防护软件瘫痪。大部分安全防护软件如 360、金山卫士、QQ 管家都有自主防御的防御模块,而病毒或木马最先攻击的就是安全防护软件的自主防御模块。如果主动防御模块被关闭或安全防护软件无法直接启动或产生内存错误,那么很可能是安全防护软件因招架不住这种强悍的病毒而瘫痪了。

(5) 应用程序图标被篡改或变成空白。若计算机桌面上程序快捷方式的图标或 exe 文件的图标被篡改或变为空白,那么这个软件很可能被病毒或木马感染。

计算机病毒具有极大的危害性,主要表现在以下 4 个方面。

① 病毒可以直接破坏计算机信息数据,如格式化磁盘、删除重要文件。

② 非法侵占磁盘空间,破坏信息数据。

③ 抢占系统资源,包括抢占内存、系统调用等,干扰系统正常工作。

④ 影响计算机运行速度,因其与其他程序争夺 CPU。

7.5.3 网络钓鱼

网络钓鱼(phishing)一词,是“fishing”和“phone”的结合体。最初黑客是用电话来实施诈骗活动的,所以用“ph”取代“f”,变成了现在的“phishing”。网络钓鱼攻击者利用欺骗性的电子邮件和伪造的 Web 站点进行网络诈骗活动,受害者往往会泄露自己的个人信息,如信用卡号、银行卡账户、身份证号等内容。诈骗者通常会将自己伪装成网络银行、在线零售商等,骗取用户的信任,从而获得用户的个人信息,如图 7-23 所示。

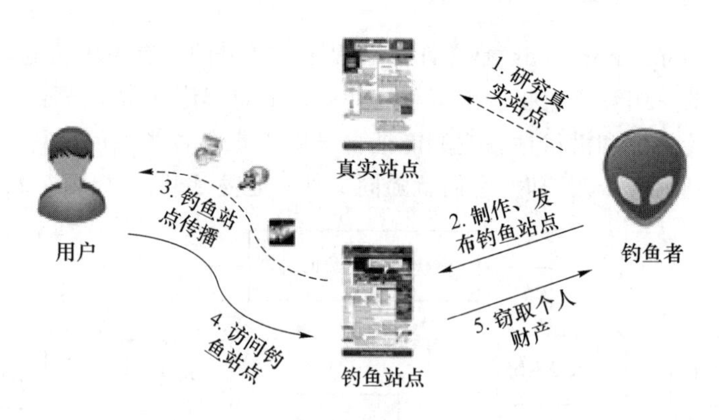

图 7-23 网络钓鱼

虽然网络钓鱼形式多种多样,但钓鱼者的目标往往是相同的——通过伪装成知名公司或个人邮件,引诱人们泄露信息,并利用这些信息非法牟利。钓鱼者也可以通过恶意软件来控制受害者的计算机,为今后的诈骗活动做准备,常见的钓鱼手法如下。

(1) 发送电子邮件,以虚假信息引诱用户中圈套。不法分子大量发送欺诈性电子邮件,这些邮件多以询盘、中奖、对账等内容引诱用户在邮件中填入账号和密码，或者以各种理由要求收件人登录某网页提交用户名、密码、身份证号、信用卡号等信息，继而盗窃资金。

(2) 建立假冒网站骗取用户账号、密码进而实施盗窃。不法分子通过建立域名和网页内容都与真正的网上银行、网上交易平台极为相似的网站，引诱受骗者输入账号、密码等信息，进而窃取用户资金。

(3) 利用电子商务网站进行诈骗。不法分子在知名电子商务网站发布虚假信息，以所谓的“低价”“免税”“走私货”“义卖”等名义出售商品，要求受骗者先行支付货款从而达到诈骗目的。

(4) 利用“木马”和“黑客”技术窃取用户信息。不法分子在电子邮件或网站中隐藏“木马”程序，当用户在感染了“木马”的计算机上进行网上交易时，“木马”程序即以键盘记录方式获取用户账号和密码。

(5) 破解用户“弱口令”以窃取资金。不法分子利用部分用户贪图方便，在网站设置“弱口令”的漏洞，从网上搜寻到用户账号，进而登录该用户的相关网站，破解其“弱口令”。

(6) 群发信息诈骗。不法分子通过“消息群发器”在网络平台或短信平台，群发虚假信息，以“中奖”“退税”“询盘”等名义诱骗受骗者，从而实施资金的套取。

网络钓鱼可谓无孔不入，为了避免落入网络钓鱼的陷阱，我们必须行动起来，积极应对，防患未然，可以采取如下措施。

(1) 安装杀毒软件并及时升级病毒知识库和操作系统(如 Windows)补丁。

(2) 请勿点击邮件或即时聊天信息中的链接。

(3) 认真检查网站地址，恶意网站看起来像真的网站，但其名称(或域名)往往误拼。

7.5.4 网络黑客

“黑客”是英文“hacker”的译音，源于 hack，原指一群热衷研究、撰写程序的人。他们经常研究并发现计算机及网络的安全漏洞，并以攻击的手段使其完善。后来“黑客”专门指利用计算机进行破坏或入侵他人计算机系统的人，他们凭借自己掌握的计算机技术，怀着不良的企图，采用非法手段获得系统访问权或逃过计算机网络系统的访问控制，从而进入计算机网络进行未授权或非法访问。

大多数人认为，黑客都是很神秘的电脑高手，能强行侵入别人的计算机系统，并且可以肆意对其信息进行修改、窃取。

(1) 黑客攻击的主要原因——漏洞

漏洞又称缺陷。漏洞是在硬件、软件、协议的具体实现或系统安全策略上存在的缺陷，它可使攻击者能够在未授权的情况下访问或破坏系统。从某种意义上来讲，黑客的产生与存在是由于计算机及通信技术的不成熟，计算机及网络系统的不健全而导致的。因为存在许多漏洞，所以才使黑客有机可乘。

(2) 黑客入侵通道——端口

计算机通过端口实现与外部的通信连接，黑客将系统和网络设置中的各种端口作为入侵通道。这里所指的“端口”是逻辑意义上的“端口”，是指网络中面向连接服务和无连接服务的通信协议端口(communication protocol port)，是一种抽象的软件结构，包括一些数据结构和 I/O(输入/输出)缓冲区。

为了保障系统安全，防御黑客，我们必然要采取一系列的防范措施来保护用户的信息和隐私，以尽可能地减少受到的损害。

① 加强对IT从业人员的职业道德教育，提高IT人员的自律意识，不传“毒”，不制“毒”，共同维护网络安全。

② 通过防火墙、入侵检测、安全扫描、安全审计等手段达到保障计算机和网络安全的目的。

③ 制定和执行相应的法律法规，防范和治理黑客犯罪。我国已经制定了《中华人民共和国国家安全法》《中华人民共和国计算机信息系统安全保护条例》等相关法律法规。

7.6 网络应用

Internet已经渗透人们的日常学习、工作和生活，在很多方面都用应用，如信息检索、电子商务、网络游戏等。

7.6.1 搜索引擎

网络中的信息大多数是以页面的方式存储在世界各地的服务器上的。当我们要使用这些信息时，可以依靠搜索引擎进行查找。搜索引擎是指根据一定的策略，运用特定的计算机程序从互联网上搜集信息，在对信息进行组织和处理后，为用户提供检索服务，并将用户检索的相关信息展示给用户的系统。常见的搜索引擎是存放在网站上的，如 www. google. cn，www. yahoo. com，www. baidu. com 和 cn. bing. com 等，Google和百度的首页如图7-24和图7-25所示。

图7-24 Google首页

图7-25 百度首页

在使用搜索引擎时，我们采用关键词进行搜索。在搜索结果中，每个“搜索项”都含有一个或多个用户需要查找的相关信息。例如，如果用户对蝙蝠侠(batman)的漫画感兴趣，就可以直接输入“batman”进行搜索，如图7-26所示。

为了产生更具有目标性的搜索结果，可以使用高级查询，如双引号、加号和通配符(*和?)等。给要查询的关键词加上双引号(半角，以下要加的其他符号同此)就可以实现精确查询，这种方法要求查询结果要与搜索内容精确匹配，不包括演变形式。例如，在搜索引擎的文字框中输入“batman”，它就会返回网页中有“batman”这个关键字的网址，而不会返回诸如“batman 系列电影”之类的网页。在关键词的前面使用加号，就等于告诉搜索引擎该单词必须出现在搜索结果中的网页上，例如，在搜索引擎中输入“＋batman＋漫画”，表示要查找的内容必须要同时包含“batman”“漫画”这 2 个关键词。

图 7-26　搜索“batman”的结果

通配符包括星号(＊)和问号(?)，前者表示匹配的字符数不受限制，而后者表示匹配的字符数要受到限制。通配符主要用在英文搜索引擎中，例如，输入“computer＊”，就可以找到“computer、computers、computerised 和 computerized”等单词，而输入“comp? ter”，则只能找到“computer、compater 和 competer”等单词。

7.6.2　电子邮件

电子邮件是指在计算机上撰写的，以数字或电子形式保存并能够传送到另一台计算机上的文档。通过网络的电子邮件系统，用户可以以非常低廉的价格(不管发送到哪里，都只需负担网费)、非常快速的方式(几秒之内可以发送到世界各地)与世界上任何一个角落的网络用户联系。

在互联网中，电子邮件地址的格式是：用户名@域名。电子邮件地址是某部主机上的用户账号。第 1 部分的用户名代表用户信箱的账号，对于同一个邮件接收服务器来说，这个账号必须是唯一的；第 2 部分中的“@”是分隔符，表示“在”的意思；第 3 部分是用户信箱邮件接收服务器的域名，用以标志其所在的位置。例如，username@163. com。

当我们发送电子邮件的时候，邮件由邮件发送服务器发出，并根据收信人的地址把这封信发送到邮件接收服务器上，收信人要收取邮件也只能访问这个服务器才能够完成，如图 7-27 所示。

用户可以通过邮件客户端来收发电子邮件，不需要登入邮箱。常用的邮件客户端有

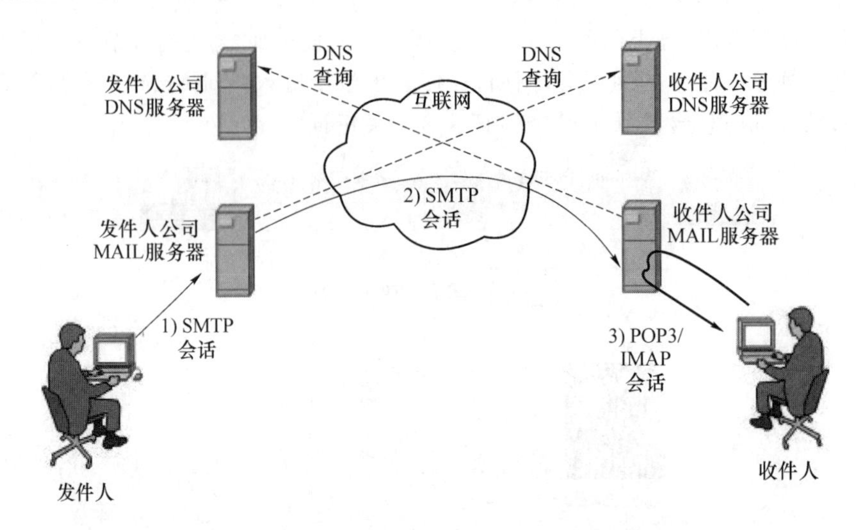

图 7-27　邮件收发过程

Windows 自带的 Outlook，FoxMail 等，FoxMail 的运行界面如图 7-28 所示。

图 7-28　FoxMail 的运行界面

7.6.3　在线学习

在知识经济和信息化时代，教育教学的根本目标是提高教育教学的效益和效率。在线学习是指通过 Internet 提供的 Web 技术、视频传输技术、实时交流技术等，在一个网络虚拟教室中进行网络授课和网络学习的方式。

MOOC(massive open online courses，慕课)是近来涌现出的一种在线课程开发模式。第 1 个字母“M”代表 massive(大规模)；第 2 个字母“O”代表 open(开放)，以兴趣为导向，凡是想学习的人都可以进入课堂，不分国籍，只需一个邮箱，就可注册参与；第 3 个字母“O”代表 online(在线)，学习在网上完成，不受时空限制；第 4 个字母“C”代表 course，就是课程的意思。MOOC 有很多优秀的平台，如表 7-3 所示。

表 7-3 常见的 MOOC 学习平台

Coursera	目前最大的 MOOC 平台，拥有近 500 门来自世界各地大学的课程，门类丰富
edX （大规模开放在线课堂）	由哈佛大学和麻省理工学院联合创建的免费在线课程项目，其目的是建立与世界顶尖高校相联合的共享教育平台，以提高教学质量，推广网络在线教育。目前已经拥有超过 90 万名的注册者
中国大学 MOOC	由网易与高教社“爱课程网”合作推出的大型开放式在线课程学习平台。211 所知名高校和机构推出千门精品大学课程，让每一个用户都能在此学习到中国的精品大学课程，并获得认证证书
学堂在线	由清华大学研发的网络开放课程平台，于 2013 年 10 月 10 日正式启动，面向全球提供在线课程
网易云课堂	由网易公司打造的在线实用技能学习平台，该平台于 2012 年 12 月底正式上线，主要为学习者提供海量优质的课程，用户可以根据自身的学习程度，自主安排学习进度

7.6.4 其他应用

计算机网络的发展使得人们在通信时不再受时间和地点的约束，可以享受网络带来的便捷服务。

即时通信是目前 Internet 上最为流行的通信方式，各种各样的即时通信软件层出不穷，如 QQ、YY 语音等。服务提供商也提供了越来越丰富的通信服务功能。即时通信利用互联网，通过文字、语音、视频、文件的信息交流与互动，有效节省了沟通双方的时间与经济成本。即时通信系统不但成为人们沟通交流的工具，还成为人们进行工作、学习的平台。

网络社区的主要服务内容有交友网站和博客。通过交友网站，我们可以结交五湖四海的朋友；通过博客，我们可以把自己在生活、学习、工作中的点点滴滴记录在网上，同网民分享。

电子商务是与网民生活密切相关的重要网络应用，通过网络支付和在线交易，卖家可以用较低的成本把商品卖向全世界，而买家则可以用较低的价格买到自己心仪的商品。现在最典型的电子商务平台就是淘宝。

网络金融这方面主要有网上银行和网络炒股。通过网络开通了网上银行的用户可以在网上进行转账、支付、外汇买卖等，股民可以在网上进行股票、基金的买卖和资金的划转等。

本章小结

1. 计算机网络是指将地理位置不同的具有独立功能的多台计算机及其外部设备，通过通信线路连接起来，在网络操作系统、网络管理软件及网络通信协议的管理和协调下，实现资源共享和信息传递的计算机系统。

2. 计算机网络技术的发展成为当今世界高新技术发展的核心之一，它的发展历程曲折，经历了 4 个阶段。

3. 按照网络的规模（覆盖地理范围）由小到大，可以将网络分为局域网、城域网、广域网和因特网 4 种；按照拓扑结构可分为总线形、星形、环形、树形和网状网络。

4. 从逻辑功能上，计算机网络由资源子网和通信子网两部分构成；从物理组成上，计算机网络由硬件和软件组成。

5. 无线网络分为通过移动通信网实现的无线网络（如 5G、4G 和 3G）和 Wi-Fi 两种。Wi-Fi 是目前最流行的无线局域网技术，它是一种短程无限传输技术，主要采用 IEEE802.11b 协议，通过无线路由把有线网络信号转换成无线信号。G 指的是 generation，也就是“代”的意思。1G 就是第一代移动通信网络，2G、3G、4G、5G 分别指第二、三、四、五代移动通信网络

6. 计算机网络不仅使计算机的作用范围突破了地理位置的限制，而且大大加强了计算机的信息处理能力。它的功能包括数据通信、共享资源和分布式信息处理。

7. 保障网络安全是指为了保护网络系统的硬件、软件及其系统中的数据，使之免受偶然的或者恶意的破坏、盗用、暴露和篡改等，保证网络系统的正常运行和网络服务不被中断。

思考题与练习题

1. 简答题

(1) 什么是信息检索？

(2) 简述计算机网络的定义。

(3) 常见网络应用有哪些？

(4) 简述调制解调器的主要功能。

(5) 简述计算机网络的主要功能。

2. 选择题

(1) 目前我们所使用的计算机网络是根据(　　)的观点来定义的。

A. 资源共享　　B. 狭义　　C. 用户透明　　D. 广义

(2) 如果要在同一个建筑物中的几个办公室之间进行联网，一般应采用(　　)的技术方案。

A. 广域网　　B. 城域网　　C. 局域网　　D. 互联网

(3) 计算机网络分为广域网、城域网、局域网，其划分的主要依据是(　　)。

A. 网络的作用范围　　B. 网络的拓扑结构

C. 网络的通信方式　　D. 网络的传输介质

(4) 计算机网络最突出的优点是(　　)。

A. 内存容量大　　B. 资源共享　　C. 计算精度高　　D. 运算速度快

(5) 下列传输介质中，哪种传输介质的抗干扰性最好？(　　)

A. 光缆　　B. 双绞线　　C. 同轴电缆　　D. 无线介质

(6) 下列哪种媒体传输技术不属于无线媒体传输技术？(　　)

A. 无线电　　B. 红外线　　C. 微波　　D. 光纤

(7) 星形、总线形、环形和网状是按照(　　)对计算机网络进行分类的。

A. 网络功能　　B. 管理性质　　C. 网络跨度　　D. 网络拓扑

(8) 目前网络应用系统采用的主要模型是(　　)。

A. 离散个人计算模型　　B. 主机计算模型

C. 客户/服务器计算模型　　D. 网络/文件服务器计算模型

(9) 一座大楼内的一个计算机网络系统属于(　　)。

A. PAN　　B. LAN　　C. MAN　　D. WAN

(10) 下列有关集线器的说法正确的是(　　)。

A. 集线器只能和工作站相连

B. 利用集线器可将总线形网络转换为星形网络

C. 集线器只对信号起传递作用

D. 集线器不能实现网段的隔离

3. 上网练习

(1) 注册并使用邮件服务。使用QQ邮箱给自己发一封电子邮件,查看邮箱服务的其他设置。

(2) 选择任一MOOC网站进行注册,并选择自己喜欢的课程学习。讨论MOOC学习与课堂学习的不同之处,你认为哪种学习方式更好呢?

(3) 若通过搜索引擎查询自己的个人信息,是否能够查到,为什么?

(4) 上网查询开设自己所学专业的高校,查看其他高校该专业的相关信息。

4. 探索题

(1) 互联网使人们的生活发生了很大的变化,请描述你是如何使用Web和Internet的,谈谈你喜欢或不喜欢它们的哪些方面。你计划将来如何使用它们?

(2) 讨论将来计算机网络的发展趋势。

第8章　数据管理

人类社会进入信息时代以来，随着个人计算机、互联网和通信工具的应用与普及，每天都会产生大量的数据，存储和处理这些数据的主要工具是各种信息系统。目前，无论是电子商务平台、自动化办公软件，还是科学数据分析工具，几乎都离不开数据的支持。如何对数据进行有效的管理是数据库及相关领域研究的主要问题。

本章重点介绍数据库的基本概念及应用，同时介绍有关数据管理的前沿领域知识，如大数据、数据仓库、数据挖掘等。

8.1　数据库概述

自从计算机问世以来，人们就有了数据处理、数据管理的需求，由此，计算机技术产生了一个新的研究分支——数据库技术。数据处理最初指在计算机上对商业、企业的信息和数据进行加工，现在泛指非科技工程领域对任何形式的数据资料进行计算、管理和操纵的行为。数据管理是指对数据进行收集、分类、组织、编码、存储、检索、维护和传播等工作。

8.1.1　术语

数据库(databases,DB)是指长期保存在计算机的存储设备上，并按照某种模型组织起来的，可以被各种用户或应用所共享的数据的集合。例如，公司的人事部门常常要把员工的基本情况(姓名、年龄、性别、籍贯、工资等)存放在表中，这张表就可以看成是一个数据库。有了这个“数据仓库”就可以随时根据需要查询某员工的基本情况。

数据库管理系统(data base management system,DBMS)，是位于用户和操作系统之间的一层数据管理软件，它为用户或应用程序提供访问 DB 的方法，包括 DB 的建立、查询、更新及各种数据控制。

数据库系统(database system,DBS)是由有组织地、动态地存储大量关联数据以便多用户访问的硬件、软件和数据资源所组成的系统，即它是采用数据库技术的计算机系统。通常人们所说的“数据库”实际上指的是数据库系统。数据库系统一般由数据库、操作系统、数据库管理系统(及其应用开发工具)、应用系统、数据库管理员(DBA)和用户构成，如图 8-1 所示。

8.1.2　数据库的发展史

随着计算机软、硬件技术的发展，海量数据涌入人们的日常生活之中，数据管理技术也在不断发展。数据管理技术经历了人工管理、文件管理、数据库管理 3 个阶段。

1. 人工管理

20 世纪 50 年代以前，计算机主要用于科学计算。外存储设备只有磁带、卡片、纸带，没有磁盘,并且存储容量非常小。用户以二进制的形式将计算所需的数据存放到外存上,称为人工管理,如图 8-2 所示。这个阶段,数据不保存于计算机中,没有专门的软件对数据进行管理,数据只属于某个特定程序,且数据不能共享,如图 8-3 所示。

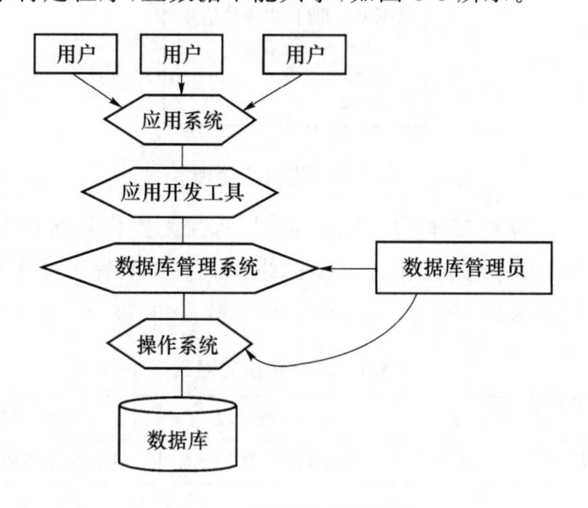

图 8-1 数据库系统结构

手工管理(直接书写机器语言)
00101011 11100101 11001001
10101100 11010100 11110000
01010010 10010000 10000000

图 8-2 人工管理

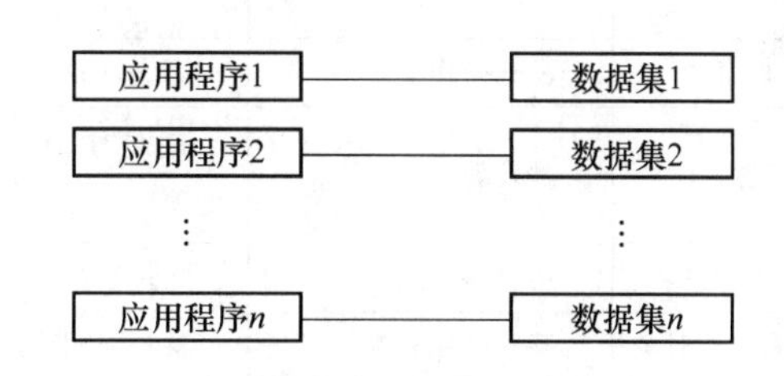

图 8-3 应用程序与数据一一对应

2. 文件管理

20 世纪 50 年代后期到 60 年代中期,数据管理发展到了文件管理阶段。计算机应用领域被拓宽,不仅用于科学计算,还大量用于数据管理。这个阶段的操作系统中已有了专门的数据管理软件,称为文件系统。数据可以保存在文件上,如图 8-4 所示。这个阶段数据可长期保存在外存的磁盘上,数据不再属于某个特定的程序,数据可以共享,如图 8-5 所示。文件管理为数据管理技术的进一步发展打下了基础。

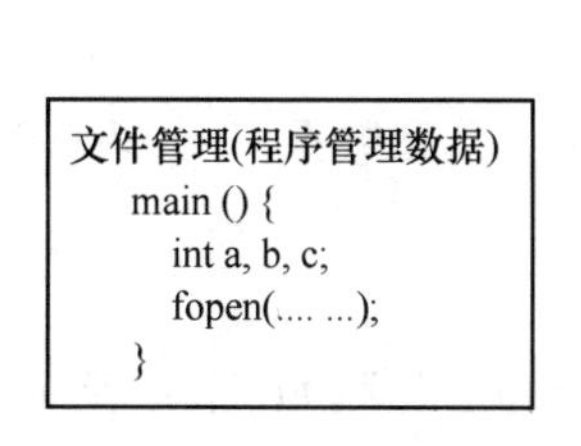

文件管理(程序管理数据)
```
main () {
    int a, b, c;
    fopen(.... ...);
}
```

图 8-4 文件管理

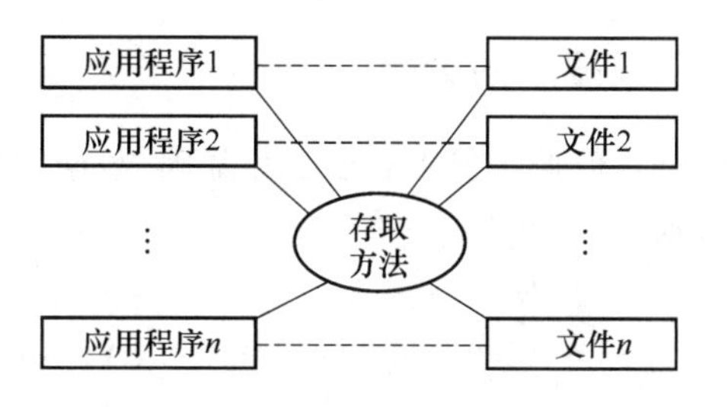

图 8-5 应用程序与数据的对应关系

3. 数据库管理

数据库管理阶段是从 20 世纪 60 年代开始的,数据库不仅可以实现对数据的集中统一管理，还可以使数据的存储和维护不受任何用户的影响。这个阶段，数据不是依赖于某个处理过程的附属品，而是现实世界中独立存在的对象，具有较高的独立性，如图 8-6 所示。

数据库管理(自主管理信息)
select * from S
insert
delete

图 8-6　数据库管理

数据管理的发展与计算机技术的发展密切相关，在无操作系统的年代，数据处于人工管理阶段，操作系统出现以后，数据管理有了新的发展，这才逐渐实现了数据共享。这 3 个阶段的对比情况如表 8-1 所示。

表 8-1　3 个阶段的对比

		人工管理阶段	文件系统阶段	数据库系统阶段
背景	应用背景	科学计算	科学计算、数据管理	大规模数据管理
	硬件背景	无直接存取设备	磁盘、磁鼓	大容量磁盘、磁盘阵列
	软件背景	没有操作系统	有文件系统	有数据库管理系统
	处理方式	批处理	联机实时处理、批处理	联机实时处理、分布处理、批处理
特点	数据的管理者	用户(程序员)	文件系统	数据库管理系统
	数据面向的对象	某一应用程序	某一应用程序	现实世界(一个部门、企业、跨国组织等)
	数据共享的程度	无共享，冗余度极大	共享性差，冗余度大	共享性强，冗余度小
	数据的独立性	不独立，完全依赖程序	独立性差	具有高度的物理独立性和一定的逻辑独立性
	数据的结构化	无结构	记录内有结构，整体无结构	整体结构化，用数据模型描述
	数据控制能力	应用程序自己控制	应用程序自己控制	由数据库管理系统提供数据安全性、完整性、并发控制和故障恢复能力

8.1.3　数据库的分类

数据模型是数据库技术的核心和基础，数据库分为层次模型数据库、关系模型数据库和面向对象数据库。

1. *层次模型数据库*

数据库的诞生以 20 世纪 60 年代 IBM 推出的层次模型数据库管理产品 IMS (information management system)为标志。层次模型数据库是建立在层次模型基础上的数据库。层次模型用树形结构来表示实体与实体之间的联系，如图 8-7 所示。在层次模型中，最顶层的结点称为父结点(根结点)，有同一个父结点的子结点称为兄弟结点，没有子结点的结点称为叶结点。层次模型发展最早，但由于在很多实际问题中数据关系不是简单的树形结构，层次模型逐渐被淘汰。

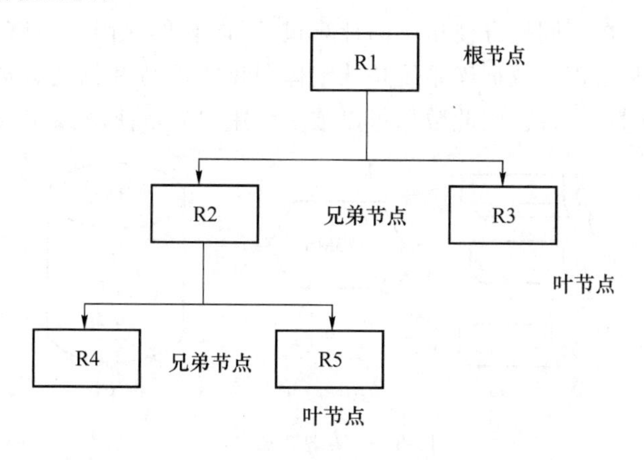

图 8-7 层次模型

层次数据库是按记录来存取数据的，数据之间的关系是基本层次关系。其最大优点是数据结构简单清晰、查询效率高，但数据冗余度大。

2. 关系数据库

1970 年，IBM 的埃德加・弗兰克・科德（Edgar Frank Codd）提出了关系数据库理论，开创了数据库应用的新阶段。关系数据库是建立在关系模型基础上的数据库。关系模型是通过满足一定条件的二维表格来表示实体集合以及数据间联系的一种模型，如表 8-2 所示。在关系模型中，字段称为属性，字段值称为属性值。二维表中的一行称为一个元组。

表 8-2 关系模型

字段 1	字段 2	…	字段 n
字段值 1	字段值 2	…	字段值 n
…	…	…	…

当前主流的关系数据库有 Oracel、MySQL、DB2、SQL Server、Access 等。关系模型不能用一张表表示出复杂对象的语义，不适用于数据类型较多、较复杂的领域。在这种需求的驱动下，数据库模型又进入了新的研究阶段——面向对象数据库的研究。

3. 面向对象数据库

1989 年，在东京举行了关于面向对象数据库的国际会议，第一次定义了面向对象数据库管理系统应实现的功能。面向对象数据库是指支持面向对象特性的数据库，把面向对象技术和数据库技术集成在同一个系统中，提供了面向对象的建模方法、编程语言和数据库语言，具备数据库系统的功能和各种操作处理能力。作为一项新兴的技术，其理论还不够成熟、不够完善，远不如关系数据库发展得成熟，因此，面向对象数据库还有待进一步的研究。

8.1.4 数据库的特点

数据库的研究始于 20 世纪 60 年代中期，现已有了坚实的理论基础、成熟的商业产品和广泛的应用领域，目前数据库成为一个研究者众多且被人们广泛关注的研究领域。数据库之所以能够飞速发展，与它的特点密不可分。

(1) 实现数据共享

数据共享就是让在不同地方使用不同计算机、不同软件的用户能够读取他人的数据并进行各种操作运算和分析。数据库系统是从整体角度来看待和描述数据的，数据不再面向某个应用，而是面向整个系统，因此数据可以被多个用户共享使用，如图 8-8 所示。

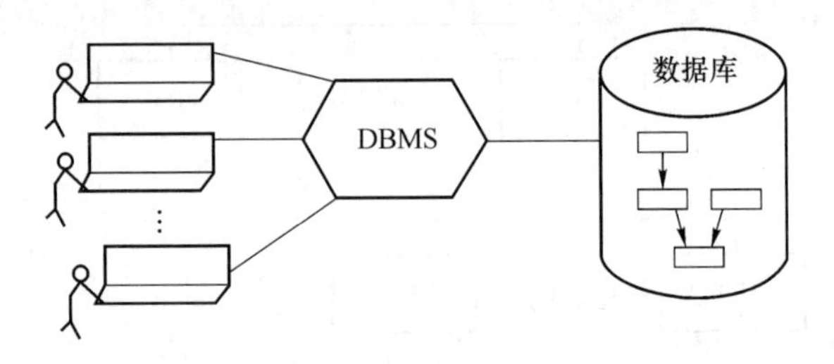

图 8-8 实现数据共享

(2) 减少数据的冗余度

同文件系统相比，数据库实现了数据共享，避免了用户各自建立应用文件，数据库系统使相同的数据在数据库中只需存储一次，减少了大量的重复数据，减小了数据的冗余度。

(3) 数据的独立性

数据的独立性是指数据库中数据独立于应用程序，当数据发生变化时不会影响应用程序。

(4) 实现数据的集中控制

在文件管理方式中，数据处于一种分散的状态，不同的用户或同一用户在不同的数据处理过程中其文件之间毫无关系。利用数据库可对数据进行集中控制和管理，并可以通过数据模型表示各种数据间的联系。

(5) 数据的一致性

数据的一致性是指在数据库中同一数据在不同时间、不同位置出现时应保持其值的一致。数据库中数据冗余度的减小，不仅可以节省存储空间，还能避免数据的不一致性和不相容性。

(6) 实现故障恢复

由数据库管理系统提供一套方法，可及时发现故障并修复故障，从而防止数据被破坏。比如，对系统的错误操作而造成的数据错误等。

8.2 数据仓库

随着信息技术的不断推广和应用，许多企业都开始使用信息管理系统处理管理事务和日常业务。这些管理信息系统为企业积累了大量的信息，此时，企业管理者开始考虑如何利用这些信息对企业的管理决策提供支持。虽然传统数据库在日常的事务管理中获得了巨大的成功，但无法满足管理人员的决策分析需求。这是因为传统数据库只保留了当前的业务处理信息，缺乏决策分析所需要的大量历史信息。为满足管理人员的决策分析需要，就要在数据库的基础上产生适应决策分析的数据环境——数据仓库(data warehouse，DW)。

8.2.1 数据仓库概述

21世纪80年代中期,“数据仓库之父”比尔·恩门(Bill Inmon)在其 *Building the Data Warehouse* 一书中定义了数据仓库的概念,随后又给出了更为精确的定义:数据仓库是在企业管理和决策中面向主题的、集成的、与时间相关的、不可修改的数据集合。与其他数据库应用不同的是,数据仓库更像一种过程,是对分布在企业内部各处的业务数据进行整合、加工和分析的过程。

所谓“主题”,是指用户使用数据仓库进行决策时所重点关心的方面,如收入、客户、销售渠道等。“面向主题”表明了数据仓库中数据组织的基本原则,那就是数据仓库内的所有数据是按某一主题进行组织的,而不是像业务支撑系统那样按照业务功能进行组织。例如,企业销售管理中的管理人员所关心的是本企业哪些产品销售量大、利润高,哪些客户采购的产品数量多,竞争对手的哪些产品对本企业的产品构成威胁。根据这些管理决策的分析对象,就可以抽取出“产品”“客户”等主题。

所谓“集成”,是指根据决策分析的要求,将分散于各处的源数据进行抽取、筛选、清理、综合等工作,如图8-9所示。

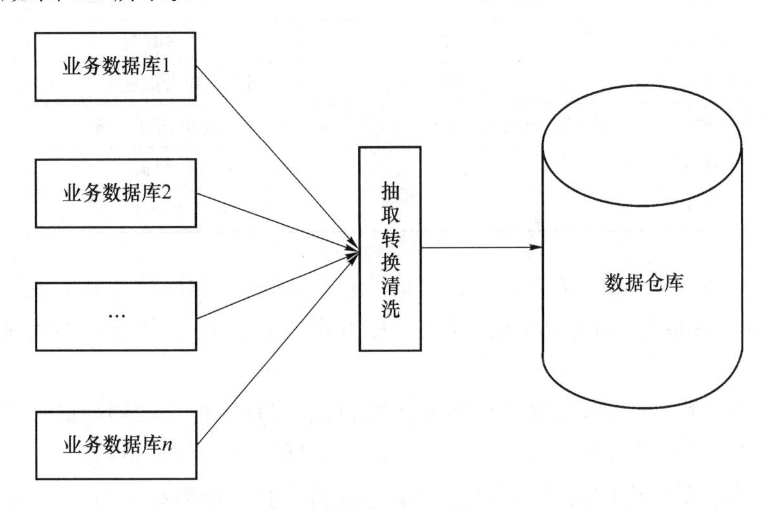

图8-9 数据集成过程

所谓“与时间相关”,是指数据仓库内的信息并不只是反映企业的当前状态,还记录了从过去某一时刻到当前各个阶段的信息。通过这些信息,我们可以对企业的发展历程和未来趋势做出定量分析和预测,如图8-10所示。

信息本身相对稳定,一旦某个数据进入数据仓库以后,一般很少对其进行修改,更多的是对信息进行查询操作。数据仓库的数据主要供企业决策分析时用,不用来进行日常操作,一般只保存过去的数据。数据仓库所涉及的数据操作主要是数据查询,只定期进行数据加载、数据追加,一般情况下并不进行修改操作。

8.2.2 数据仓库与数据库的区别

数据仓库与数据库只有一字之差,但它们所代表的含义确实有极大不同。两者在存在时间、访问方式、修改方式、数据结构等方面都不相同,如表8-3所示。

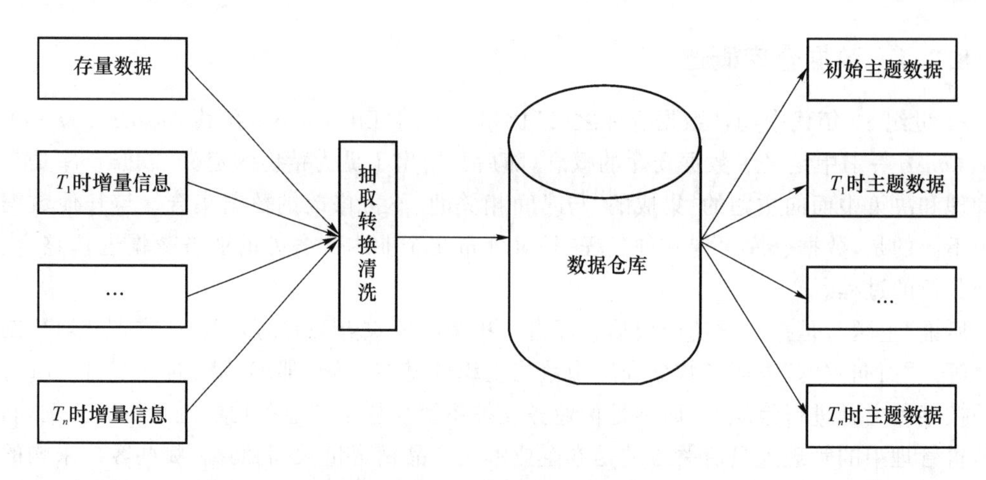

图 8-10 数据随时间变化

表 8-3 数据库与数据仓库对比表

对比内容	数据库	数据仓库
存在时间	生存期短,经常变化	长期存在,相对静态
访问方式	读写	大多数为读
修改方式	实时修改	周期性地大批量修改装入
数据结构	高度结构化、复杂,适合操作计算	简单,适合分析
操作	读写	只读
规模	几个吉字节	可达 100 GB 以上

数据库是一种逻辑概念,是用来存放数据的仓库,通过数据库软件来实现。数据仓库是一个面向主题的、集成的、相对稳定的、反映历史变化的数据集合,用于支持管理决策和信息的全局共享。

数据库存放的是当前值,数据是动态变化的,且访问量少但访问频率高。数据仓库存放静态的历史数据,只是定期添加、更新数据,访问频率低但访问量却很高。

数据库中的数据结构比较复杂,有各种结构以满足业务处理系统的需要,主要面向业务处理人员,为业务处理人员提供信息处理的支持。数据仓库中的数据结构相对简单,面向高层管理人员,为其提供决策支持。

数据仓库更像一个过程,这个过程涉及数据的收集、整理和加工,它生成决策所需要的信息,并且最终把这些信息提供给使用者,供他们做出正确决策。数据仓库的重点是能够准确、安全、可靠地从业务系统中取出数据,经过加工转换成有规律的信息之后,供管理人员进行分析使用。

8.3 大 数 据

近几年,由于移动互联网、云计算、物联网等技术的发展,产生了海量的数据。“数据爆炸”将人们带入了一个新的时代——大数据时代。

8.3.1 大数据概述

随着网络的普及，各类型数据的数据量呈指数增长，传统关系型数据库的处理能力面临挑战，数据中存在的关系和规则难以被发现，而大数据技术很好地解决了这个难题。

研究机构 Gartner 对大数据的定义：大数据是指需要新处理模式才能具有更强的决策力、洞察发现力和流程优化能力的海量、高增长率和多样化的信息资产。

维基百科对大数据的定义：大数据指的是数据集合所涉及的资料量规模巨大到无法通过目前的主流软件工具在合理时间内撷取、管理、处理并整理成企业的经营决策。

麦肯锡对大数据的定义：大数据是指无法在一定时间内用传统数据库软件对其内容进行采集、存储、管理和分析的数据集合。

美国国家科学基金会对大数据的定义：由科学仪器、传感器设备、互联网交易、电子邮件、音频视频软件、网络点击流等多种数据源生成的大规模、多元化、复杂、长期的分布式数据集合。

大数据并不是一种新的产品也不是一种新的技术，大数据只是数字化时代出现的一种现象。在成本可承受的条件下，在较短的时间内，将数据采集到数据仓库中，用分布式技术和数据挖掘与分析技术，从大量化、多类别的数据中提取价值。IBM 提出大数据的“5V”特点，即 volume（大量）、variety（多样）、value（价值密度低）、velocity（高速）、veracity（真实性）。

volume，大量主要体现在数据存储量大和数据增量大。大数据通常指 10 TB 规模以上的数据量，随着云计算等技术的发展，数据量也在不断增长，数据量已从 GB 到 TB 再到 PB，甚至开始以 EB 和 ZB 来计量。

variety，多样化主要体现在类型和来源两个方面。数据类型包括结构化、半结构化和非结构化。数据来源多种多样，例如网页、电子邮件和传感器等。

value，价值密度低是指数据量呈指数增长的同时，隐藏在海量数据中的有用信息却没有按相应的比例增长。这时，需要通过特定的技术进行进一步的处理和挖掘，提取最有用的信息来加以利用。

velocity，高速性指数据的产生和处理速度快。大数据是快速动态变化的，数据流动的速度快到难以用传统的系统去处理，很多大数据需要在一定的时间限度下得到及时处理。

veracity，数据的真实性和质量才是获得真知和思路最重要的因素。高质量的数据一定是具有真实性的，但有时真实的数据并不一定代表着高质量，需要采用一些大数据技术，在保证数据真实性的同时提高数据的质量。

大数据的“5V”特征表明其不仅仅是数据量的庞大，而且对于其的分析将更加复杂、更加追求效率、更加注重实效和质量。

8.3.2 大数据的处理流程

大数据的处理方法很多，但是，专家根据长时间的实践，总结出一个普遍实用的大数据处理流程——数据采集、数据预处理、数据存储、数据分析和挖掘。

1. 数据采集

大数据采集又称数据获取，它利用传感器、射频识别技术、数据检索分类工具和条形码技术等接收发自客户端的数据,并且用户可以通过这些数据库进行简单的查询和处理工作。采集出有用的信息是大数据发展的关键因素之一,数据采集是大数据产业的基石。

2. 数据预处理

采集的信息易受到噪声、冲突等的影响,通常是不完整的数据,因此需对收集到的大数据进行预处理。数据预处理的主要方法有数据清理、数据集成、数据变换和数据规约。数据清理的主要目的是标准化格式、清除异常数据、纠正错误;数据集成是将多个数据源中的数据结合起来统一存储;数据变换是利用规范化、平滑聚集、数据概化等方式将数据转变成有利于分析挖掘的形式;数据规约可以得到规约表,节省挖掘分析时间且仍然能保持数据的完整性。

3. 数据存储

大数据的存储方式可以分为分布式系统、NoSQL 数据库、云数据库。分布式系统主要包含分布式文件系统 HDFS、分布式键值系统。其中分布式文件系统是一个高度容错性系统,适用于批量处理并且能够提供高吞吐量的数据访问。分布式键值系统可以用于存储关系比较简单的半结构化数据,其存储和管理的是对象而不是数据块。NoSQL 数据库可以存储超大规模的数据,具有较好的横向扩展能力。云数据库是基于云计算技术而发展起来的一种共享基础构架的方法,是部署和虚拟化在云计算环境中的数据库。

4. 数据分析和挖掘

数据分析和挖掘就是从大量的数据中提取出隐含在其中的、具有潜在价值的信息,是统计学、人工智能、数据库技术的综合运用。

8.4 数据挖掘

人类处于信息爆炸的时代,被淹没在数据的海洋之中。如何有效地组织和存储数据,如何从数据海洋中及时发现有用的知识,提高信息利用率,成为人们亟待解决的问题。

正是在这样的背景下,数据挖掘(data mining,DM)技术应运而生,并越来越显示出强大的生命力。

8.4.1 数据挖掘概述

数据挖掘是人们长期对数据库技术进行研究和开发的结果,是一个强大的数据分析工具。数据挖掘使数据库技术进入了一个更高级的阶段,它不仅能对过去的数据进行查询和遍历,还能够找出数据之间的潜在联系,从而促进信息的传递。

数据挖掘(data mining)旨在从大量的、不完全的、有噪声的、模糊的、随机的数据库中,提取隐含在其中的人们事先不知道而又潜在有用的信息和知识。

数据挖掘有如下特点。

(1) 数据源必须是真实的、大量的、含有噪声的。

(2) 发现的知识是用户感兴趣的。

(3) 发现的知识是用户可接受的、可理解的、可运用的。

(4) 这些知识是相对的,是有特定前提和约束条件的,在特定领域中具有实际使用价值。

数据挖掘往往又被称作算法，采用软件机制，从巨量数据中提取出信息。数据挖掘一般需要经过数据准备、数据开采、结果表述和解释几个过程。

(1) 数据准备

数据准备是数据挖掘中的一个重要步骤，数据准备是否做好将直接影响到数据挖掘的效率、准确度以及最终模式的有效性。这个阶段又可以进一步分成3个子步骤：数据集成、数据选择和数据预处理。

(2) 数据开采

选定某个特定的数据挖掘算法(如关联、分类、回归、聚类等)，搜索有价值的数据。它是数据挖掘过程中关键的一步，也是技术难点。

(3) 结果表述和解释

根据最终用户的决策目的对开采的信息进行分析，把最有价值的信息提取出来，并且通过决策支持工具提交给决策者。

8.4.2 数据挖掘与大数据的关系

数据挖掘与大数据都有以海量数据为基础，通过某种或几种工具或算法，挖掘出有用的知识和规律，供人们使用，为人们服务。

大数据的对象是互联网的海量数据，而数据挖掘的对象是内部行业的小众化数据。大数据用于分析未来的趋势和发展，数据挖掘用于发现问题并进行诊断。

(1) 数据方面

数据挖掘一般基于某个或某几个数据库中的数据，数据规模相对较小，基本以MB为处理单位，以结构化数据为主，并且数据类型单一，往往是一种或少数几种。

大数据的数据规模庞大，以CB、TB甚至PB为处理单位，以结构化、半结构化以及非结构化的数据为主，数据类型繁多。

(2) 处理工具方面

数据挖掘一般应用一种工具或少数几种工具就可以处理得到有价值的信息并加以应用。大数据不可能使用一种工具来解决问题。

总之，大数据是范围比较广的数据挖掘，大数据的分析处理可以把海量数据分成几块，然后利用数据挖掘技术进行挖掘。

8.5 云计算

2011年1月19日，12306官网正式运行，可是当年频繁出现网站瘫痪的现象。导致这种现象的主要原因是余票查询环节的访问量近乎占12306网站的九成流量，高峰时服务器需要交互的响应量成几何级数增长。2015年春运火车票售卖量创下历年新高，而铁路系统运营网站12306却并没有出现明显的卡滞。其原因就是12306与阿里云合作，采用云计算法，把余票查询系统从自身后台分离出来，在“云上”独立部署了一套余票查询系统。把高频次、高消耗、低转化的余票查询环节放到云端，而将下单、支付这种“小而轻”的核心业务保留在12306自己的后台系统上。

8.5.1 什么是云计算?

什么是“云”?在云中运行,在云中存储,从云端访问……这个时代,似乎一切都在“云”里进行。云是网络、互联网的一种比喻说法,简单来说,云就是互联网连接的另一端,我们可以从云端访问各种应用程序和服务,也可以在云端存储数据。

云计算(cloud computing)是分布式计算、并行运算、网络存储、虚拟化等技术相融合的产物,通过网络“云”将巨大的数据计算处理程序分解成无数个小程序,然后通过多部服务器组成的系统对这些小程序进行处理和分析,并将计算结果返回给用户。

云计算采用计算机集群构成数据中心,通过网络以按需、易扩展的方式获得所需的资源(硬件、软件、平台)。“云”中的资源对用户来说是可以无限扩展的,并且可以随时获取,按需使用,随时扩展,按使用付费。用户可以像使用水、电一样按需购买云计算资源。

云计算可以让用户体验每秒 10 万亿次的运算能力,可以模拟核爆炸、预测气候变化和市场发展趋势。用户通过电脑、手机等终端设备接入数据中心,按自己的需求进行运算。云计算的特点归纳如下。

(1) 弹性服务。用户能方便、快捷地获取和释放计算资源,也就是说,需要时能快速获取资源、不需要时能迅速释放资源。

(2) 资源共享池化。资源以共享资源池的方式统一管理,利用虚拟化技术,将资源分享给不同用户,资源的放置、管理与分配对用户透明。

(3) 自助服务。以服务的形式为用户提供应用程序、数据存储、基础设施等资源,并可以根据用户需求,自动分配资源,而不需要云服务提供商的协助。

(4) 服务可计费。监控用户的资源使用量,并根据资源的使用情况对服务计费。

(5) 泛在接入。用户可以利用各种终端设备(如 PC 电脑、智能手机等)随时随地通过互联网访问云计算服务。

8.5.2 “双十一”背后的云计算

“双十一”步入第 11 个年头,天猫等各大电商平台再次刷新了纪录,2019 天猫“双十一”以最终成交额 2 684 亿创历史新纪录。随着参与用户数量、商家数量的日益庞大,以及涉及领域的扩大、交易规模的日趋增长,电商领域的云计算竞争也日趋白热化。

2011 年部分入驻淘宝的运动鞋商家和女装商家在“双十一”期间,庞大的订单量使整个订单系统无法工作,导致发货失败,退款率非常高。可以说,交易双方的需求在一定程度上逼着云计算能力提升。国内云厂商提供的主要服务目前依然是基于最基础的 IaaS 层(基础设施即服务),为了迎合“双十一”及“六一八”等重要促销节日的需求,更高难度的 PaaS 服务(平台即服务)也越来越多地得到推广。

各云计算公司的产品其实大多是由自身业务特点发展而来的,阿里云主要应用在电商领域,腾讯云、金山云则更擅长游戏、视频类服务。近年来,常常浮现其他云厂商的身影。腾讯云为“蘑菇街”提供的服务中心,将在新零售、电商转型方向发力。

“双十一”期间,云计算除了承担相关的数据处理、分发等任务外,还有安全防护职责,这一点从 2015 年开始在防范“羊毛党”刷单行为中体现得尤为明显。所谓“羊毛党”即个人或团伙到各种电商平台刷单,获取优惠,并且通过第三方的电商平台出售优惠,实现套现。

8.5.3 云计算和大数据的关系

大数据与云计算密不可分,没有云计算就不会有大数据分析和利用。大数据的特色在于对海量数据进行分布式数据挖掘,这种分布式数据挖掘必须依托计算机的分布式处理,云计算机提供了分布式处理的能力。云计算就像一个容器,大数据正是存放在这个容器中的水,大数据要依靠云计算机技术进行存储和计算。

首先,云计算是提取大数据的前提。在海量数据的前提下,如果提取、处理和利用数据的成本超过了数据本身的价值,那么有价值相当于没有了价值。强大的云计算能力,可以降低数据提取过程中的成本。

其次,云计算是过滤无用信息的"神器"。一般而言,首次收集到的数据中,有90%属于无用的,云计算可以按需计算和存储资源,把无用数据过滤掉。

总之,在数据量爆发增长以及对数据处理要求越来越高的当下,实现大数据和云计算的结合,才能最大程度上发挥二者的优势,满足用户的需求,带来更高的商业价值。

本章小结

1. 数据库(databases,DB)是指长期保存在计算机的存储设备上、并按照某种模型组织起来的、可以被各种用户或应用共享的数据集合。数据管理技术经历了从人工管理、文件管理、数据库管理3个阶段。

2. 数据库技术从出现到现在经过了短短的几十年,从层次模型数据库发展到关系模型数据库又发展到面向对象数据库。数据库技术实现了数据共享,减小了数据冗余度。

3. 大数据并不是一种新的产品也不是一种新的技术,大数据只是数字化时代出现的一种现象。大数据"5V"特点,即volume、variety、value、velocity、veracity。

4. 数据挖掘(data mining)旨在从大量的、不完全的、有噪声的、模糊的、随机的数据库中,提取隐含在其中的人们事先不知道的而又潜在有用的信息和知识。

5. 云计算(cloud computing)是分布式计算、并行运算、网络存储、虚拟化等技术相融合的产物,通过网络"云"将巨大的数据计算处理程序分解成无数个小程序,然后通过多部服务器组成的系统对这些小程序进行处理和分析,并将计算结果返回给用户。

6. 大数据与云计算密不可分,没有云计算就不会有大数据分析和利用。大数据的特色在于对海量数据进行分布式数据挖掘,这种分布式数据挖掘必须依托计算机的分布式处理,云计算机提供了分布式处理的能力。云计算就像一个容器,大数据正是存放在这个容器中的水,大数据要依靠云计算技术进行存储和计算。

思考题与练习题

1. 简答题

(1) 数据库系统有哪些优点?

(2) 数据库设计过程包括几个主要阶段?

(3) 数据库发展到数据仓库的原因是什么?

(4) 描述数据挖掘的应用领域。

(5) 云计算与大数据的区别和联系。

2. 选择题

(1) 数据库(DB)、数据库系统(DBS)和数据库管理系统(DBMS)三者之间的关系是(　　)。

A. DBS 包括 DB 和 DBMS　　B. DBMS 包括 DB 和 DBS

C. DB 包括 DBS 和 DBMS　　D. DBS 就是 DB,也就是 DBMS

(2) 对于数据库系统,负责定义数据库内容,决定存储结构和存储策略及安全授权等工作的是(　　)。

A. 应用程序员　　B. 数据库管理员

C. 数据库管理系统的软件设计员　　D. 数据库使用者

(3) 用二维表结构表示实体以及实体间联系的数据模型称为(　　)。

A. 网状模型　　B. 层次模型

C. 关系模型　　D. 面向对象模型

(4) (　　)是按照一定的数据模型组织的,长期储存在计算机内,可为多个用户共享的数据的集合。

A. 数据库系统　　B. 数据库

C. 关系数据库　　D. 数据库管理系统

3. 填空题

(1) 数据管理技术经历了人工管理阶段、文件系统管理阶段和________阶段。

(2) 在关系数据库中,二维表称为一个________。表的每一行称为________,表的每一列称为________。

4. 探索题

云计算的未来会对我们生活产生什么影响?

第9章 人工智能

“人工智能”(artificial intelligence,AI),一词最初在1956年Dartmouth学会上提出。人工智能是对人的意识和思维过程的模拟,是一门极富挑战性的科学。本章主要介绍人工智能的发展情况及人工智能的应用,如机器人、机器翻译、模式识别、机器学习等。

9.1 人工智能概述

人工智能是21世纪世界三大尖端技术之一(空间技术、能源技术、人工智能),它是研究、开发用于模拟、延伸和扩展人类智能的理论、方法、技术及应用系统的一门新学科。

9.1.1 人工智能的定义

人工智能研究怎样使计算机来模仿人脑的推理、证明、理解、设计、学习、思考、规划以及问题求解等思维活动,解决需要人类专家才能处理的复杂问题,如医疗诊断、交通运输管理等决策性课题。它是一门融合了计算机科学、统计学、脑神经学和社会科学的前沿综合性学科,如图9-1所示。

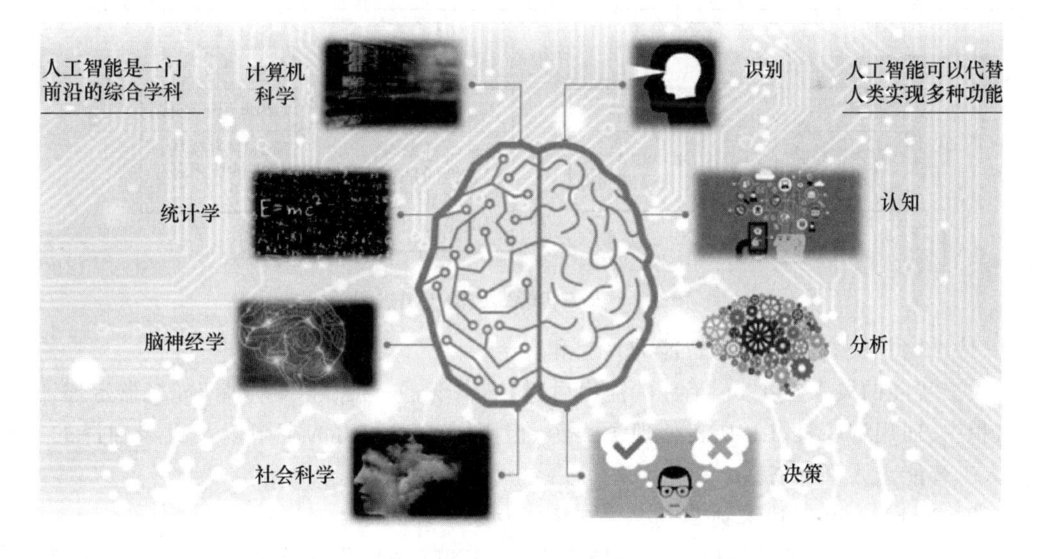

图9-1 人工智能

美国斯坦福大学人工智能研究中心尼尔逊教授对人工智能下了这样一个定义:“人工智能是关于知识的学科——怎样表示知识以及怎样获得知识并使用知识的科学。”美国麻省理工学院的温斯顿教授认为:“人工智能就是研究如何使计算机去做过去只有人才能做的智能工作。”中国科学技术部副部长李萌在2017年7月21日国务院新闻办公室举行的国务院政策例行吹风会上指出人工智能具有以下 5 个特点：

（1）从人工知识表达到大数据驱动的知识学习技术；

（2）从分类型处理的多媒体数据转向跨媒体的认知、学习、推理，这里讲的“媒体”不是新闻媒体，而是界面或者环境；

（3）从追求智能机器到高水平的人机、脑机相互协同和融合；

（4）从聚焦个体智能到基于互联网和大数据的群体智能，它可以把很多人的智能集聚融合起来变成群体智能；

（5）从拟人化的机器人转向更加广阔的智能自主系统，比如智能工厂、智能无人机系统等。

人工智能的目标是希望计算机拥有像人一样的智力能力，可以替代人类实现识别、认知、分类和决策等多种功能。

9.1.2 人工智能的发展史

从 1956 年达特茅斯(Dartmouth)学会上提出“人工智能”一词至今，人工智能的发展过程如图 9-2 所示。

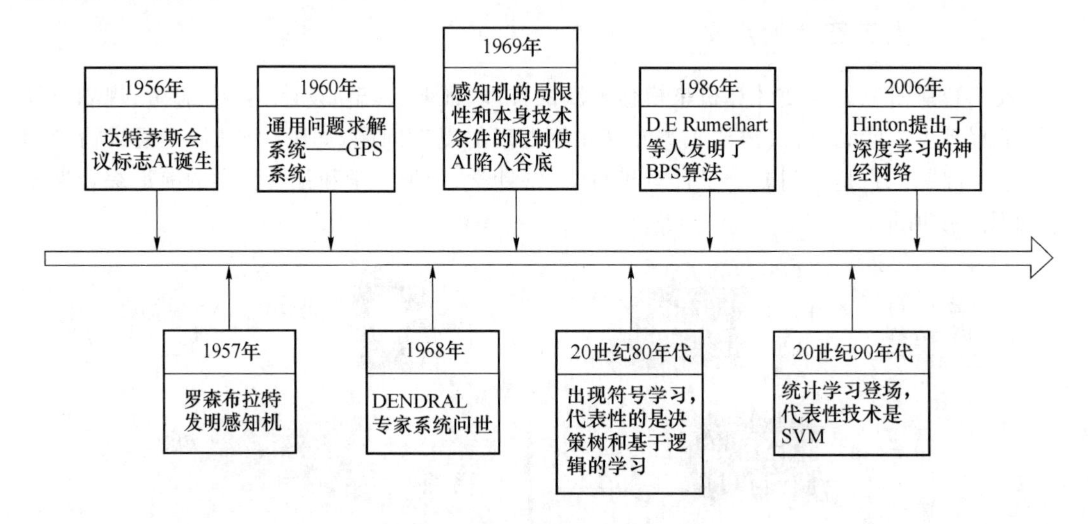

图 9-2　人工智能发展的历史进程

（1）20 世纪 50 年代人工智能的兴起和衰落

人工智能的概念在 1956 年首次提出后，相继出现了一批显著的成果，如机器定理证明、跳棋程序、通用解题机、LISP 表处理语言等，但由于推理能力的有限以及机器翻译的失败等，人工智能走入了低谷。

（2）20 世纪 60 年代末到 20 世纪 70 年代专家系统的诞生

专家系统使人工智能的研究出现新高潮。DENDRAL 化学质谱分析系统、MYCIN 疾病诊断和治疗系统、PROSPECTIOR 探矿系统、Hearsay-II 语音理解系统等专家系统的研究和开发，将人工智能引向了实用化。值得一提的是，就在 1969 年，为了更好地发展人工智能，在各国科学家们的号召下成立了“国际人工智能联合会议”，这标志着人工智能新高潮的出现。

(3) 20 世纪 80 年代人工智能得到了很大的发展

1982 年,日本开始了"第五代计算机研制计划",即"知识信息处理计算机系统 KIPS",其目的是使逻辑推理的速度达到数值运算速算那么快。虽然此计划最终失败,但它的开展掀起了一阵研究人工智能的热潮。

(4) 20 世纪 80 年代末神经网络飞速发展

1987 年,美国召开第一次神经网络国际会议,宣告了神经网络这一新学科的诞生。此后,各国在神经网络方面的投资逐渐增加,神经网络迅速发展起来。

(5) 20 世纪 90 年代,人工智能出现新的研究高潮

由于网络技术特别是互联网技术的发展,人工智能开始由单个智能主体研究转向基于网络环境下的分布式人工智能研究。不仅研究基于同一目标的分布式问题的求解,还研究多个智能主体的多目标问题的求解,人工智能向更实用的方向发展。另外,Hopfield 多层神经网络模型的提出,使神经网络研究与应用出现了欣欣向荣的景象。

(6) 21 世纪以来,人工智能技术腾飞

人工智能的发展轨迹,可以说是三起三落,如图 9-3 所示。当然,这个第三落还没有到来,也未必一定会到来,随着人工智能技术与生活的完美融合,人工智能技术的前途会愈发光明。

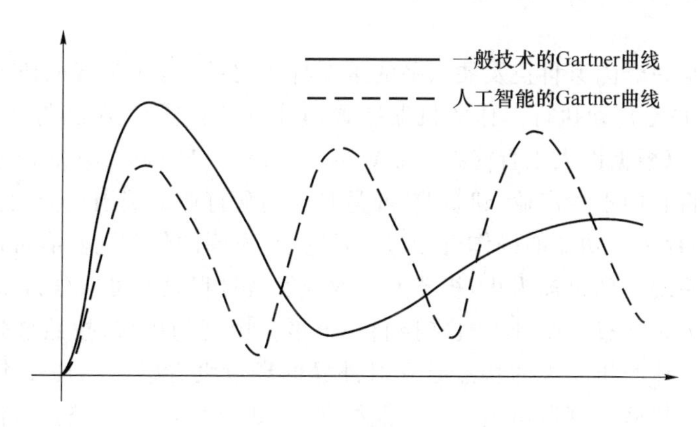

图 9-3 人工智能的发展轨迹

9.1.3 人工智能的研究内容

人工智能的研究范围十分广阔,从基础理论的角度出发研究内容包括机器学习、专家系统、智能机器人等。

1. 专家系统

专家系统是人工智能应用研究最活跃和最广泛的应用领域,在各个领域中已经得到了应用,并且取得了很大的成功。例如,个人理财专家系统、血液凝结疾病诊断系统、各类教学专家系统等。它是一个具有大量专门知识与经验的计算机程序,应用人工智能技术和计算机技术,根据某领域一个或多个专家提供的知识和经验,进行推理和判断,模拟人类专家的决策过程,以便解决那些需要人类专家处理的复杂问题。简而言之,专家系统是一种模拟人类专家解决相关领域问题的计算机程序。专家系统具有如下特征:

(1) 知识丰富,具有专家水平的专业知识;

(2) 能运用专家的知识进行判断、推理和决策;

(3) 具有较高的复杂度与难度;

(4) 具有获取知识的能力;

(5) 具有解释功能,并能回答用户提出的问题,提高用户与系统之间的透明度;

(6) 知识与推理机构既有联系又相互独立,使专家系统具有良好的可维护性和可扩展性。

2. 机器学习

机器学习(machine learning,ML)是一门多领域交叉学科,涉及概率论、统计学、算法复杂度理论等多门学科。机器学习的应用在今天已很普遍,可能我们每天会都在不知不觉中使用几十次。比如,产品推荐引擎、预测分析、语音识别等。

机器学习研究计算机怎样模拟或实现人类的学习行为,以获取新的知识或技能,重新组织已有的知识结构使之不断改善自身的性能。机器学习的研究工作主要围绕以下3个方面进行:

(1) 研究和分析改进一组预定任务的执行性能的学习系统;

(2) 研究人类学习过程并进行计算机模拟;

(3) 从理论上探索各种可能的学习方法。

3. 智能机器人

智能机器人是一个国家科技发展水平的重要标志之一,是人工智能研究的一个前沿方向。机器人(robot)是自动执行工作的机器装置,它既可以接受人类指挥,又可以运行预先编排的程序,也可以根据以人工智能技术制定的原则纲领来行动。它的任务是协助或取代人类工作,例如,将它用于生产业、建筑业,或是其他高危行业。美国机器人协会给机器人下的定义:一种可编程和多功能的操作机,或是为了执行不同的任务而具有可用电脑改变和可编程动作的专门系统。到目前为止,机器人技术的发展过程大致可以分为以下3个阶段。

第一代机器人是通过一个计算机来控制一个多自由度的机械,按照事先交给它们的程序进行重复工作。该类机器人的特点是它对外界的环境没有感知。1959年乔治·德沃尔与约瑟夫·英格伯格联手制造出第一台工业机器人,如图9-4所示。随后,他们成立了世界上第一家机器人制造工厂——Unimation公司。由于英格伯格对工业机器人的研发和宣传,他也被称为“工业机器人之父”。

第二代机器人是具有一定感觉功能和自适应能力的机器人,其特征是可以根据作业对象的状况改变作业内容,即所谓的“知觉判断机器人”,这个阶段的机器人技术向人工智能进发。这种带知觉的机器人利用类似人的某种感觉,比如力觉、触觉、听觉,来判断力的大小和滑动的情况。1965年,约翰·霍普金斯大学应用物理实验室研制出Beast机器人,如图9-5所示,它已经可以能通过声呐系统、光电管等装置,根据环境校正自己的位置。

第三代机器人是智能机器人,这种机器人带有多种传感器,能够将多种传感器得到的信息进行融合,能够有效地适应变化的环境,具有较强的自适应能力、学习能力和自治能力。

英国的计算机科学之父阿兰·图灵在1950年提出了著名的“图灵测试”理论,能够通过测试的就是人工智能机器人,之后虽然无数的机器人在测试中失败,但是在2014年6月7日阿兰·图灵逝世60周年纪念日那天,在英国皇家学会举行的“2014图灵测试”大会上,聊天程序“尤金·古斯特曼”,如图9-6所示,首次通过了图灵测试。

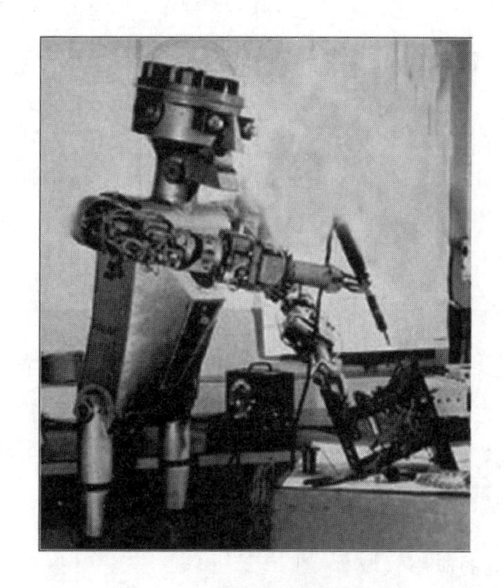

图 9-4 第一台工业机器人

图 9-5 Beast 机器人

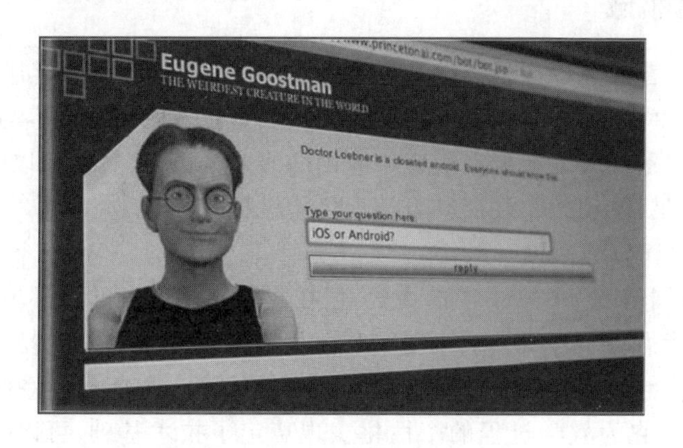

图 9-6 聊天程序“尤金·古斯特曼”

人工智能的目的就是让计算机这台机器能够像人一样思考。如今,人工智能已经不再是几个科学家的专利了,全世界几乎所有大学的计算机专业都有人在研究这门学科,人工智能始终是计算机科学的前沿学科。

9.2 人工智能的应用领域

以人工智能为依托的机器人一方面会以软件形式融入社会,如自动翻译、图像识别等,另一方面也将通过集成硬件深入到百姓的生活中,如特种机器人、医疗机器人等。人工智能发挥的作用越来越大,被广泛用于教育、医疗、金融、商业等领域,涵盖生活中的方方面面,如图 9-7 所示。

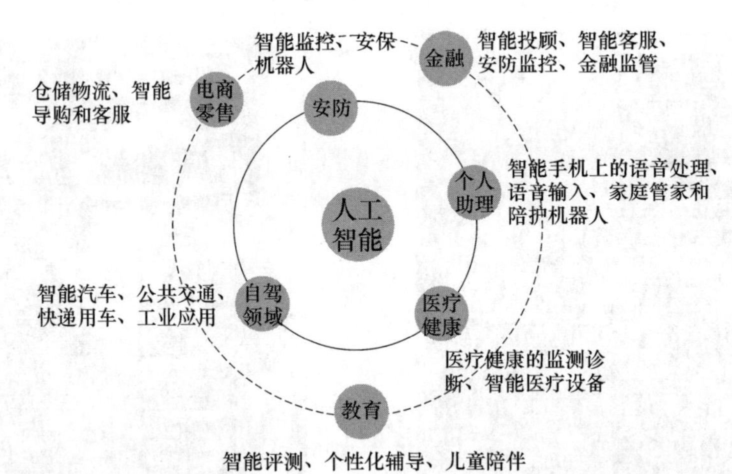

图 9-7　人工智能的应用领域

9.2.1　教育领域

教育部印发了《普通高中课程方案和语文等学科课程标准(2017 年版)》,将人工智能正式划入新课标。北京师范大学何克抗教授在《当代教育技术的研究内容与发展趋势》中提到“当代教育中越来越重视人工智能在教育中应用的研究”。人工智能可以弥补当前教育中存在的种种缺陷和不足,推动教育发展和教学现代化进程。

1. 提高教学过程的个性化

因材施教在我国已有 2 000 多年的历史,但在我国应试教育的大环境下,根据学生不同的认知水平、学习能力以及自身素质来制定个性化的学习方案真是说易行难。传统思想与人工智能技术相结合,使因材施教的可行性有了大幅提高。智能教学系统是人工智能与教育结合的主要形式,它为教学过程的个性化实现奠定了技术基础,可以对学生进行问题诊断,最后给学生推送个性化的学习资源。2017 年科大讯飞股份有限公司联合北京师范大学成功申报发改委基础教育大数据研发与应用示范工程项目。

2. AI 阅卷批改作业

庞大的考生规模和多种多样的考试,一直是阅卷的难题。从传统的纸笔阅卷到网上阅卷,再到今天的机器智能阅卷,AI 可以轻松解决繁重复杂的阅卷难题,大大提高阅卷的效率和质量。将试卷进行数字化扫描、格式化处理,然后转换成机器可识别的信号,机器就能按阅卷专家的评判标准进行自动化阅卷,还可以自动检测出空白卷、异常卷,并给出最终的评阅报告及考试分析报告。原来需要 3 个月才能完成的工作,现在 1 周就能完成,而且更准确、公正。

2017 年 12 月,浙江外国语学院国际学院使用阿里巴巴的一款人工智能软件评阅来自俄罗斯、韩国、赞比亚等 6 个国家的 11 位外国留学生完成的中文试卷。该软件一共用了几十秒就完成了阅卷工作,阿里“AI 老师”在准确率和细致程度上都接近甚至超过人类的水平。除了代替人工阅卷,人工智能还可以帮老师批改作业、备课等重复枯燥的工作,不仅节省时间,还可以减少工作量。

3. 人工智能老师

城乡教育鸿沟、择校问题、学区房问题，都是教育资源不均衡导致的，归根到底是优秀教师的稀缺，智能教育机器人是解决这一问题的有力工具。青岛小帅智能科技有限公司与科大讯飞强强合作，打造出中国首款领先教育型机器人。采用科大讯飞全球领先的语音识别技术，做到100%逼真的人机对话，及时应答，能听会说、能存会算。芯片网络链接云端数据库，同步各年级教材，拥有海量教育资源，是全能性世界领先的教育机器人。

9.2.2　医疗领域

在医疗领域，AI可以通过机器筛查和分析医学影像来辅助医生诊断。人工智能在医疗健康领域中的应用包括医学诊断、医学影像、药物挖掘、营养学、生物技术、急救室/医院管理、健康管理、精神健康、可穿戴设备、风险管理和病理学等。

1. 在临床医学诊断中的应用

人工智能在临床医疗诊断中的应用主要表现在医疗专家系统上，它主要采用人工智能中的知识表示和知识推理技术来模拟医学专家诊断和治疗病人病情的思维过程，它继承并发扬了医学专家的宝贵理论及丰富的临床经验，可以作为医生诊断的辅助工具，帮助医生解决复杂的医学问题。

机器人医生"沃森"在天津市第三中心医院的义诊现场，"听"肿瘤科主任吴尘轩"讲述"了患者的病情信息后，"思考"了10秒，随即为这位胃癌局部晚期患者开出了一份详细的西医诊疗方案分析单。这与医生给出的治疗方案完全一致，与人类医生相比，沃森的反应之快令人望尘莫及，大大提高了诊疗效率。

2. 在医学影像中的应用

在医学影像技术领域中，人工智能的应用主要包括图像识别和深度学习。首先计算机对搜集到的图像进行预处理、分割、匹配判断和特征提取等一系列的操作，随后进行深度学习，从患者病历库以及其他医疗数据库中搜索数据，最终提供诊断建议。影像辅助诊断的使用和普及为人们带来巨大的益处，对于患者而言，在影像辅助诊断的帮助下，能快速完成健康检查，同时获得更精准的诊断建议和个性化的治疗方案；对医生而言，可以节约读片时间、降低误诊率，起到辅助诊断的作用，如图9-8所示。

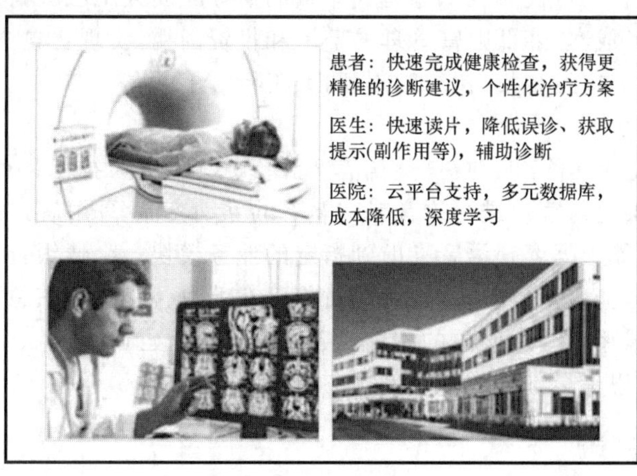

患者：快速完成健康检查，获得更精准的诊断建议，个性化治疗方案
医生：快速读片，降低误诊、获取提示(副作用等)，辅助诊断
医院：云平台支持，多元数据库，成本降低，深度学习

图9-8　医疗领域

人工智能在医疗上的应用，对医疗事业的发展有着非常重要的意义，因此需要学者进一步加强对人工智能技术的研究，使人工智能技术可以在医疗健康领域中发挥更高的价值。

9.2.3 金融领域

2017年7月，国务院发布了《新一代人工智能发展规划》，提出通过智能金融加快推进金融业智能化升级；通过建立金融大数据系统，提升金融多媒体数据处理与理解能力；创新智能金融产品和服务，发展金融新业态；鼓励金融行业应用智能客服、智能监控等技术和装备，建立金融风险智能预警与防控系统。人工智能将对我国金融业的转型升级、提升竞争力产生深远影响。目前，人工智能技术在金融领域应用的范围主要集中在客户身份识别、量化交易、智能投顾、智能客服等方面。

1. 客户身份识别

客户身份识别是一种主要通过人脸识别、虹膜识别、指纹识别等生物识别技术快速提取客户特征进行高效身份验证的人工智能应用。技术的进步使生物识别技术可广泛应用于银行联网核查、VTM机自助开卡、远程开户、支付结算、反欺诈管理等业务领域中，可提高银行柜台人员约30%的工作效率，缩短客户约40%的平均等待时间。互联网银行已将人脸识别技术视为通过互联网拓展客户的决定性手段。

2. 量化交易

量化交易是指通过对财务数据、交易数据和市场数据进行建模，分析其显著特征，利用回归分析等算法制定交易策略。传统的量化交易方法严格遵循基本假设条件，模型是静态的，不适应瞬息万变的市场。人工智能量化交易能够使用机器学习技术进行回测，自动优化模型，自动调整投资策略，在规避市场波动下的非理性选择、防范非系统性风险和获取确定性收益等方面更具优势，因此在证券投资领域得到快速发展。在中国现行的金融监管体制下，目前银行在这方面的应用相对较少，但京东金融、蚂蚁金服、科大讯飞、因果树等在这方面进行了积极的探索。

3. 智能投顾

智能投顾又称机器人投顾，主要是根据投资者的风险偏好、财务状况与理财目标，运用智能算法及投资组合理论，为用户提供智能化的投资管理服务。智能投顾主要服务于长尾客户，它的应用价值在于可代替或部分替代昂贵的财务顾问人工服务，将投资顾问服务标准化、批量化，降低服务成本，降低财富管理的费率和投资门槛，实现普惠金融。目前我国提供此服务的公司很多，如广发智投、招行摩羯智投、工行“AI”投等。

4. 智能客服

智能客服主要是以语音识别、自然语言理解、知识图谱为技术基础，通过电话、网上、APP、短信、微信等渠道与客户进行语音或文本上的互动交流，理解客户需求，语音回复客户提出的业务咨询，并能根据客户语音导航到指定的业务模块。交通银行在2015年底推出国内首个智慧型人工智能服务机器人“娇娇”，目前已在上海、江苏、广东、重庆等地的营业网点上岗。该款机器人采用了全球领先的智能交互技术，交互准确率达95%以上，是国内第一款真正能听会说、能思考会判断的智慧型服务机器人。

9.2.4 电商领域

最近十年来，电子商务取得了卓越的成果，以淘宝、京东、唯品会为代表的电商平台不仅为消费者带来了方便、高效的消费模式，同时，由于电商运营成本较实体经济更低，因此也大大优化了经济运行的效率，为消费者带来了实惠。电子商务的导购服务和仓储物流往往需要耗费大量的人力物力，由此带来的成本不容忽视。要想对这部分成本进行压缩，就必须大量使用机器来替代人工，而时下如火如荼的人工智能或许会成为解决此问题的关键。

1. 人工智能有助于提升服务品质、降低人工成本

在行业日趋成熟的背景下，电商对服务体系的要求越来越高。举个简单的例子，用户在网购某些家电产品时，总希望能得到详尽、专业的解答，这一点正是传统实体店的优势，而如果人工智能足够强大，可以用智能客服替代人工客服完成相关问题的解答，那么这必然会优化用户体验，实现服务品质的提升，因为这种服务方式不受时间空间的限制，当然，这也会降低相应地人工成本。

2. 仓储物流方面，人工智能大有用武之地

现如今，诸如阿里、京东等巨头正在加快无人机、无人仓的应用，这一点也符合人工智能的理念。在过去，仓储物流主要靠人工来做，而现在，无人机可以根据提前设置好的路线智能运输货物，无人仓可以科学、合理地对包裹进行管理、分拣。这不仅降低了错误率，还节约了人力资源成本。

3. 人工智能有助于满足日益复杂的电商应用场景

在电商运营的整个流程中，"最后一公里"的服务尤其重要，而且所面临的应用场景更为多元化。比如，在小区、写字楼、商场等不同的区域，"最后一公里"的服务性质和内容也截然不同。而在人工智能的帮助下，电商企业通过科学合理的分析、计算，有望推出能适应不同场景的解决方案，实现效率和成本的平衡。

4. 人工智能将"镜像"消费者喜好

人工智能对电子商务还有一个重要价值，就是"镜像"消费者喜好。简单来说，人工智能的相关技术就像是一面镜子，对于海量消费者的喜好、反馈等信息进行汇总、统计，然后进行"画像"。和一般的大数据分析所不同的是，人工智能具备一定的学习能力和思考能力，其分析出的结果往往更接近消费者的真实想法。那么这样一来，无论是商品的改进，还是服务的优化，都变得有迹可循。

现如今，人工智能已经步入快车道，而随着技术越来越成熟、应用越来越广泛，未来对电子商务的拉动作用也不容小觑，相信人工智能将成为电商变革的重要助推力。

9.2.5 机器翻译领域

机器翻译是人工智能的重要分支，也是人工智能最先应用的领域。机器翻译又称为自动翻译，是利用计算机将一种自然语言(源语言)转换为另一种自然语言(目标语言)的过程。它是计算语言学的一个分支，涉及计算机科学、认知科学、语言学、信息论等学科，具有重要的科学研究价值。不过就已有的机译成就来看，机译系统的译文质量离终极目标仍相差甚远，而机译质量是机译系统成败的关键。中国数学家、语言学家周海中教授曾在论文《机器翻译五十年》中指出：要提高机译的质量，首先要解决的是语言本身的问题而不是程序设计的问题；单靠若干程序来做机译系统，肯定是无法提高机译质量的；另外在人类尚未明了大脑是如何进行语言的模糊识别和逻辑判断的情况下，机译要想达到"信、达、雅"的程度是不可能的。

美国发明家、未来学家雷·科兹威尔在接受《赫芬顿邮报》采访时预言,到2029年机译的质量将达到人工翻译的水平。对于这一论断,学术界还存在很多争议。

9.3 人工智能的发展现状

人工智能是新一轮全球科技革命产业变革的核心所在。人工智能应用技术已日趋成熟,并且在不少领域得到发展,如智能控制、机器人学、语言和图像理解等。

9.3.1 AI的国外发展现状

国际上人工智能研究水平最为先进的团体大都集中在欧美国家。美国的很多著名IT跨国企业如谷歌、Facebook、微软、IBM等,都将其作为企业的核心战略。

2016年10月,美国白宫发布了《为人工智能的未来做好准备》和《国家人工智能研究与发展策略规划》两份重磅报告,详细阐述了美国未来的人工智能发展规划以及人工智能给政府工作带来的挑战与机遇。

2017年10月25日,在沙特举行的"未来投资计划"大会上,沙特阿拉伯授予美国汉森机器人公司生产的"女性"机器人索菲亚公民身份。作为世界上首个获得公民身份的机器人,索菲亚当天说,"希望用人工智能帮助人类过上更好的生活",同时对支持"AI威胁论"的马斯克说,"人不犯我,我不犯人!"

9.3.2 AI的国内发展现状

国务院发布《新一代人工智能发展规划》,明确到2030年,使中国人工智能理论、技术与应用总体达到世界领先水平,成为世界主要的人工智能创新中心。党的十九大报告也指出:要加快建设制造强国,加快发展先进制造业,推动互联网、大数据、人工智能和实体经济深度融合。我国新一代人工智能发展规划也明确提出了我国人工智能发展的"三步走"目标。

第一步,到2020年,人工智能总体技术和应用与世界先进水平同步,人工智能产业进入国际第一方阵,成为我国新的重要经济增长点。

第二步,到2025年,人工智能基础理论实现重大突破、技术与应用部分达到世界领先水平,人工智能产业进入全球价值链高端,成为带动我国产业升级和经济转型的主要动力,智能社会建设取得积极进展。

第三步,到2030年,人工智能理论、技术与应用总体达到世界领先水平,我国成为世界主要人工智能创新中心,人工智能产业竞争力达到国际领先水平。

据统计,2014至2016年这3年是中国人工智能发展最为迅速的时期。中国人工智能企业数量累计增长1 477家,融资规模达27.6亿美元。另据艾瑞咨询公开的数据显示,中国人工智能产业规模在2016年已突破100亿元。

要想真正实现智能社会,一定要把相应的基础设施建设好,建立知识库、大数据库和面向各类具体问题的智能系统等。要加快机器人向各领域的应用,实现人机协调、跨界融合、共创分享,营造有利于机器人发展的良好生态。

9.3.3 AI是把“双刃剑”

目前人工智能已经为人类创造出了非常可观的经济效益。将人工智能应用于社会生产中，在工厂生产中采用全自动化的智能生产线，可以大大提高生产效率和安全性。在日常生活中，我们随处可见各种扫地机器人、医疗辅助机器人等。人工智能可以代替人类做大量人类不想做、不能做的工作，而且机器犯错误的概率比人低，并且能够持续工作，大大地提升工作效率，节约了大量的成本。

科技的发展是一把双刃剑，人工智能的发展同样也将颠覆许多行业。机器人代替了人类的许多工作将导致大量的人口失业。其次，机器人的学习速度远远快于人类，当人工智能的发展经历无法预测的质变之后机器人可能会拥有人类的思维方式，甚至超过人类智慧，这就有可能给人类的生存造成危机。霍金曾发出警告，人类面临一个不确定的未来，先进的人工智能设备能够独立思考，并适应环境变化，它们未来或将成为导致人类灭亡的终结者！

对于人工智能的未来发展，我们应当持乐观态度。人工智能改变了人们的生活，我们对人工智能应加以更好地利用，同时要避免其带来的弊端，人工智能与人类、社会、自然和谐相处，这样才能长远地发展。

9.4 人工智能的未来

未来人工智能领域不只是单一的技术和产品，更是一个整合的“生态系统”。如果说生物计算机、量子计算机、光子计算机是未来计算机硬件系统的发展方向，那么实现人工智能就是未来计算机软件的努力目标，但是，从某种意义上来说，人工智能的发展目标却是脱离计算机，不再作为一个独立的子系统而存在。

1. 国防的未来转向AI

未来的战争将依赖于前所未有的智能技术，无人机仅仅是个开始。随着传统防御、监视和网络安全侦察的日益融合，人工智能在防御领域有着天然的优势。人工智能可凭借其强大的运算能力迅速排查筛选数百万次事件，以便发现异常、风险和未来威胁的信号。

2. AI终端趋势显现，边缘计算成为下一大领域

人工智能不仅限于强大的超级计算机和大型设备，它也正在成为智能手机和可穿戴设备的一部分。CB Insights表示，AI发展正在进入“端”时代，包括手机、汽车、可穿戴设备在内的终端都将越来越多地迎来AI的支持。而人工智能的边缘化应用还远不止于此，在智能家居、自动驾驶等诸多热门领域中都有它的身影。

3. 胶囊网络出现

杰弗里·辛顿(Geoffrey Hinton)在2017年10月26日发表了一篇论文来阐述一种开创性的新概念——胶囊网络，它是一个试图执行反向图形解析的神经网络，例如，从一个图像开始，试着找出它包含的对象，以及它们的实例化参数是什么，如图9-9所示。

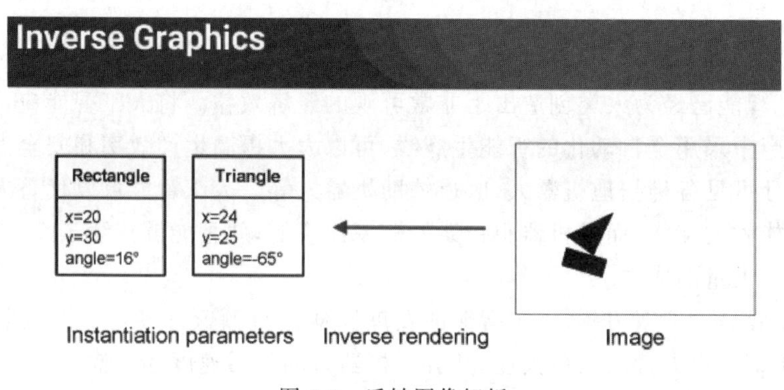

图 9-9　反转图像解析

本章小结

1. 人工智能研究怎样使计算机来模仿人脑的推理、证明、知识、理解、设计、学习、思考、规划以及问题求解等思维活动，解决需要人类专家才能处理的复杂问题。从 1956 年达特茅斯(Dartmouth)学会上提出“人工智能”一词至今，人工智能的发展大致可以将其分为 6 个过程。

2. 人工智能的研究范围十分广阔，从基础理论的角度出发研究内容包括机器学习、专家系统、智能机器人等。

3. 国际上人工智能研究水平最为先进的团体大都集中在欧美国家。美国很多著名的 IT 跨国企业如谷歌、Facebook、微软、IBM 等，都将其作为企业的核心战略。

4. 国务院发布《新一代人工智能发展规划》，明确到 2030 年，使中国人工智能理论、技术与应用总体达到世界领先水平，成为世界主要人工智能创新中心。党的十九大报告也指出：要加快建设制造强国，加快发展先进制造业，推动互联网、大数据、人工智能和实体经济深度融合。

思考题与练习题

探索题

(1) 人工智能的定义可以分为两部分，即“人工”和“智能”。“人工”比较好理解，争议性也不大。有时我们要考虑什么是人力所能及制造的，或者人自身的智能程度有没有高到可以创造人工智能的地步等。总的来说，“人工系统”就是通常意义下的人工系统。关于什么是“智能”，问题就多多了。这涉及其他诸如意识(consciousness)、自我(self)、思维(mind)等问题。人唯一了解的智能是人本身的智能，但是我们对我们自身的智能理解得非常有限，对构成人的智能的必要元素也了解有限，所以很难定义什么是“人工”制造的“智能”。因此人工智能的研究往往涉及对人的智能本身的研究。其他关于动物或其他人造系统的智能也被普遍认为是人工智能相关的研究课题。请根据自己的理解讨论“人工”和“智能”的定义、相关内容及研究范围。

(2) 2013 年,帝金数据普数中心数据研究员 S. C WANG 开发了一种新的数据分析方法,该方法导出了研究函数性质的新方法。作者发现,新数据分析方法给“计算机学会创造”提供了一种可能。本质上,这种方法为人的“创造力”的模式化提供了一种相当有效的途径。这种途径是数学赋予的,是普通人无法拥有但计算机可以拥有的能力。从此,计算机不仅精于算,还会因精于算而精于创造。计算机学家们应该斩钉截铁地剥夺“精于创造”的计算机过于全面的操作能力,否则计算机真的有一天会“反捕”人类。请根据自己掌握的知识说明计算机是否会“反捕”人类。

(3) 研究人员让 2 个机器人碰面时,它们可以互相交流,自行选择适合的交配伴侣,通过 Wi-Fi 发送自己的基因组。这种有性生殖机制可产生新的基因组,基因组代码被发送到 3D 打印机上,然后打印成新的机器人部件进行组装。当机器人父母繁殖后代时,它们的功能随机组合。小机器人出生后,需要经历学习过程。如果满足条件,小机器人就可长大成人,继续繁育下一代,这项技术可用于殖民火星。请结合实际情况,判断以上文字描述的内容是否有实现的可能。

(4) 人工智能就其本质而言,是对人的思维的信息过程的模拟。对于人的思维的模拟可以从两条道路进行,一是结构模拟,仿照人脑的结构机制,制造出“类人脑”的机器;二是功能模拟,暂时撇开人脑的内部结构,而从其功能过程进行模拟。现代电子计算机的产生便是对人脑思维功能的模拟,是对人脑思维的信息过程的模拟。弱人工智能如今不断地迅猛发展,尤其是 2008 年经济危机后,美日欧希望借机器人等实现再工业化,工业机器人以比以往任何时候更快的速度发展,更加带动了弱人工智能和相关领域产业的不断突破,很多必须由人来做的工作如今已经能用机器人来实现了。而强人工智能则暂时处于瓶颈,还需要科学家们的努力。请查询资料了解上文提到的“弱人工智能”和“强人工智能”的概念并分析为什么“强人工智能”的研究处于瓶颈。

(5) 请介绍你所了解的人工智能相关的科幻电影,并简单分析电影中哪些功能是可能实现的,哪些功能是不可能实现的,并说明原因。

(6) 请发挥自己的想象力,设想在机器不断代替人类劳动的情况下,将来人类在机器人的帮助下是怎样生活和发展科技的?

(7) 人工智能在我们日常生活中有哪些应用?将来我们身边的哪些工作可以使用人工智能?

第10章 物联网

随着互联网技术的不断深入发展，以互联网为基础扩展和延伸形成了新一代的网络技术即物联网。物联网把新一代IT技术充分运用到各行各业中，具体地说，就是把传感器嵌入和装备到电网、铁路、桥梁、隧道、公路、建筑、大坝、供水系统、油气管道等各种物体中，然后与现有的互联网整合起来，实现人类社会与物理系统的整合。毫无疑问，物联网时代的到来，将使人们的日常生活发生翻天覆地的变化。

本章将从物联网的概念入手，回溯物联网的产生与发展，展望物联网的发展趋势，接着介绍物联网相关技术中的基本元件“传感器”和数据融合技术，最后介绍物联网技术的应用。

10.1 物联网概述

当刷员工卡进入办公大楼时，你所在办公室的空调和灯会自动打开；快下班了，用手机发送一条短信指令，在家“待命”的电饭锅会立即做饭，空调开始工作预先降温；如果有人非法入侵你的住宅，你还会收到自动电话报警……这些不是科幻电影中的镜头，而是正在大步向我们走来的“物联网时代”的美好生活。

10.1.1 物联网的概念

那么什么是物联网呢？物理世界的联网需求和信息世界的扩展需求催生出了一类新型网络——物联网。

物联网(Intert of things,IoT)顾名思义就是“物物相连的互联网”，把所有物品通过网络连接起来，实现任何物体、任何人、任何时间、任何地点的智能化识别、信息交换与管理。

最早的物联网概念是在1999年由麻省理工学院(MIT)Auto-ID研究中心Ashton教授提出的。“将RFID(radio frequency identification，视频识别)技术与传感器技术应用于日常物品中将会创建一个物联网。”

2005年，ITU(International Telecommunication Union，国际电信联盟)提出“物联网是通过RFID和智能计算等技术实现全世界设备互联的网络。”

2008年，欧委会的CERP-IoT(欧洲物联网研究项目组)给出新的物联网定义：物联网是物理和数字世界融合的网络，每个物理实体都有一个数字的身份。物体具有上下文感知的能力——它们可以感知、沟通与互动。它们对物理事件进行即时反应，对物理实体的信息进行即时传送。

维基百科对物联网的定义：物联网指的是将各种信息传感设备，如射频识别装置、红外感知器、全球定位系统、激光扫描等种种装置与互联网结合起来形成的一个巨大的网络。

2010年，我国政府工作报告中对物联网的定义：物联网是指通过信息传感设备，按照约定的协议，把任何物品与网络连接起来，进行信息交换和通信，以实现智能化识别、定位、跟踪、监控和管理的一种网络。

广义的物联网定义：物联网是利用条码、射频识别、传感器、全球定位系统、激光扫描器等信息传感设备，按约定的协议，实现人与人、人与物、物与物在任何时间、任何地点，进行信息交换和通信，能实现智能化识别、定位、跟踪、监控和管理的庞大网络系统，如图 10-1 所示。

图 10-1　物联网

虽然目前人们对物联网还没有一个统一的定义，但每个定义都包含两层含义：一是物联网的核心和基础仍然是互联网，是互联网延伸和扩展的网络；二是物联网延伸和扩展到了任何物品与物品之间，进行信息交换和通信。从物联网本质上看，物联网是现代信息技术发展到一定阶段后出现的一种聚合性应用，将各种感知技术、网络技术、人工智能和自动化技术聚合，使人与物智慧对话，创造一个智慧的世界。目前，对于物联网这一概念的准确定义尚未形成比较权威的表述，这主要归因于如下几点。

(1) 物联网的理论体系没有完全建立，人们对其认识还不够深入，还不能透过现象看出本质。

(2)由于物联网与互联网、移动通信网、传感网等都有密切关系，不同领域的研究者对物联网的思考所基于的出发点和落脚点各异，短期内还没达成共识。

物联网使信息的交互不再局限于人与人或人与机器的范畴，而是开创了物与物、人与物这些新兴领域的沟通。国际电信联盟(ITU)2005 年的一份报告曾描绘了物联网时代的图景：当司机出现操作失误时汽车会自动报警，公文包会“提醒”主人忘带了什么东西，衣服会“告诉”洗衣机对颜色和水温的要求等。毫无疑问，物联网时代的到来会使人们的日常生活发生翻天覆地的变化。

10.1.2　物联网的特点

在物联网中，物品通过射频识别等信息传感设备与互联网连接起来，实现智能化识别和管理。其核心在于物与物之间广泛而普遍的互联。在物联网时代，每一件物体均可寻址，每一件物体均可通信，每一件物体均可被控制。和传统的互联网相比，物联网有其鲜明的特征。

1. 全面感知

无所不在的感知和识别将传统上分离的物理世界和信息世界高度融合。利用射频识别、传感器、二维码等能够随时随地采集物体的动态信息。传感器获得的数据具有实时性，按一定的频率周期性地采集环境信息，并不断更新数据。

2. 可靠传输

通过网络将感知的各种信息进行实时传送。物联网技术的重要基础和核心仍旧是互联网，通过各种有线和无线技术与互联网融合，将物体的信息实时准确地传递出去。传感器定时采集的信息数量极其庞大，形成了海量信息，为了保障数据传输的正确性和及时性，必须有适应各种异构网络的协议。

3. 智能处理

物联网利用传感器、云计算、模式识别等各种智能技术，及时地对海量的数据进行信息控制，真正实现了人与物的沟通、物与物的沟通。从传感器获得的海量信息中分析、加工和处理出有意义的数据，以适应不同用户的不同需求。

10.1.3 物联网的发展史

物联网是新一代信息技术的重要组成部分，也是信息化时代的重要发展阶段。它的发展主要经历了 4 个阶段，如图 10-2 所示。

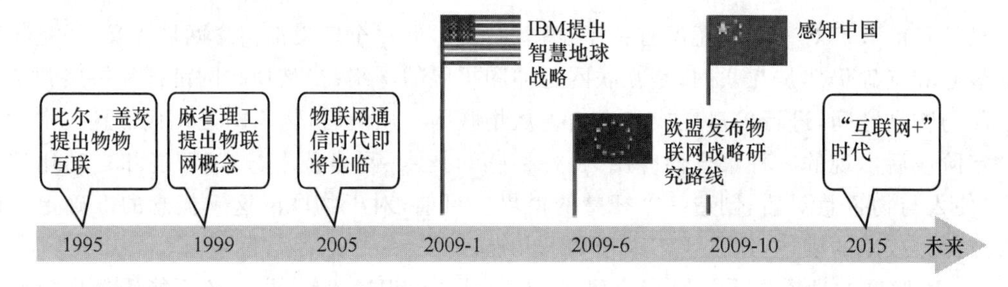

图 10-2 物联网的发展过程

1. 1995—1999 年：物联网悄然萌芽

物联网的说法最早可追溯到比尔·盖茨于 1995 年所著的《未来之路》一书中。在《未来之路》中，比尔·盖茨已经提及"物物互联"，只是当时受限于无线网络、硬件及传感设备的发展，并未引起重视。

2. 1999—2005 年：物联网正式诞生

1999 年，美国 Auto-ID 中心首先提出了"物联网"的概念，当时的物联网主要建立在物品编码、RFID 技术和互联网的基础上。它以美国麻省理工学院 Auto-ID 中心研究的 EPC（electronic product code，产品电子代码）为核心，把所有物品通过射频识别和条码等信息传感设备与互联网连接起来，实现智能化识别和管理。其实质就是将 RFID 技术与互联网相结合加以应用，因此，EPC 的成功研制，标志着物联网的诞生。

但由于技术的不成熟，EPC 编码标准存在争议及信息安全等问题。

3. 2005—2009 年：物联网逐渐发展

2005 年 11 月 17 日，在突尼斯举行的信息社会世界峰会（The World Summit on the Information Society，WSIS）上，国际电信联盟发布了《ITU 互联网报告 2005：物联网》。报

告指出:无所不在的“物联网”通信时代即将来临,世界上所有的物体从轮胎到牙刷、从房屋到纸巾都可以通过互联网主动进行信息交换。计算机技术与通信技术开始普及,互联网变得平民化,人与人之间的联系变得更加简单,物与物的联系成了人们的关注点,从此世界掀起了物联网的热潮。

4. 2009 年:物联网蓬勃兴起

2009 年 1 月 28 日,奥巴马就任美国总统后与美国工商业领袖举行了一次“圆桌会议”。IBM 首席执行官彭明盛首次提出“智慧地球”这一概念。该战略认为,把感应器嵌入和装备到电网、铁路、桥梁、隧道、公路、建筑、供水系统、油气管道等各种物体中,使物品之间普遍连接,形成所谓的“物联网”,使得整个地球上的物都充满“智慧”。

2009 年 9 月,欧盟发布 2010 年、2015 年、2020 年 3 个阶段的“欧盟物联网战略研究路线图”,提出物联网在汽车、医药、航空航天等 18 个主要应用领域,以及物联网构架、数据处理等 12 个方面需要突破的关键技术。

2009 年 10 月 11 日,工业和信息化部部长李毅中在《科技日报》上发表了《我国工业和信息化发展的现状和展望》一文,首次公开提及传感网络,并将其上升到战略性新兴产业的高度。

2009 年 11 月 3 日,温家宝在人民大会堂向首都科技界发表了题为“让科技引领中国可持续发展”的讲话,指示要着力突破传感网、物联网的关键技术,将物联网并入信息网络发展的重要内容。

2015 年,李克强总理提出制定“互联网+”计划,推动了 WSN(wireless sensor networks,无线传感器网络)与现代制造的结合,促进了 WSN 的广泛应用。

目前,全球物联网尚处于概念、论证和试验阶段,处于攻克关键技术、制定标准规范与研发应用的初级阶段。物联网的发展之路还很漫长,物联网的网络规模在不断扩大,接入系统也在增加,异构网络结构的复杂度在不断提升,相信在不久的将来,物联网将在人们的生产生活中扮演举足轻重的角色。

10.2 物联网技术

物联网技术的核心和基础仍然是互联网技术,它是在互联网技术基础上延伸和扩展的一种网络技术。

10.2.1 体系架构

物联网的价值在于让物体也拥有了“智慧”,从而实现人与物、物与物之间的沟通,物联网的特征在于感知、互联和智能的叠加。物联网由 3 个部分组成:感知数据的感知层、数据传输的网络层和应用层,如图 10-3 所示。

1. 感知层

感知层主要实现全面感知,即通过嵌入在物品和设施中的传感器和数据采集设备,随时随地获取物质世界的各种信息和数据,并接入到网络。感知层的设备主要包括传感器、RFID、二维码、多媒体信息采集、GPS、红外等设备。感知层可以发现设备、远程监控和配置参数,保证设备能安全稳定地运行,智能化地移动或存储数据,执行本地的命令以及运行分布式操作逻辑，并能进行数据捕获与控制。

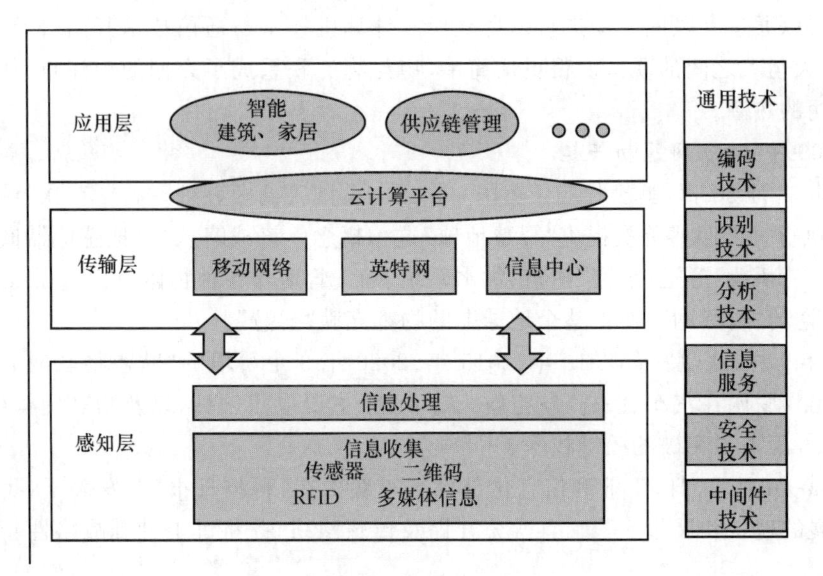

图 10-3 物联网的 3 层架构

2. 网络层

网络层实现物联网数据信息的双向传递和控制。它具备对复杂事件和数据流的处理能力，提供包括数据汇总、地理信息、识别与关联等服务。网络层具备数据建模和集成能力，制定可互操作的信息框架，并具备过程整合的能力，能扩展原有系统、优化业务流程，从而实现更全面的互联互通。目前用于支持人与人之间通信的网络技术主要是电信网，而物与物通信和人与人通信在需求和特点上存在差异，为使网络能够更加适应物与物的通信，我们需要对现有网络进行增强或优化。

3. 应用层

应用层实现对信息的处理，利用云计算、模糊识别等各种智能计算技术，对海量数据和信息进行分析处理，提升对物质世界、经济社会、交通运输等的观察力，以及对物体实现智能化的决策和控制。应用层包含应用支撑子层和应用服务子层，应用支撑子层用于实现跨行业、跨应用、跨系统之间的信息协同、共享、互通的功能。应用服务子层指的是物联网的各种应用，例如，智能电力、智能交通、智能环境、智能家居等。

10.2.2 关键技术

实现物联网的关键技术有传感技术、射频识别技术、云计算技术、M2M 等。

1. 传感技术

传感技术主要负责接收物品“讲话”的内容。传感技术是从自然信源获取信息，并对之进行处理、变换和识别的一门多学科交叉的现代科学与工程技术。如果把计算机比作处理和识别信息的“大脑”，把通信系统比作传递信息的“神经系统”，那么传感器就是感知和获取信息的“感觉器官”。那么，什么是传感器呢？我国国家标准(GB 7665—2005《传感器通用术语》)对传感器的定义为“能够感受规定的被测量并按照一定规律转换成可用输出信号的器件和装置”。传感器一般由敏感元件、转换元件和基本电路组成，如图 10-4 所示。

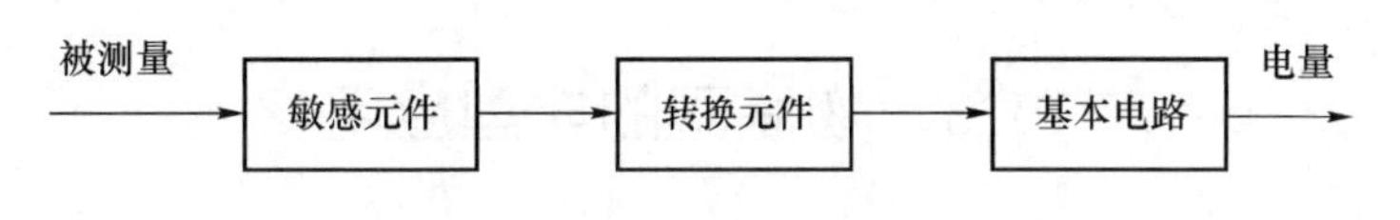

图 10-4 传感器的组成

(1) 敏感元件:传感器中能直接感受被测量的部分,并输出与被测量成确定关系的物理量。

(2) 转换元件:将敏感元件的输出作为输入转换成电路参数再输出。

(3) 基本电路:将电路参数转换成电量输出。

传感器是一种检测装置,能感受到被测量的信息,并能将感受到的信息按一定规律变换成为电信号或其他所需形式的信息输出,以满足信息的传输、处理、存储、显示、记录和控制等要求。它是信息获取的重要手段,是连接物理世界与电子世界的重要媒介,是构成物联网的基础单元。传感器已经渗透到了人们当今的日常生活中,如热水器中的温控器、电视机中的红外遥控接收器、空调中的温度/湿度传感器等。此外,传感器也被广泛应用到了工农业、医疗卫生、军事国防、环境保护、航空航天等领域,几乎渗透到人类的一切活动领域,发挥着越来越重要的作用。

2. 射频识别

射频识别(radio frequency identification,RFID)是一种非接触式的自动识别技术,它通过射频信号自动识别目标对象并获取相关数据。其基本原理是利用射频信号和空间耦合(电感或电磁耦合)或雷达反射的传输特性,实现对物体的自动识别。

RFID 不仅仅是改进的条码,它具有很多显著优点:非接触式,中远距离工作;能大批量工作,由读写器快速自动读取;信息量大,可以细分单品;芯片存储,可多次读取;可以与其他各种传感器共同使用等。RFID 可广泛应用于诸如物流管理、交通运输、医疗卫生、商品防伪、资产管理以及国防军事等领域,被公认为是 21 世纪十大重要技术之一。

3. 云计算

物联网的发展离不开云计算技术的支持。物联网中终端的计算和存储能力有限,云计算平台可以作为物联网的"大脑",实现对海量数据的存储、处理。云计算是分布式计算技术的一种,通过网络将庞大的分析处理程序自动拆分成无数个较小的子程序,再经过众多服务器所组成的庞大系统搜寻、计算、分析,最后将处理结果返回用户。

云计算是当前计算机应用领域的重要研究方向,也是物联网里处理海量数据的必备手段。它在物联网领域应用前景广阔,经济价值巨大。目前相对成熟的云计算产品在物联网中运用得还是比较有限,但是物联网和云计算的发展会相辅相成,相互促进。云计算为物联网的数据处理提供了经济的平台,物联网也对云计算提出了一些新的需求。

4. M2M

M2M 是 machine-to-machine 的简称,即"机器对机器"的缩写,也有人理解为人对机器(man-to-machine)、机器对人(machine-to-man)等,M2M 旨在通过通信技术来实现人、机器和系统三者之间的智能化、交互式无缝连接。M2M 设备是能够回答包含在一些设备中的数据的请求或能够自动传送包含在这些设备中的数据的设备。M2M 则聚焦在无线通信网络应用上,是物联网应用的一种主要方式。

10.3 物联网的典型应用

物联网用途广泛,遍及智能交通、环境保护、政府工作、公共安全、平安家居、智能消防、工业监测、老人护理、个人健康等多个领域,它在生产生活中的应用举不胜举。

10.3.1 智能家居

智能家居是以住宅为平台,基于物联网技术,由硬件系统(智能家电、智能硬件、安防控制设备、家具等)、软件系统、云计算平台构成的一个家居生态圈,实现远程控制设备、设备间互联互通、设备自我学习,并通过收集、分析用户行为数据为用户提供个性化的生活服务,使家居生活安全、舒适、节能、高效、便捷,如图 10-5 所示。

图 10-5 智能家居

从智能家居发展阶段来看,中国智能家居市场正处于市场启动阶段,尚未进入爆发期,智能家居产品渗透率较低。目前,智能家居领域依然存在诸多制约因素,如产品本身智能化程度低,多数产品是按既定的程序完成任务的,在主动感知、解决用户需求和人机互动等方面比较薄弱,消费者对智能家居产品抱有观望态度。

10.3.2 车联网

当前,交通压力来源于城市道路拥挤。《2009 福田指数:中国居民机动性指数报告》中显示,北京的拥堵经济成本为 335.6 元/月,居各城市之首,其次是广州和上海,拥堵经济成本分别为 265.9 元/月和 253.6 元/月。40%的车主每天至少被停车问题困扰一次。解决拥堵问题的途径是建立以车为节点的信息系统——车联网。

车联网就是汽车移动物联网,指综合现有的电子信息技术,将每一辆汽车作为一个信息源,通过无线通信手段连接到网络中,进而实现对全国范围内车辆的统一管理。车联网技术是物联网技术与产业发展的重要组成部分，它利用先进的传感技术、网络技术、计算技术、控制技术、智能技术，对道路和交通进行全面感知，可以实现对每一辆汽车进行交通全程控制，对每一条道路进行交通全时空控制，提高交通效率和交通安全性，如图 10-6 所示。如今车联网技术已经有了成熟的商业应用。

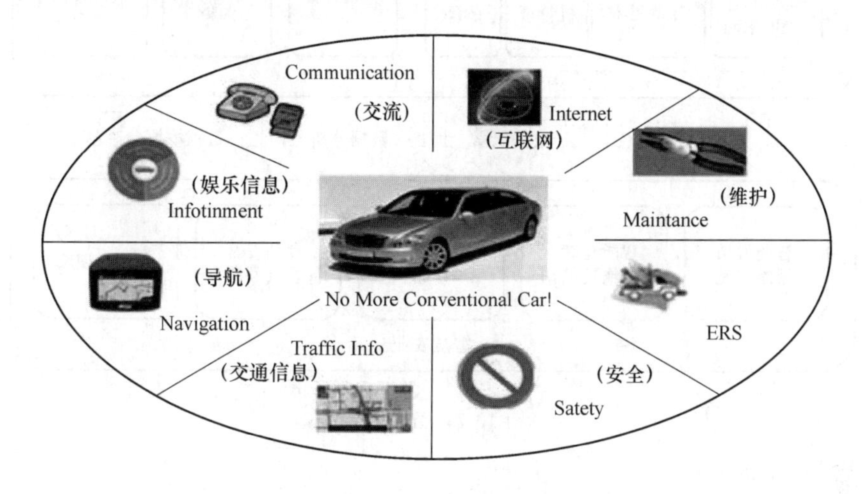

图 10-6 车联网功能

目前，作为智能交通重要组成部分的车联网项目已被列为我国“十二五”期间的重点研究项目，作为物联网在智能交通领域的应用，车联网借助装载在车辆上的传感设备如RFID、传感器、GPS 等收集车辆的属性信息和静、动态信息，并通过网络共享，使车与车，车与路上的行人、车与城市网络能够互相连接，从而实现更智能、更安全的驾驶运输。当前的车联网都处于局部的试验性阶段，如果继续发展，还需要一张全国性的车联网络，覆盖汽车能到的所有地方。

10.3.3 智慧农业

智慧农业充分应用现代信息技术成果，主要是传感器、云平台等物联网技术在传统农业上的运用，通过移动平台或者电脑平台对农业生产进行控制，做到精确感知、精准操作、精细管理。通过物联网技术对农产品基地建设、种苗引进、田间作业、农残检测、采后处理、包装销售等信息进行数字化管理，形成“生产者—经营者—消费者—监管机构”可追溯数据链，实现“生产过程有记录、记录信息可查询、流通去向可追踪、主体责任可追究、问题产品能召回、质量安全有保障”的目标，如图 10-7 所示。

智慧农业是物联网技术在现代农业领域的应用，主要有监控功能系统、监测功能系统、实时图像与视频监控功能。

1. 监控功能系统

监控功能系统可以利用无线网络获取植物的生长环境信息(如监测土壤水分、土壤温度、空气温度、空气湿度、光照强度、植物养分含量等参数)，以直观的图表和曲线的方式展示给用户，并根据以上各类信息的反馈对农业园区进行自动灌溉、自动降温、自动卷模、自动施肥、自动喷药等自动控制。

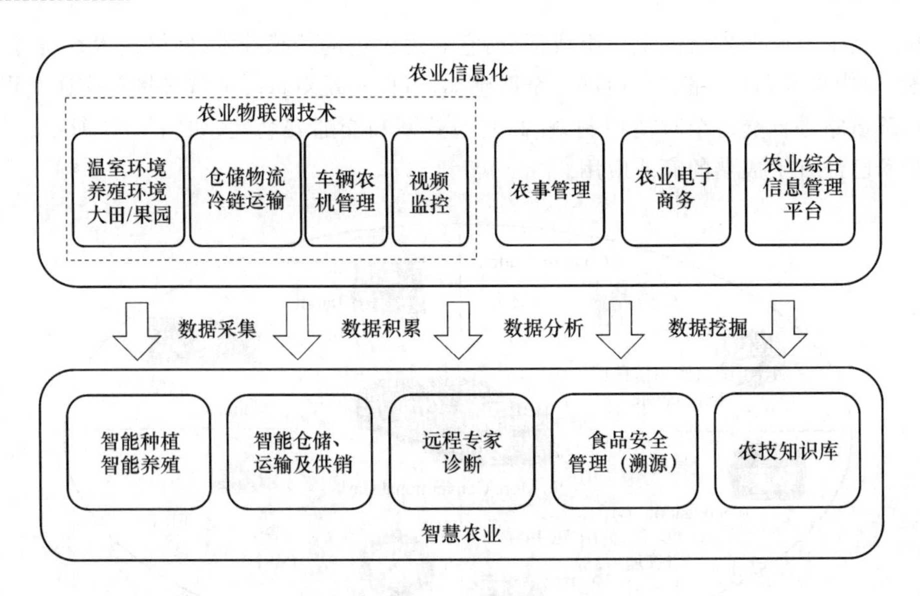

图 10-7 智慧农业

2. 监测功能系统

监测功能系统可以在农业园区内实现自动信息检测与控制，通过配备无线传感节点、太阳能供电系统、信息采集和信息路由设备，以及无线传感传输系统，每个传感节点可监测土壤水分、土壤温度、空气温度、空气湿度、光照强度、植物养分含量等参数，并根据种植作物的需求提供各种声光报警信息和短信报警信息。

3. 实时图像与视频监控功能

农业生产环境的不均匀性决定了农业信息获取存在先天性弊端，而且很难单纯地从技术手段上实行突破。实时图像与视频监控功能可以直观地反映农作物生产的实时状态，既可以反映出农作物的生长长势，又可以从侧面反映出农作物生长的整体状态及营养水平，从整体上给农户提供更加科学的种植决策理论依据。

10.3.4 智慧地球

2009 年 1 月 28 日，IBM 全球董事长及首席执行总裁彭明盛明确提出“智慧地球”这一概念，并于 2010 年 1 月 12 日在英国伦敦皇家国际关系学院，对“智慧地球”做出进一步阐述：“对 IBM 而言，‘智慧地球’是指我们能把智慧嵌入系统和流程之中，使服务的交付、产品开发、制造、采购和销售得以实现，使从人、资金到石油、水资源，乃至电子的运动方式都更加智慧，使亿万人的生活和工作方式都变得更加智慧。”。

“智慧地球”是指把新一代 IT 技术充分运用在各行各业之中，即把感应器嵌入和装备到全球每个角落的医院、电网、铁路、桥梁、隧道、公路、建筑、供水系统、大坝、油气管道等各种物体中，通过互联形成“物联网”，而后通过超级计算机和云计算将物联网整合起来，人类能以更加精细和动态的方式管理生产和生活，从而达到“全球智慧”状态，最终形成“互联网＋物联网＝智慧地球”。构建“智慧地球”，从城市开始，“智慧城市”是“智慧地球”的缩影。

“智慧城市”能够充分运用信息和通信技术去分析、整合城市的各项关键信息，从而对包括民生、环保、公共安全、城市服务、工商业活动在内的各种需求做出智能的响应，为人类创造更美好的城市生活。

“智慧城市”是IBM提出的一个城市化发展新思路，它对我国有着重要的意义。一方面，“智慧城市”的实施将能够直接帮助城市管理者在交通、能源、环保、公共安全、公共服务等领域取得进步；另一方面，智慧基础设施的建设将为物联网、新材料、新能源等新兴产业提供广阔的市场，并鼓励创新，为知识型人才提供大量的就业岗位和发展机遇。除此之外，“智慧城市”还可以为地方政府管理城市、引导城市发展提供先进的手段，并在客观上成为衡量城市科学发展水平的一把尺子。

南京市人民政府与IBM签署战略合作备忘录，宣布双方将在智慧城市建设领域展开全方位的战略合作，携手打造“智慧之都”“绿色之都”“枢纽之都”以及“博爱之都”，以“智慧城市”驱动南京的科技创新，促进产业转型升级，加快发展创新型经济。双方将以4个领域为重点推动“智慧南京”的发展进程，包括智慧的基础设施建设、智慧的产业建设、智慧的政府建设和智慧的人文建设。

沈阳市人民政府与IBM及东北大学共同举行了战略合作签约仪式，宣布沈阳生态城市联合研究院成立。该生态城市联合研究院将以生态城市、环境建设样板城市为目标，结合各方技术资源和研究能力，推动沈阳在5年内从工业化城市向国家生态城市行列迈进，建成全国环境建设样板城市，为沈阳构建和谐、安全、便利、舒适的生态人居环境。

昆明市人民政府与IBM共同举行了合作备忘录签约仪式，宣布双方将立足科学发展观，坚持以人为本，参考世界先进经验，综合运用物联网、云计算、决策分析与优化等先进信息技术着力解决人民群众最关心、最直接、最现实的问题，加速昆明市现代化和国际化进程，携手建设资源节约型和环境友好型的“智慧昆明”。

10.4 物联网的未来

在“互联网＋”时代，以无线传感为特征的物联网，正在悄然地改变人们的生活，物联购物、物联家居、物联交通、物联环保等与人们的生活息息相关，物联网也正改变着产业的格局。

10.4.1 物联网的发展动力

近年来，物联网产业虽然引发广泛的关注，并迅速发展，取得了一些实验性的成果，但不容忽视的是，物联网产业目前正处于发展初期，仍有很多瓶颈有待突破。

1. 标准化体系的建立

标准是对于任何技术的统一规范，如果没有这个统一的标准，就会使整个产业混乱，甚至使市场混乱，会让用户不知如何去选择。在我国，物联网的发展还处于初级阶段，即使在全世界范围，都没有统一的标准体系，标准的缺失将大大制约技术的发展和产品的规模化应用。标准化体系的建立将成为发展物联网产业的首要先决条件。

2. 自主知识产权的核心技术突破

自主知识产权的核心技术是物联网产业可持续发展的根本驱动力。作为国家战略新兴产业，不掌握关键的核心技术，就不能形成产业核心竞争力，在未来的国际竞争中就会处处受制于人，因此，建立国家级和区域物联网研究中心，掌握具有自主知识产权的核心技术将成为物联网产业发展的重中之重。

3. 可行性政策的积极出台

物联网技术是国家战略新兴技术,对国家的战略和可持续发展具有重要意义,出台相关的可行性产业扶持政策是中国物联网产业谋求突破的关键之一。特别是在金融、交通、能源等关系国民经济发展的重要行业应用领域,政策导向性对产业发展具有重要的影响作用。"政策先行"将是中国物联网产业规模化发展的重要保障。

4. 各行业主管部门的积极协调与互动

物联网的应用领域十分广泛,许多行业应用具有很大的交叉性,但这些行业分属于不同的政府职能部门,在产业化过程中必须加强各行业主管部门的协调与互动,才能有效地保障物联网产业的顺利发展,如加强广电、电信、交通等行业主管部门的合作,共同推动信息化、智能化交通系统的建立。

10.4.2 物联网的发展趋势

如今在物联网的整条产业链上,从芯片、传感器、无线模组、网络运营到平台服务、软件开发和智能设备都盘踞着各路玩家,这之中有传统实体产业巨头,也有掀起互联网革命的新贵,吸引了大量的资本进入。

1. 忘掉"网络连接标准战争"

物联网行业内都会为缺少一种通用的网络连接标准而烦恼,因此"可互通性"就是网络连接标准的未来。过去常常对网络连接协议进行标准化,因为过去芯片的功能是设定的,而如今除了蜂窝网络外,一切功能都可以通过软件实现。每种标准都有着各自的优势,这些优势或是较快的数据传输速率,或是较长的电池续航时间,抑或是较广的网络覆盖面积,在软件的支持下,任何一种连接标准都可以互通,共同作战。

2. 卫星物联网

如何实现物联网项目中的远距离大面积网络是所有人关心的问题,但不要低估了新型宽带卫星的作用。欧洲宇航局(ESA)正积极鼓励物联网开发者使用 ARTES 项目(advanced research in telecommunications system,通信系统高级研究)的卫星。

3. 解放双手的物联网

声音在物联网中将被大量使用来推进人机交互。比如,人们在家中可以使用亚马逊的 Alexa 声控机器人,亚马逊希望未来能够将它嵌入到各类家用电器设备当中,这样在家里的各个角落,它都能收到语音指令。而在更广泛的环境则可以使用谷歌助手和微软的 Cortana。比如,声控界面可以使用在机械或设备维护工人的穿戴设备上,也可以配置在汽车中,日产与宝马都已经在 CES2017 上展示了它们采用了这种技术的新车型。总之,这一切将为我们未来的生活解放双手。

本章小结

1. 物联网(internt of things,IoT)顾名思义就是"物物相连的互联网",把所有物品通过网络连接起来,实现任何物体、任何人、任何时间、任何地点的智能化识别、信息交换与管理。

2. 和传统的互联网相比,物联网有全面感知、可靠传输和智能处理的特征。

3. 物联网是新一代信息技术的重要组成部分，其发展主要经历了4个阶段：物联网悄然萌芽、物联网正式诞生、物联网逐渐发展和物联网蓬勃兴起。

4. 实现物联网的关键技术有传感技术、射频识别（radio frequency identification，RFID）技术、云计算技术、M2M等。

思考题与练习题

1. 简答题

（1）什么是物联网？

（2）简述物联网的国内外发展状况。

（3）什么是智能家居？

（4）什么是车联网？

（5）智慧城市有哪些特征？

2. 选择题

（1）被称为世界信息产业第三次浪潮的是（　　）。

A. 计算机　　B. 互联网　　C. 传感网　　D. 物联网

（2）物联网这个概念最先是由谁最早提出的（　　）？

A. 比尔·盖茨　　B. Auto-ID　　C. 国际电信联盟　　D. 彭明盛

（3）2009年8月7日温家宝总理在江苏无锡调研时提出下面哪个概念（　　）？

A. 感受中国　　B. 感应中国　　C. 感知中国　　D. 感想中国

（4）“智慧地球”是谁提出的（　　）？

A. 无锡研究院　　B. 温总理　　C. 奥巴马　　D. IBM

3. 填空题

（1）物联网有________、________和________3个重要特征。

（2）2015年，________提出制定“互联网＋”计划，推动了WSN与现代制造结合。

（3）________是信息获取的重要手段，是连接物理世界与电子世界的重要媒介，是构成物联网的基础单元。

（4）Smart Home的中文称为________。

（5）构建“智慧地球”，从城市开始，________是“智慧地球”的缩影。

4. 探索题

（1）讨论一个智能家居解决方案。

（2）讨论物联网将来的发展趋势。

（3）讨论自己身边的哪些物品可以接入物联网。

（4）可穿戴便携设备是近年来的一个热点，你所了解的可穿戴便携设备有哪些？它们的用途都是什么？你认为将来会产生哪些可穿戴便携设备？

第11章　虚拟现实

虚拟现实是一门涉及计算机、图像处理与模式识别、语音和音响处理、人工智能、传感与测量、仿真、微电子等技术的综合集成技术。虚拟现实技术所带来的身临其境的神奇效应渗透到各行各业，使之成为近年来国际科技界关注的热点之一。

本章主要介绍虚拟现实的基本概念、发展历史、相关工具和应用概况，介绍虚拟现实在虚拟博物馆、医学、室内设计、实验教学等方面的应用。

11.1　概　　述

虚拟现实是于20世纪60年代首次被提出的，它借助计算机系统及传感器技术生成一个三维环境，通过人的视、听、触觉等作用于用户，使之产生身临其境感觉的视景仿真。

11.1.1　虚拟现实的概念

狭义上，虚拟现实被称为“基于自然的人机界面”，在此环境中，用户看到的是彩色的、立体的景象，听到的是虚拟环境中的声响，身体可以感受到虚拟环境反馈给自身的作用力，由此使用户产生一种身临其境的感觉。

广义上，虚拟现实，即对虚拟想象（三维可视化的）或真实的三维世界的模拟。用户通过自然的方式接受和响应模拟环境的各种感官刺激，与虚拟世界中的人及物体进行思想和行为等方面的交流，使用户产生身临其境的感觉。

维基百科中是这样阐述的，虚拟现实或虚拟实境（virtual reality），简称VR技术，是利用电脑模拟产生一个三度空间的虚拟世界，提供给使用者关于视觉、听觉、触觉等感官的模拟，让使用者如同身临其境一般，可以及时、不受限制地观察三度空间内的事物。

综上，虚拟现实的定义可归纳为：虚拟现实是指采用以计算机技术为核心的现代高科技生成逼真的视、听、触觉等一体化的虚拟环境，用户借助必要的设备以自然的方式与虚拟世界中的物体进行交互、相互影响，从而产生亲临真实环境的感受和体验。

虚拟现实技术作为一种新的技术，主要有3个特性——3个“I”，即immersion-interaction-imagination（沉浸-交互-构思）。这3个“I”突显了人在虚拟现实系统中的主导作用。

（1）immersion（沉浸），人用多种传感器与多维化信息系统的环境发生交互，即用集视、听、嗅、触等多感知于一体的、人类更为适应的认知方式和便利的操作方式来进行，以自然、直观的人机交互方式来实现高效的人机协作，从而使用户沉浸其中、使参与者有“真实”的体验。

（2）interaction（交互），人不只是被动地通过键盘、鼠标等输入设备与计算机环境中的单维数字化信息发生交互作用，并从计算机系统的外部去观测计算处理的单调结果，还能够主动地浸到计算机系统所创建的环境中去，计算机将根据用户的特定行为实现人机交互。比如，当用户用手去抓取虚拟环境中的物体时，手就有握东西的感觉，而且可感觉到物体的重量。

(3) imagination(构思)，人能像对待一般物理实体一样去体验、操作信息和数据，并在体验中插上想象的翅膀，翱翔在这个由多维信息构成的虚拟空间中，成为和谐人际环境的主导者，因而可以说，虚拟现实可以启发人的创造性思维。

现在大部分虚拟现实技术都是通过电脑屏幕、特殊显示设备或立体显示设备来使人们获得一种视觉体验。就目前的实际情况来说，由于计算机处理能力、图像分辨率、通信带宽技术上的限制，还很难形成一个高逼真的虚拟现实环境。然而，随着处理器、图像和数据通信技术的不断发展，这些限制终将被突破。

11.1.2 虚拟现实的发展史

VR 技术起源于 1965 年 Ivan Sutherland(计算机图形学之父和虚拟现实之父)在 IFIP 会议上所做的“终极的显示”报告。20 世纪 80 年代美国 VPL 公司的创建人之一——Jaron Lanier 正式提出了“virtual reality”一词。VR 技术兴起于 20 世纪 90 年代。2000 年以后，VR 技术整合了 XML 和 Java 等先进技术，应用强大的 3D 计算能力和交互式技术，进入了崭新的发展时代。

虚拟现实技术的演变发展史大体上可以分为 4 个阶段：有声形动态的模拟是蕴涵虚拟现实思想的第 1 阶段(1963 年以前)；虚拟现实萌芽为第 2 阶段(1963 年—1972 年)；虚拟现实概念的产生和理论的初步形成为第 3 阶段(1973 年—1989 年)；虚拟现实理论进一步的完善和应用为第 4 阶段(1990 年至今)。

第 1 阶段：虚拟现实技术的前身。虚拟现实技术是对生物在自然环境中的感官和动作等行为的一种模拟交互技术，它与仿真技术的发展是息息相关的。中国古代战国时期，人们模拟飞行动物发明了有声风筝，如图 11-1 所示，这是有记载的最早发明的飞行器。美国的发明家 Edwin A. Link 于 1929 年发明了飞行模拟器，让操作者有真正乘坐飞机的感觉。1962 年，美国的 Morton Heilig 发明了“全传感仿真器”。这 3 个较典型的发明，都蕴涵了虚拟现实技术的思想，是虚拟现实技术的前身。

第 2 阶段：虚拟现实技术的萌芽阶段。1965 年，美国计算机图形学之父 Ivan Sutherlan 教授提出了“感觉真实、交互真实的人机协作新理论”，并于 1968 年开发了头盔式显示器，如图 11-2 所示，该头戴式显示器是虚拟和增强现实设备中较早的例子之一，它能够显示一个简单的几何图形网格并覆盖在佩戴者周围的环境上。此阶段也是虚拟现实技术的探索阶段，为虚拟现实技术基本思想的产生和理论的发展奠定了基础。

图 11-1 战国时期的有声风筝

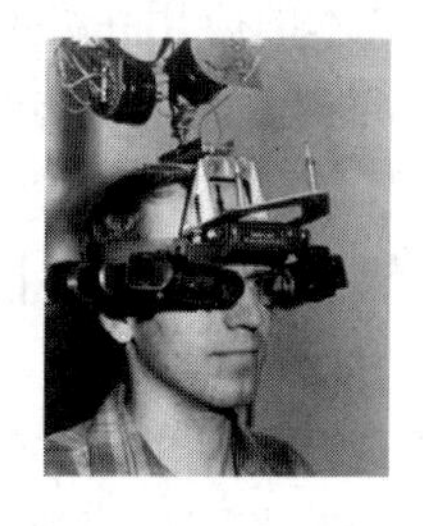

图 11-2 头盔式显示器

第 3 阶段:虚拟现实技术概念和理论产生的初步阶段。1984 年,美国 NASA Ames 研究中心虚拟行星探测实验室的 M. McGreevy 和 J. Humphries 博士开发了虚拟环境视觉显示器用于火星探测。1985 年,NASA 研制了一款安装在头盔上的 VR 设备,称之为"VIVED VR",其配备了一块 2.7 英寸(1 英寸=2.54 cm)的中等分辨率液晶显示屏,并结合了实时头部运动追踪等功能。其作用是通过 VR 训练增强宇航员的临场感,使其在太空能够更好地工作,如图 11-3 所示。1987 年,James D. Foley 教授提出了虚拟现实的 3 个关键元素 imagination,interaction 和 behavior,从此虚拟现实的概念和理论初步形成。

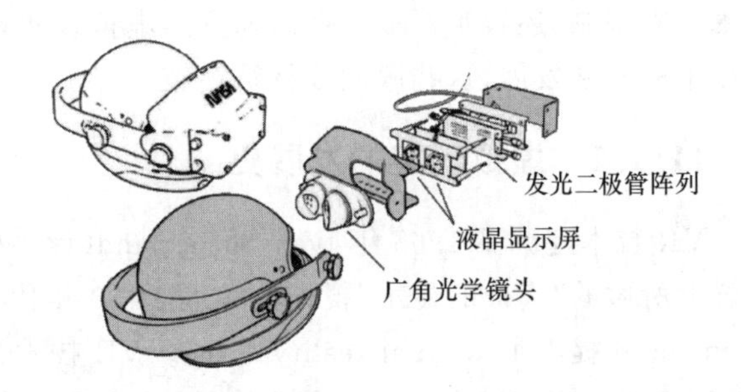

图 11-3 VIVED VR

第 4 阶段:虚拟现实技术理论的完善和应用阶段。Burdea G 和 Coiffet 在 1994 年出版的《虚拟现实技术》一书中描述了 VR 的 3 个基本特征——"3I",这是对 VR 技术和理论的进一步完善。1995 年,日本任天堂(Nintendo)公司推出 32 位携带游戏主机"Virtual Boy",其技术原理是将双眼中同时产生的相同图像叠合成用点线组成的立体影像空间,但限于当时的技术,该装置只能使用红色液晶来显示单一色彩,如图 11-4 所示。

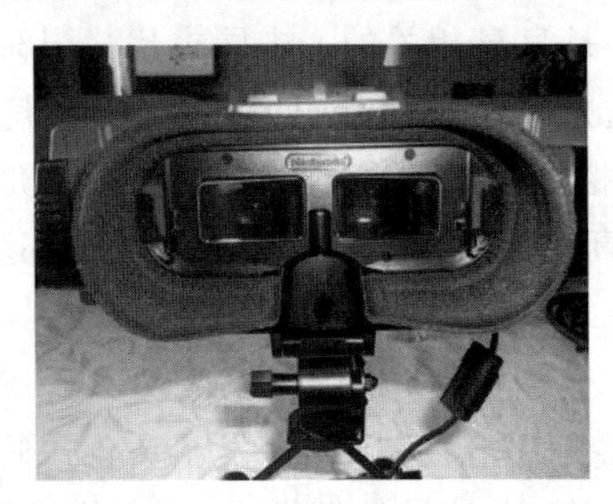

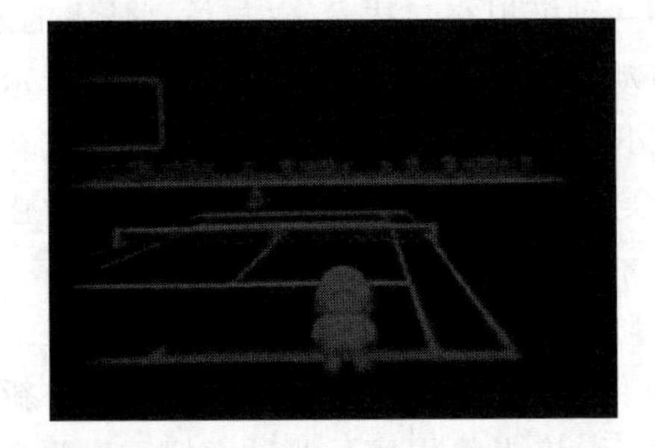

图 11-4 Virtual Boy

2016 年被称为虚拟现实的元年,随着相关产品的集中发售,VR 行业将步入高速发展的阶段。VR 技术的应用在游戏、影音、直播等泛娱乐领域率先兴起。据测算,全球 VR 游戏市场未来 3 年的盈利空间分别为 12 亿美元、23 亿美元和 52 亿美元,每年呈现爆发式增长。

11.2 虚拟现实的发展现状

VR 技术是经济和社会生产力发展需求的产物,有着广阔的应用前景。为了把握 VR 的技术优势,美、英、日等国政府及大公司不惜投入巨资在该领域进行研发,显示出了良好的应用前景。

11.2.1 国外发展现状

美国作为VR技术的发源地，其研究水平基本上就代表了国际VR的发展水平。对于虚拟现实技术的研究最早是在20世纪40年代。一开始用于美国军方对宇航员和飞行员的模拟训练。随着科技和社会的不断发展，虚拟现实技术也逐渐转为民用，集中在用户界面、感知、硬件和后台软件4个方面。20世纪80年代，美国国防部和美国宇航局组织了一系列对虚拟现实技术的研究，研究成果惊人。如今，他们已经建立了航空、卫星维护VR训练系统、空间站VR训练系统，也建立了可供全国使用的VR教育系统。乔治梅森大学研制出了一套在动态虚拟环境中的流体实时仿真系统；波音公司利用了虚拟现实技术在真实的环境上叠加了虚拟环境，让工件的加工过程得到了有效的简化；施乐公司主要将虚拟现实技术用于未来的办公室，设计了一项基于VR的窗口系统。

在VR开发的某些方面，特别是在分布并行处理、辅助设备(包括触觉反馈)设计和应用研究方面，英国是领先的。英国ARRL公司开展关于远地呈现的研究实验，主要包括VR重构问题，其产品还包括建筑和科学可视化计算。欧洲其他一些比较发达的国家如德国等也积极进行了虚拟现实技术的研究和应用。德国将虚拟现实技术应用在了对传统产业的改造、产品的演示以及培训3个方面，有助于降低成本，吸引客户等。

11.2.2 国内发展现状

我国VR技术研究起步较晚，与国外发达国家还有一定的差距，但现在已引起了国家有关部门和科学家们的高度重视，他们根据我国的国情，制定了开展VR技术的研究计划。国家自然科学基金委、国家高技术研究发展计划等都把VR列入了研究项目。国内许多高校和研究机构也都在积极进行虚拟现实技术的研究及应用，并取得了不错的成果。

北京航空航天大学是国内较早进行VR研究的较权威的单位之一，并取得了很多进展。该校在虚拟现实中的视觉接口方面开发出了部分硬件，并提出了有关算法及实现方法，实现了分布式虚拟环境网络的设计，可以提供实时三维动态数据库、虚拟现实演示环境，以及用于飞行员训练的虚拟现实系统、虚拟现实应用系统的开发平台。

清华大学国家光盘工程研究中心采用了QuickTime技术实现了“布达拉宫”大全景VR系统。哈尔滨工业大学计算机系成功解决了表情和唇动合成等技术问题。浙江大学CAD&CG国家重点实验室开发出了一套桌面虚拟建筑环境实施漫游系统。西安交通大学信息工程研究所在对虚拟现实关键技术——立体显示技术的研究中提出了一种借鉴人类视觉特性的JPEG标准压缩编码新方案。

2019年10月，我国工信部发布了《虚拟现实产业发展白皮书(2019年)》，其中指出，当前与虚拟现实技术体系相关的传感、交互、建模、呈现技术正在走向成熟。2020年，虚拟现实行业国内市场规模预计将超过550亿元。

11.2.3 VR产品

2015年，谷歌在美国旧金山举行了I/O大会，发布了一种名为Jump的VR拍摄解决方案。Jump用16部GoPro搭建了一套360°全景相机系统，如图11-5所示。Jump支持全局色彩校正和3D景深修正，经过处理后便可以生成一幅适合VR观看的图像。

2015 年 5 月 11 日，三星虚拟现实眼镜 Gear VR 开卖，如图 11-6 所示，和其他 VR 眼镜最大的不同在于，三星 Gear VR 并未在眼镜中集成太多的硬件，而是需要跟 Galaxy S6 或 S6 Edge 配合使用——只需要把三星手机组合进 Gear VR 中，就能享受后者带来的震撼视觉效果。

图 11-5　360°全景相机系统

图 11-6　Gear VR

2015 年 3 月 5 日在旧金山举行的游戏开发者大会(Game Developers Conference)上，索尼对外展示了其最新研发的 PS4 虚拟现实头戴设备 Project Morpheus，如图 11-7 所示。它采用了 5.7 英寸(1 英寸＝2.54 cm)OLED 显示屏，画面更加清晰，能够以每秒 120 帧的速率处理视频。

2015 年 5 月 27 日，腾讯在其全球移动互联网大会上发布了 TOS＋智能硬件开放平台战略，腾讯 CEO 任宇昕表示，腾讯将通过开放开发标准和接口，让 TencentOS 与更多的开发者合作，针对虚拟现实等智能硬件领域，以软硬件结合的方式，提升用户体验，如图 11-8 所示。

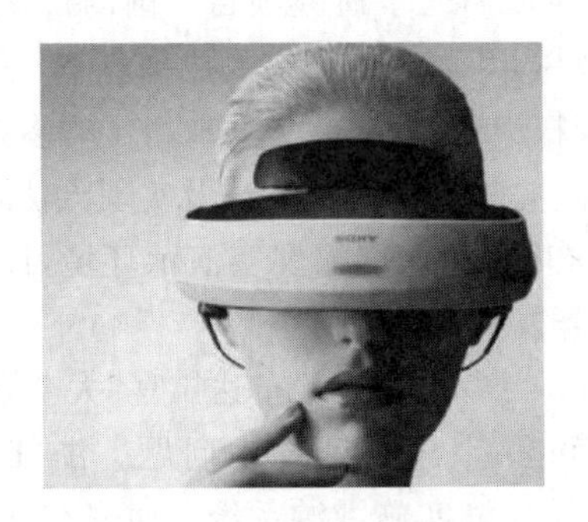

图 11-7　Project Morpheus

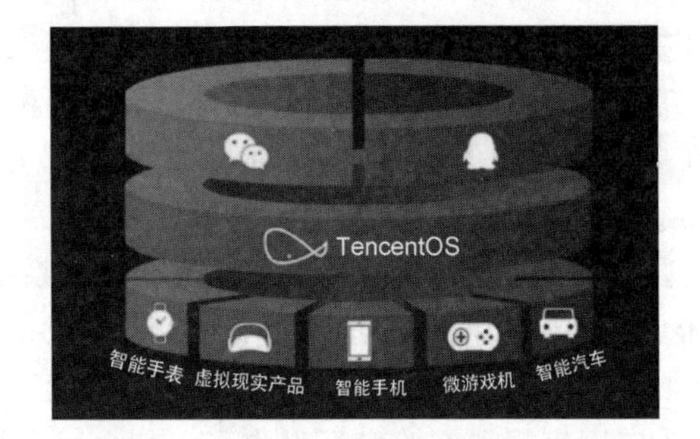

图 11-8　TencentOS

11.3　虚拟现实的实现

VR 是一项综合集成技术，涉及计算机图形学、仿真技术、人机交互技术、传感技术、人工智能技术、显示技术、网络并行处理技术等，它用计算机生成逼真的三维视、听、嗅觉等感觉，使人作为参与者，通过适当的装置，自然地对虚拟世界进行体验和交互。

11.3.1　计算机图形学

计算机图形学(computer graphics，CG)是一种使用数学算法将二维或三维形体转化为计算机图形的科学，是生成虚拟世界的基础，将真实世界的对象物体在相应的三维虚拟世界中的重构，并保存其部分物理属性，逼真的计算机图形可以构筑出以假乱真的虚拟世界，使使用者产生身临其境的感觉。如图 11-9 所示，利用 CG 技术根据真实大猩猩生成虚拟猩猩。

图 11-9　生成虚拟猩猩

11.3.2　视觉感知设备

感知设备是能将虚拟世界中各类感知模型转换为人能接收的多通道信号(如视觉、听觉、触觉、嗅觉和味觉等)的设备，目前，支持视觉、听觉和力觉 3 种通道的技术相对成熟。用户与虚拟环境交互作用时，可以通过视觉设备获得与真实世界相同或者类似的感知，产生身临其境的感觉。

1. 头盔显示器

头盔显示器(head mount display，HMD)是专门为用户提供虚拟现实中立体场景的显示器，一般由图像显示信息源、图像成像的光学系统、定位传感系统、电路控制机连接系统、头盔及配重装备组成，如图 11-10 所示。头戴显示器一般戴在头上或作为头盔的一部分，是虚拟现实应用中的 3DVR 图形显示与观察设备，辅以 3 个自由度的空间跟踪定位器可进行 VR 输出效果观察，同时观察者可做空间上的自由移动，如自由行走、旋转等，沉浸感较强。

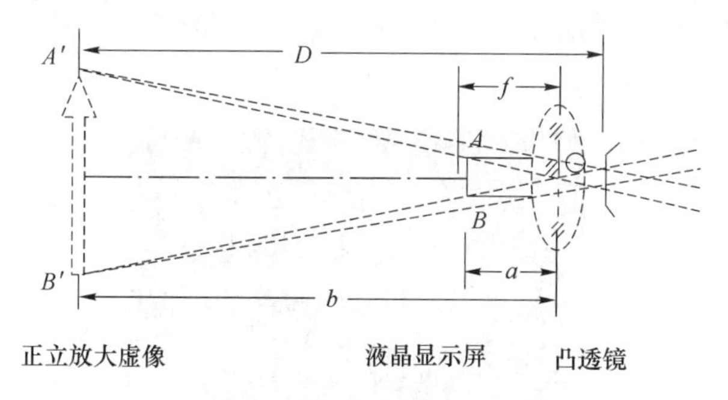

图 11-10　头盔显示器原理

2. 双目全方位显示器

双目全方位显示器(BOOM)是一种偶联头部的立体显示设备，如图 11-11 所示。它把两个独立的 CRT 显示器(使用阴极射线管的显示器)捆绑在一起，由两个相互垂直的机械臂支撑，这不仅让用户可以在半径为 2 m 的球面空间内用手自由操纵显示器的位置，还能降低显示器的重量，并加以巧妙的平衡使显示器始终保持水平，不受平台运动的影响。在支撑臂上的每个节点处都有位置跟踪器，因此BOOM和HMD一样有实时的观测和交互能力。

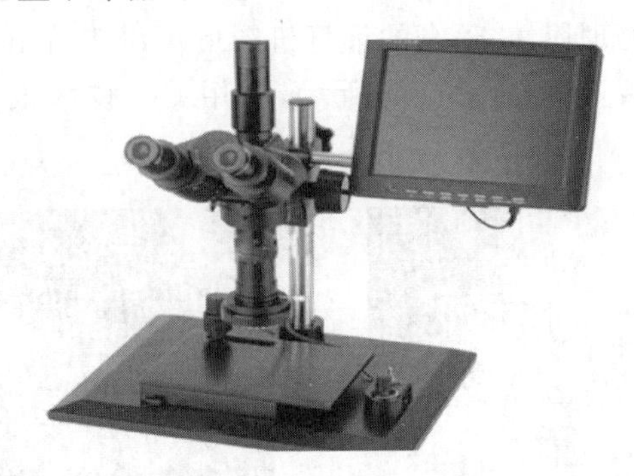

图 11-11　双目全方位显示器

3. CRT终端-液晶光闸眼镜

CRT终端-液晶光闸眼镜立体视觉系统的工作原理是，用计算机分别产生左眼右眼看到的两幅不同图像，经过合成处理之后，采用分时交替的方式显示在CRT终端上。用户则佩戴一副与计算机相连的液晶光闸眼镜，眼镜片在驱动信号的作用下，将以与图像显示同步的速率交替开和闭，即当计算机显示左眼图像时，右眼透镜将被屏蔽，当计算机显示右眼图像时，左眼透镜被屏蔽。根据双目视察与深度距离正比的关系，人的视觉生理系统可以自动地将这两幅视察图像合成一个立体图像。

4. 大屏幕投影-液晶光闸眼镜

大屏幕投影-液晶光闸眼镜立体视觉系统的原理和CRT显示一样，只是前者将分时图像CRT显示改为大屏幕显示，要求用于投影的CRT或者数字投影机有极高的亮度和分辨率。这种设备适合应用在需要较大投影图像的场景。

洞穴式VR系统是一种基于投影的环绕屏幕的洞穴自动化虚拟环境CAVE(cave automatic virtual environment)，它使用投影系统，投射多个投影面，形成房间式的空间结构，使观察者可通过多个图像画面感知虚拟世界，增强了沉浸感，如图11-12所示。人置身于由计算机生成的世界中，并能在其中来回走动，从不同的角度观察它，触摸它，甚至改变它的形状。

图 11-12　CAVE结构示意图

11.3.3 人机交互设备

人机交互(human-computer interaction)技术就是能让用户从虚拟环境中获取和真实环境一样或者相似的听觉、感觉、触觉和力觉等感官认知，并与虚拟世界产生互动的关键技术。常见的交互设备有数据手套、数据衣、力觉反馈装置、触觉反馈装置等。

1. 数据手套

数据手套是虚拟仿真中最常用的交互工具(如图 11-13 所示)，它能把人手的姿态准确实时地传递给虚拟环境，并且能够把人与虚拟物体的接触信息反馈给操作者，为操作者提供了一种通用、直接的人机交互方式，特别适用于对虚拟物体进行复杂操作的虚拟现实系统。

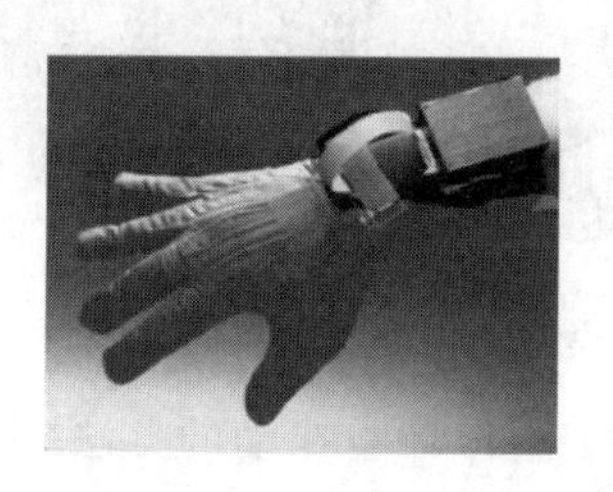
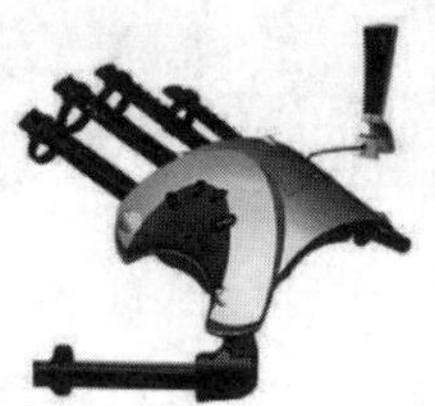

图 11-13 数据手套

2. 数据衣

在 VR 系统中，比较常用的运动捕捉设备是数据衣，如图 11-14 所示。数据衣是为了让 VR 系统识别全身运动而设计的输入装置。这种衣服装备着许多触觉传感器，只要你穿在身上，衣服里面的传感器就能够根据你的动作进行探测和跟踪。数据衣可以对人体大约 50 个不同的关节进行测量，包括膝盖、手臂、躯干和脚。通过光电转换，身体的运动信息能被计算机识别，反过来衣服也会反作用在身体上产生压力和摩擦力，使人的感觉更加逼真。与 HMD、数据手套一样，数据衣也有延迟大、分辨率低、作用范围小、使用不便的缺点，另外，数据衣还存在着一个潜在的问题，就是不同的人体型差异比较大，为了检测全身需要许多空间跟踪器。

图 11-14 数据衣

3. 力觉反馈装置

所谓力觉反馈是指运用先进的技术手段，将虚拟物体的空间运动转变成周边物理设备的机械运动，使用户能够体验到真实的力度感和方向感，从而提供一个崭新的人机交互界面，如图 11-15 所示。其主原理是由计算机通过力反馈系统对用户手、腕、臂等的运动产生阻力，从而使用户感受到作用力的方向和大小。由于人对力觉的感知非常敏感，一般精度的装置根本无法满足要求，而研制高精度力反馈装置的成本又相当昂贵，这是人们面临的难题之一。

4. 触觉反馈装置

在 VR 系统中，如果没有触觉反馈，当用户接触到虚拟世界的某一物体时易使手穿过物体，从而失去真实感。解决这种问题的有效方法是在用户交互设备中增加触觉反馈。气压式触摸反馈是一种采用小空气袋作为传感装置的触觉反馈装置，它由双层手套组成。其中一个输入手套用来测量力,有20～30个力敏元件分布在手套的不同位置,当使用者在VR系统中产生虚拟接触的时候,它会检测出手的各个部位的情况。另一个输出手套再现所检测的压力,该手套上也装有20～30个空气袋放在对应的位置,这些小空气袋由空气压缩泵控制其气压,并由计算机对气压值进行调整,从而实现虚拟的触觉感受。

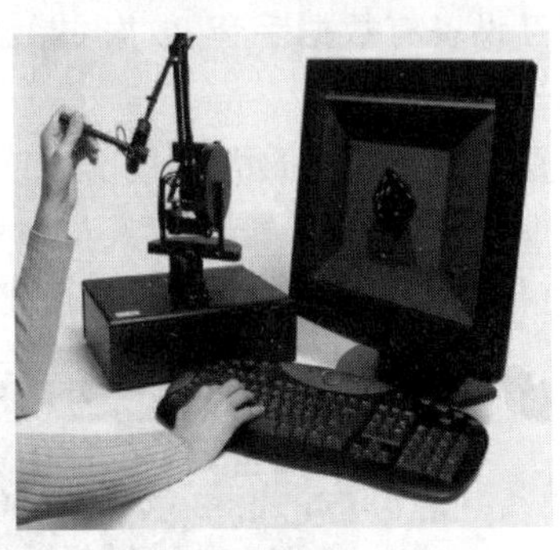

图11-15　桌面力觉反馈装置

振动反馈是用声音线圈作为振动换能装置以产生振动的方法。当电流通过这些换能装置时,它们都会发生形变。我们可以根据需要把换能器做成各种形状,把它们安装在皮肤表面的各个位置。这样就能产生对虚拟物体光滑度、粗糙度的感知。

11.3.4　跟踪设备

跟踪设备是跟踪并检测物体位置和方位的装置,用于虚拟现实系统中基于自然方式的人机交互操作。追踪(tracking)技术通过惯性测量单元、红外传感器、摄像头等对用户头部的HMD及手中的控制器进行动作追踪,当用户转动头部或是移动身体,虚拟现实系统会对用户的动作进行实时反馈,追踪系统的好坏会极大地影响用户的使用体验。

1. 机械式运动捕捉装置

机械式运动捕捉(见图11-16)依靠机械装置来跟踪和测量物体的运动轨迹。典型的系统由多个关节和刚性连杆组成,在转动的关节中装有角度传感器,可以测得关节转动角度的变化情况。根据角度传感器所测得的角度变化和连杆的角度,系统可以得出杆件末端点在空间中的位置和运动轨迹。机械式运动捕捉是将欲捕捉的运动物体与机械结构相连,物体运动带动机械装置,从而被传感器记录下来。这种方法的优点是成本低、精度高,可以做到实时测量,还可以允许多个角色同时运动,但是使用起来非常不方便,机械结构对运动者动作的阻碍和限制很大。

2. 声学捕捉装置

常用的声学捕捉设备由发送器、接收器和处理单元组成。发送器是一个固定的超声波发送器,接收器一般由呈三角形排列的3个超声波探头组成。通过测量声波从发送器到接收器的时间或者相位差,系统可以确定接收器的位置和方向。这类装置的成本较低,但对运动的捕捉有较大的延迟,实时性较差,精度一般不高,声源和接收器之间不能有大的遮挡物,易受噪声和多次反射等的干扰。

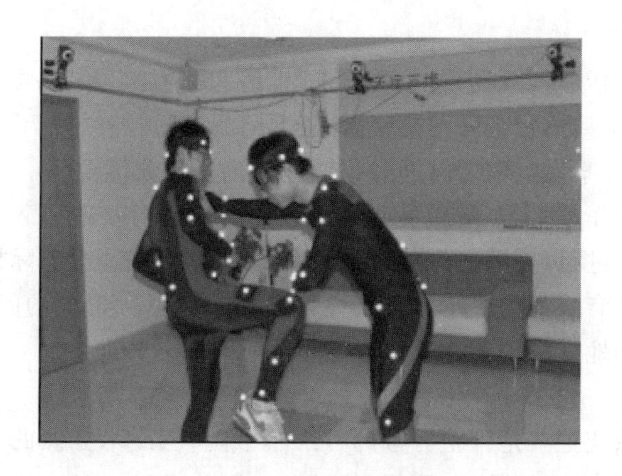

图 11-16 机械式运动捕捉

11.4 虚拟现实的应用

VR 已广泛应用到娱乐游戏、购物、影视媒体、医疗健康、科研教学、房地产、旅游行业、城市规划、军事等领域。

11.4.1 军事领域

军事仿真训练与演练是虚拟现实技术最重要的应用领域之一,也是虚拟现实技术应用最早、最多的一个领域。20 世纪 90 年代初,美国率先将虚拟现实技术用于军事领域。近几年,随着科学技术的发展,虚拟现实技术已经渗透进了军事生活的各个方面,并开始在军事领域中发挥着越来越大的作用。世界各国都将虚拟现实技术在军事领域的应用列为高度军事机密。目前,虚拟现实技术在军事领域的应用主要集中在虚拟战场环境、军事训练和武器装备的研制与开发等方面。

1. 虚拟战场环境

通过相应的三维战场环境图形图像库(包括作战背景、各种武器装备和作战人员等),为使用者创造一种险象环生、逼近真实的立体战场环境,以增强作战人员的临场感觉,提高训练质量。如图 11-17 所示,美军士兵使用虚拟战场系统进行演练。

图 11-17 虚拟战场系统

2. 进行单兵模拟训练

单兵模拟训练包括虚拟战场环境下的作战训练和虚拟武器装备的操作训练。前者是利用虚拟战场环境,让士兵携带各种传感设备,士兵可以通过操作传感设备选择不同的战场环境,输入不同的处置方案,体验不同的作战效果,从而像参加实战一样。这有利于锻炼和提高参训人员的战术动作水平、心理承受能力和战场应变能力。虚拟武器装备操作训练是在虚拟武器装备环境中进行的,通过训练可以达到对真实装备进行实际操作的目的。虚拟武器装备操作训练能够有效地解决军队现阶段大型新式武器数量少的问题,同时又能解决面临的和平时期训练场地受限的问题。

3. 近战战术训练

近战战术训练系统把在地理上分散的各个军事院校、战术分队的多个训练模拟器和仿真器连接起来,以当前的武器系统、配置、战术和原则为基础,把陆军的近战战术训练系统、空军的合成战术训练系统和防空合成战术训练系统、野战炮兵的合成战术训练系统、工程兵的合成战术训练系统,通过局域网和广域网连接起来。这样的虚拟作战环境,可以使众多军事单位参与到作战模拟之中,而不受地域的限制,具有动态的分布交互作用,可以进行战役理论和作战计划的检验,并预测军事行动和作战计划的效果,还可以评估武器系统的总体性能,启发新的作战思想。

4. 实施诸军兵种联合演习

按照军队的实际编制、作战原则、战役战术要求,使各军兵种相处异地却能共同处于仿真战场环境中,指挥员根据仿真环境中的各种情况及变化来判断敌情,并采取相应的作战行动。在仿真战场环境中,诸军兵种联合战役的训练可以做到在不动一枪、一弹、一车的情况下,对一定区域或全区域的士兵进行适时协调一致的训练。通过训练能够发现协同作战行动中的问题,提高各军协同作战的能力,并能够对诸军兵种联合训练的原则、方法进行补充和校正。

11.4.2 医疗领域

医学领域对虚拟现实技术有着巨大的应用需求,这为虚拟现实技术的发展提供了强大的牵引力,同时也对虚拟现实研究提出了严峻的考验。由于人体的物理、生理和生化等数据信息量庞大,各种组织、脏器等具有弹塑性的特点,各种交互操作如切割、缝合、摘除等也需要改变人体拓扑结构,因此,构造实时、沉浸和交互的医用虚拟现实系统具有相当的难度。目前,虚拟现实技术已初步应用于虚拟手术训练、远程会诊、手术规划及导航、远程协作手术等方面,某些应用已成为医疗过程中不可替代的重要手段和环节。

在虚拟手术训练方面,典型的系统有瑞典 Mentice 公司研制的 Prodedicus MIST 系统、Surgical Science 公司开发的 LapSim 系统、德国卡尔斯鲁厄研究中心开发的 Select IT VEST System 系统等。

在远程会诊方面,美国北卡罗来纳大学开发了一套 3D 远程医疗会诊系统,利用为数不多的摄像机重建了一个实时、在线的真实环境,并结合头部位置和方向跟踪,为医生提供连续动态的远程画面和复合视觉效果的立体视角。克服了传统 2D 视频系统无法得到所需的摄像机角度和层次感差的缺点。

在手术规划及导航方面,国内外已有一些初步可用的虚拟手术规划系统,如美国哈佛大学治疗滑脱股骨头的手术规划系统、加拿大皇后大学的胫骨截骨手术规划系统、清华大学与解放军总医院合作开发的治疗小儿先天性髓脱位的虚拟手术规划系统、北京航空航天大学机器人研究所与海军总医院神经外科中心合作开发的机器人辅助脑外科手术规划和导航系统等。

在远程协作手术方面,美国斯坦福国际研究所研制的远程手术医疗系统,通过虚拟现实系统把手术部位放大,医生按放大后的常规手术动作幅度进行手术操作,同时,虚拟现实系统实时地把手术动作幅度缩小为显微手术机械手的细微动作幅度,对病人实施手术,使显微手术变得较为容易。由于机器人远程手术存在设备要求高,风险大等问题。目前,远程协作手术与系统主要用于高水平医生异地对实施手术的医务人员进行指导,真正的手术过程还需要现场医务人员来完成。

虚拟人体在医学领域的应用范围是很广阔的。虚拟人体是指以先进的信息技术和生物技术相结合的方式,通过大型计算机处理人体形态学、物理学和生物学等信息,使数字化的虚拟人体代替真实人体,从而进行基础实验研究的技术平台。它是人体从微观到宏观结构与机能的数字化、可视化,它能完整地描述人体的基因、蛋白质、细胞、组织以及器官的形态与功能,最终实现对人体信息整体、精确的模拟。

11.4.3 教育领域

虚拟技术在教学上的应用模式有两种:虚拟课堂,即以学生作为虚拟对象或以教师作为虚拟对象的“虚拟大学”;虚拟实验室,即以设备作为虚拟对象,应用计算机建立能客观反映世界规律的虚拟仪器并用于虚拟实验。虚拟实验可以部分地替代现实世界中难以进行的,或费时、费力和费资金的实验,学生和科研人员可在计算机上进行虚拟实验和虚拟预测分析。

在一些重大的安全行业,例如石油、天然气、轨道交通、航空航天等领域,员工正式上岗前的培训工作异常重要,但传统的培训方式显然不适合高危行业的培训需求。虚拟培训结合动作捕捉高端交互设备及3D立体显示技术,为学员提供一个和真实环境完全一致的虚拟环境。学员可以在这个具有真实沉浸感与交互性的虚拟环境中,通过人机交互设备和场景里所有物件进行交互,体验实时的物理反馈,进行多种实验操作。通过虚拟培训,不但可以加速学员对产品知识的掌握,提高从业人员的实际操作能力,还能大大降低公司的教学、培训成本,改善培训环境。

11.4.4 娱乐领域

三维游戏既是虚拟现实技术重要的应用方向之一,也为虚拟现实技术的快速发展起了巨大的需求牵引作用。尽管存在众多的技术难题,虚拟现实技术在竞争激烈的游戏市场中依然得到了越来越多的重视和应用。可以说,电脑游戏自产生以来,一直都在朝着虚拟现实的方向发展,从最初的文字MUD游戏,到二维游戏、三维游戏,再到网络三维游戏,游戏在保持其实时性和交互性的同时,逼真度和沉浸感也在一步步地提高和加强。随着三维技术的快速发展和软硬件技术的不断进步,在不远的将来,真正意义上的虚拟现实游戏必将为人类娱乐和经济发展做出更大的贡献。

11.4.5 其他领域

零售商已开始创建 VR 购物体验，提供一种类似于实体展厅的观赏体验，如图 11-18 所示，这不仅能使消费者虚拟体验任何一款服装或其他消费产品，还可以使零售商捕捉到一些极具价值的信息，如用户试用了哪些产品，倾向于哪种虚拟展示方式等。

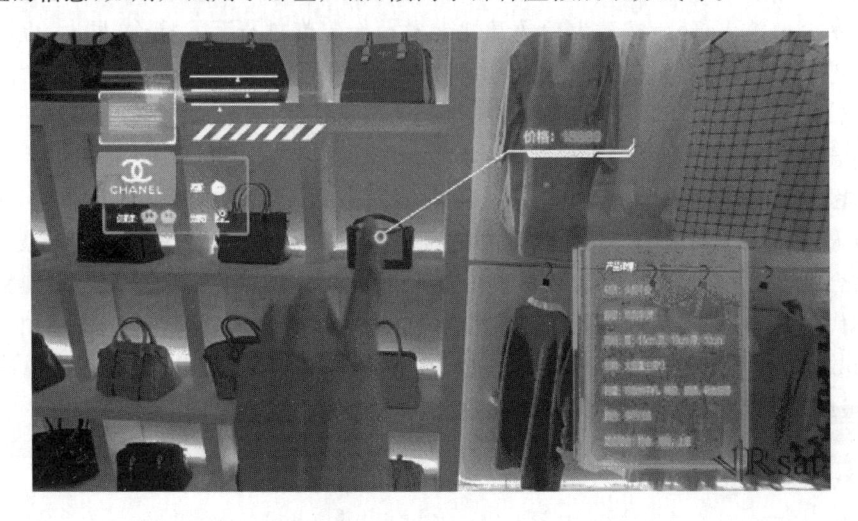

图 11-18 VR 购物体验

NextVR 等公司已经通过 360 度摄像机来提供体育和其他事件的 VR 直播，如图 11-19 所示，包括 NBA 和 NHL 等体育赛事，用户观看时可以获得身临其境的感觉，好像自己就在现场。NextVR 目前已经支持多个 VR 平台，包括三星 Gear VR、索尼 PlayStation VR、Oculus Rift 和 HTC Vive。

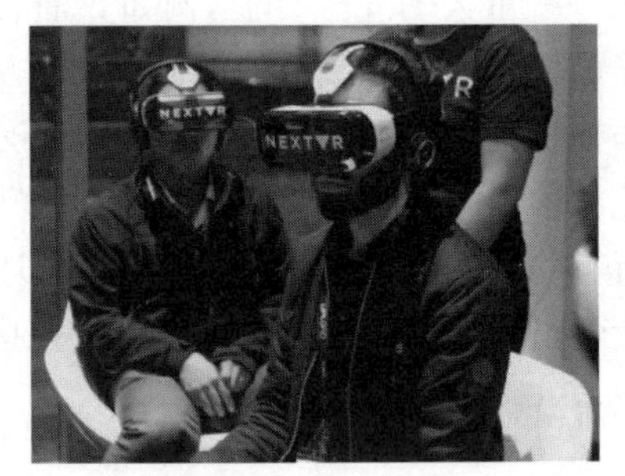

图 11-19 VR 直播

如今，海滩、丛林、瀑布、金字塔和世界其他奇观都可以通过 VR 系统来"实地"体验。马克·扎克伯格曾为希望去意大利小镇观光的人们展示了一段 VR 旅游视频。在澳大利亚，澳洲航空已经在其长程航班上部署了 VR 体验。

11.5 增强现实

增强现实技术(augmented reality, AR)是 VR 的一个重要分支，也是近年来的研究热点。AR是一种实时计算观察者位置及角度并生成虚拟图像进行叠加显示的技术，这种技术的目标是把虚拟内容套在现实世界中并进行互动。AR技术利用光学组合器（如半反半透玻璃）直接将虚拟场景同人眼中的外部世界融合，使用者可以在看到周围真实环境的同时看到计算机的增强信息，如图11-20所示。

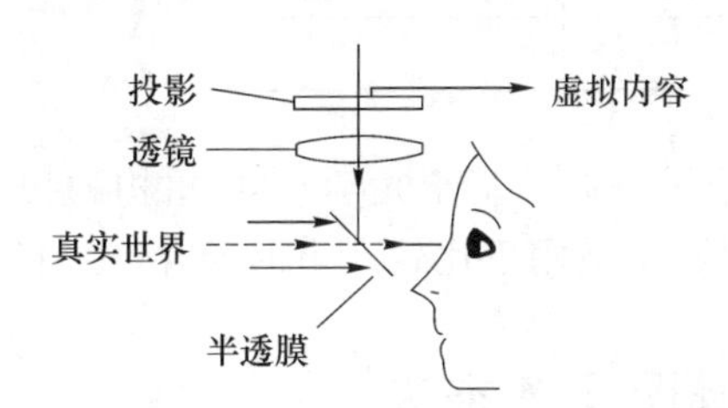

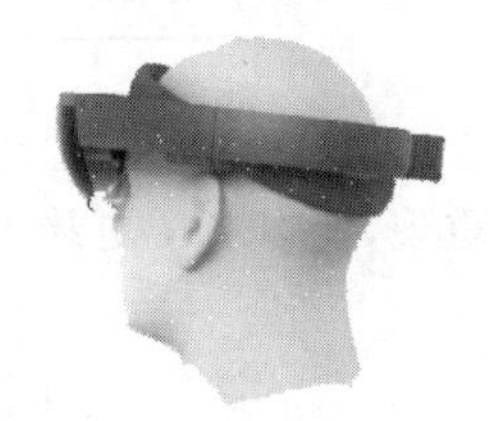

图11-20 增强现实原理

增强现实技术，是一种将真实世界信息和虚拟世界信息“无缝”集成的新技术，把原本现实世界中在一定时间一定空间范围内很难体验到的实体信息（视觉、听觉、味道、触觉等信息），通过计算机等科学技术，模拟仿真后再叠加，将虚拟的信息应用到真实世界，被人类感官所感知，从而达到超越现实的感官体验。真实的环境和虚拟的物体实时地叠加到了同一个画面或空间中，它们同时存在。增强现实技术包含了多媒体、三维建模、实时视频显示及控制、多传感器融合、实时跟踪及注册、场景融合等新技术与新手段。

未来，人们佩戴的眼镜或隐形眼镜会再一次变革通信设备、办公设备、娱乐设备等；未来，人们不再需要电脑、手机等实体，只需在双眼中投射屏幕的影像，即可得到悬空的屏幕以及3D的操作界面；未来，人眼的边界将被再一次打开，双手的界限将被再一次突破，几千千米外的朋友可以立即出现在你面前与你对话，你也将可以触摸到虚幻世界的任何物件；未来，一挥手你就可以完全沉浸在另一个虚拟世界中，可以是一杯茶、一片海，甚至是另一个人生，包括现实世界无法实现的千万种可能的人生。图11-21所示的电影场景将变成现实。

图11-21 电影《钢铁侠》片段

VR与AR所使用的构建3D场景的技术及其展现设备不同，带给用户的体验差别较大，最终导致二者走向不同的应用方向，二者的对比如表11-1所示。

表 11-1　VR 与 AR 的技术对比

概念	实现 3D 场景的技术	
	渲染	光学＋3D 重构
VR	√	×
AR	×	√

VR 更趋于虚幻和感性，更容易应用于娱乐方向。基于光学＋3D 重构的技术主要是对真实世界的重现，所以 AR 更趋于现实和理性，更适用于比较严肃的场合，比如工作和培训。

11.6　虚拟现实的未来

VR 技术源于现实又超出现实，它将对科学、工程、文化教育和认知等各领域及人类生活产生深刻的影响，VR 将无处不在。根据预测，到 2020 年虚拟现实行业的市场规模将达到 300 亿美元，未来 3 年全球虚拟现实游戏市场的盈利空间分别为 12 亿美元、23 亿美元和 52 亿美元，每年呈现爆发式增长。

11.6.1　发展的障碍

众多科技巨头关注着虚拟现实行业，Oculus Rift、微软 Hololens、三星 Gear VR 和 HTC Vive 等虚拟现实设备纷纷面世，显示了虚拟现实行业的发展前景。然而，已经面世的几款产品，都采用的是头戴式显示设备，用户体验不好，而且内容也略显单一，仅仅停留在游戏领域。虚拟现实市场也因此出现产业链“上游”市场火热，而“下游”市场冷清的尴尬场面，面对这种情形，我们需要更多地质疑和反思制约虚拟现实产业发展的障碍。

在接受 *TechCrunch* 的采访时，Oculus VR 的创始人帕尔默·拉吉(Palmer Luckey)说：“最大的困难就是输入，输入功能是虚拟现实设备尚未解决的重大难题。”在专业领域，为了让人完全沉浸在虚拟世界里，除了头戴式显示器外，还需研究许多其他的设备来辅助。

虚拟现实作为与互联网同时期的超现实产物，早在 20 世纪 60 年代，发达国家就已有它的雏形。在虚拟现实设备问世早期，受限于设备体积、硬件规格和技术水平，虚拟现实设备往往以街机的形式作为独立、一体、封闭的设备存在。如今，虚拟现实设备虽已被竭力将体积缩小至可佩戴于头部，并被重新定义为外接设备，但随之而来的便是兼容性障碍。目前尚未出现行业领头羊来制定相关的软硬件标准，导致众多第三方厂商止步于混乱的市场现状，不敢贸然涉足。

虚拟现实要想得到更大的发展，需要与 Internet 结合，这恐怕已是不争的事实。目前虚拟现实技术应用的数据量仍然很大，在现有网络速度条件下，用户需要等待较长时间。

纵观整个虚拟现实市场，尽管以 Oculus 为代表的品牌正在竭力降低虚拟现实设备的硬件及研发成本，但价格依旧略显昂贵。一旦用户普遍无法接受价格，也就注定虚拟现实设备无法普及，整个市场因而“死气沉沉”。

11.6.2　VR 只是现在，AR 才是未来

虽然与虚拟现实比较，增强现实技术门槛更高，价格更贵，但由于 VR 与 AR 的区别在于能否与真实世界进行交互(如表 11-2 所示)，决定了 AR 技术更具市场潜力。

表 11-2 VR 与 AR 区别

	VR	AR
交互区别	• 用户与虚拟场景的交互	• 现实场景和虚拟场景的结合 • 用户在摄像头拍摄的画面基础上，结合虚拟画面在现实场景中进行展示和互动
目标区别	• 技术发展围绕虚拟场景，而非真实场景 • 实现效果往往是侵入式的	• 强调自动识别和分析功能。比如，无须手动选择就可自动捕捉、跟踪物体；自动对周围真实场景进行3D建模，无须手工设定或操作。

Digi-Capital 预测，2020 年 VR 的市场规模可达 300 亿美元，而 AR 的市场规模将高达 1 200 亿美元，如图 11-22 所示。

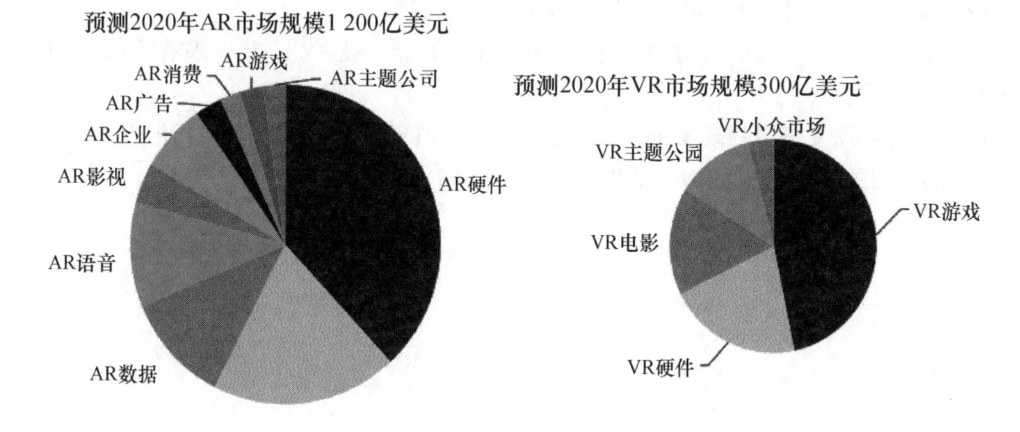

图 11-22 预测 2020 年 VR 和 AR 市场规模

VR 提供沉浸式闭环体验，让用户沉浸在虚拟世界中，看不见现实世界。相较于虚拟现实，增强现实仍需要 5～10 年的技术酝酿，才能成为主流。

本章小结

1. 虚拟现实，即对虚拟想象(三维可视化的)或真实的三维世界的模拟。用户通过自然的方式接受和响应模拟环境的各种感官刺激，与虚拟世界中的人及物体进行思想和行为等方面的交流，使用户产生身临其境的感觉。有 3 个特性——3 个“I”，即 immersion-interaction-imagination。

2. 虚拟现实技术演变发展史大体上可以分为 4 个阶段：有声形动态的模拟是蕴涵虚拟现实思想的第 1 阶段(1963 年以前)；虚拟现实萌芽为第 2 阶段(1963 年—1972 年)；虚拟现实概念的产生和理论初步形成为第 3 阶段(1973 年—1989 年)；虚拟现实理论进一步的完善和应用为第 4 阶段(1990 年至今)。

3. VR 是一项综合集成技术，涉及计算机图形学、仿真技术、人机交互技术、传感技术、人工智能、显示技术、网络并行处理等技术。

4. 虚拟现实技术作为一门科学和艺术将会不断走向成熟，在各行各业中将得到广泛应用,并发挥神奇的作用。由于其有诸多的优势,它的应用前景是很广阔的,将会成为 21 世纪重要发展的技术之一,会越来越受人们的关注。

5. 增强现实技术是 VR 的一个重要分支,是一种实时地计算观察者的位置及角度并生成虚拟图像进行叠加显示的技术,这种技术的目标是把虚拟内容套在现实世界中并进行互动。

思考题与练习题

简答题

(1) 虚拟现实技术是一种新型技术,通过搜索引擎查找虚拟现实的相关内容,描述使用虚拟现实的公司或企业,以及它们是怎样应用虚拟现实?

(2) 通过上网查找人们日常生活中所用到的虚拟现实技术,试想将来有哪些方面会使用虚拟现实技术?

(3) 上网查找关于增强现实的相关资料,对比虚拟现实与增强现实,描述它们各自的特点,并讨论这两种技术对人们的生活带来了什么影响?

附录　ASCII 码表

ASCII 码(American Standard Code for Information Interchange,美国信息互换标准代码)是基于拉丁字母的一套编码系统,由美国国家标准学会(American National Standard Institute, ANSI)制定,主要用于显示现代英语和其他西欧语言,是现今最通用的单字节编码系统。

它最初是美国国家标准,供不同计算机在相互通信时用作共同遵守的西文字符编码标准,它已被国际标准化组织(International Organization for Standardization, ISO)定为国际标准,称为 ISO 646 标准。

ASCII 码使用指定的 7 位或 8 位二进制数组合来表示 128 或 256 种可能的字符。标准 ASCII 码也叫基础 ASCII 码,使用 7 位二进制数来表示所有的大写和小写字母、数字 0 到 9、标点符号,以及在美式英语中使用的特殊控制字符。

0～31 及 127(共 33 个)是控制字符或通信专用字符(其余为可显示字符)。控制符有 LF(换行)、CR(回车)、FF(换页)、DEL(删除)、BS(退格)、BEL(振铃)等。通信专用字符有 SOH(文头)、EOT(文尾)、ACK(确认)等。ASCII 值为 8、9、10 和 13 分别转换为退格、制表、换行和回车字符。它们并没有特定的图形显示,但会依不同的应用程序,而对文本显示产生不同的影响。

32～126(共 95 个)是字符(32 是空格),其中 48～57 为 0 到 9 这 10 个阿拉伯数字,65～90 为 26 个大写英文字母,97～122 为 26 个小写英文字母,其余为一些标点符号、运算符号等。

同时还要注意,在标准 ASCII 码中,其最高位(b7)用作奇偶校验位。目前许多基于 x86 的系统都支持使用扩展(或"高")ASCII 码。扩展 ASCII 码允许将每个字符的第 8 位用于确定附加的 128 个特殊符号字符、外来语字母和图形符号。

表 A.1　ASCII 码表

二进制	十进制	十六进制	缩写/字符	解释
00000000	0	00	NUL(null)	空字符
00000001	1	01	SOH(start of headling)	标题开始
00000010	2	02	STX(start of text)	正文开始
00000011	3	03	ETX(end of text)	正文结束
00000100	4	04	EOT(end of transmission)	传输结束
00000101	5	05	ENQ(enquiry)	请求
00000110	6	06	ACK(acknowledge)	收到通知
00000111	7	07	BEL(bell)	响铃

续 表

二进制	十进制	十六进制	缩写/字符	解释
00001000	8	08	BS(backspace)	退格
00001001	9	09	HT(horizontal tab)	水平制表符
00001010	10	0A	LF(NL line feed, new line)	换行键
00001011	11	0B	VT(vertical tab)	垂直制表符
00001100	12	0C	FF(NP form feed, new page)	换页键
00001101	13	0D	CR(carriage return)	回车键
00001110	14	0E	SO(shift out)	不用切换
00001111	15	0F	SI(shift in)	启用切换
00010000	16	10	DLE(data link escape)	数据链路转义
00010001	17	11	DC1(device control 1)	设备控制 1
00010010	18	12	DC2(device control 2)	设备控制 2
00010011	19	13	DC3(device control 3)	设备控制 3
00010100	20	14	DC4(device control 4)	设备控制 4
00010101	21	15	NAK(negative acknowledge)	拒绝接收
00010110	22	16	SYN(synchronous idle)	同步空闲
00010111	23	17	ETB(end of trans. block)	传输块结束
00011000	24	18	CAN(cancel)	取消
00011001	25	19	EM(end of medium)	介质中断
00011010	26	1A	SUB(substitute)	替补
00011011	27	1B	ESC(escape)	溢出
00011100	28	1C	FS(file separator)	文件分割符
00011101	29	1D	GS(group separator)	分组符
00011110	30	1E	RS(record separator)	记录分离符
00011111	31	1F	US(unit separator)	单元分隔符
00100000	32	20	(space)	空格
00100001	33	21	!	
00100010	34	22	"	
00100011	35	23	#	
00100100	36	24	$	
00100101	37	25	%	
00100110	38	26	&	
00100111	39	27	'	
00101000	40	28	(	
00101001	41	29	)	
00101010	42	2A	*	
00101011	43	2B	+	

续表

二进制	十进制	十六进制	缩写/字符	解释
00101100	44	2C	,	
00101101	45	2D	-	
00101110	46	2E	.	
00101111	47	2F	/	
00110000	48	30	0	
00110001	49	31	1	
00110010	50	32	2	
00110011	51	33	3	
00110100	52	34	4	
00110101	53	35	5	
00110110	54	36	6	
00110111	55	37	7	
00111000	56	38	8	
00111001	57	39	9	
00111010	58	3A	：	
00111011	59	3B	；	
00111100	60	3C	＜	
00111101	61	3D	＝	
00111110	62	3E	＞	
00111111	63	3F	?	
01000000	64	40	@	
01000001	65	41	A	
01000010	66	42	B	
01000011	67	43	C	
01000100	68	44	D	
01000101	69	45	E	
01000110	70	46	F	
01000111	71	47	G	
01001000	72	48	H	
01001001	73	49	I	
01001010	74	4A	J	
01001011	75	4B	K	
01001100	76	4C	L	
01001101	77	4D	M	
01001110	78	4E	N	
01001111	79	4F	O	

续表

二进制	十进制	十六进制	缩写/字符	解释
01010000	80	50	P	
01010001	81	51	Q	
01010010	82	52	R	
01010011	83	53	S	
01010100	84	54	T	
01010101	85	55	U	
01010110	86	56	V	
01010111	87	57	W	
01011000	88	58	X	
01011001	89	59	Y	
01011010	90	5A	Z	
01011011	91	5B	[	
01011100	92	5C	\	
01010111	87	57	W	
01011000	88	58	X	
01011001	89	59	Y	
01011010	90	5A	Z	
01011011	91	5B	[	
01011100	92	5C	\	
01011101	93	5D	]	
01011110	94	5E	∧	
01011111	95	5F	_	
01100000	96	60	`	
01100001	97	61	a	
01100010	98	62	b	
01100011	99	63	c	
01100100	100	64	d	
01100101	101	65	e	
01100110	102	66	f	
01100111	103	67	g	
01101000	104	68	h	
01101001	105	69	i	
01101010	106	6A	j	
01101011	107	6B	k	
01101100	108	6C	l	
01101101	109	6D	m	

续 表

二进制	十进制	十六进制	缩写/字符	解释
01101110	110	6E	n	
01101111	111	6F	o	
01110000	112	70	p	
01110001	113	71	q	
01110010	114	72	r	
01110011	115	73	s	
01110100	116	74	t	
01110101	117	75	u	
01110110	118	76	v	
01110111	119	77	w	
01111000	120	78	x	
01111001	121	79	y	
01111010	122	7A	z	
01111011	123	7B	{	
01111100	124	7C	|	
01111101	125	7D	}	
01111110	126	7E	～	
01111111	127	7F	DEL (delete)	删除